工业机器人产业专利导航

—— 以广州市为例 ——

国家知识产权局专利局专利审查协作广东中心　组织编写

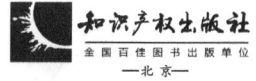

—北京—

图书在版编目（CIP）数据

工业机器人产业专利导航：以广州市为例／国家知识产权局专利局专利审查协作广东中心组织编写. 北京：知识产权出版社，2025.9. -- ISBN 978-7-5245-0104-6

Ⅰ.G306.72；TP242.2

中国国家版本馆CIP数据核字第2025M80746号

内容提要

本书围绕工业机器人产业开展全景式分析研究，将专利分析与产业发展紧密结合，有针对性地提出工业机器人产业的发展路径，为相关产业政策研究提供有益参考，为产业技术创新提供有效支撑。

责任编辑：刘晓琳　　　　　　　　　　　责任校对：王　岩
封面设计：刘　伟　　　　　　　　　　　责任印制：刘译文

工业机器人产业专利导航：以广州市为例
国家知识产权局专利局专利审查协作广东中心　组织编写

出版发行：知识产权出版社有限责任公司	网　　址：http://www.ipph.cn
社　　址：北京市海淀区气象路50号院	邮　　编：100081
责编电话：010-82000860转8025	责编邮箱：191985408@qq.com
发行电话：010-82000860转8101/8102	发行传真：010-82000893/82005070/82000270
印　　刷：北京中献拓方科技发展有限公司	经　　销：新华书店、各大网上书店及相关专业书店
开　　本：787mm×1092mm　1/16	印　　张：18.5
版　　次：2025年9月第1版	印　　次：2025年9月第1次印刷
字　　数：416千字	定　　价：98.00元

ISBN 978-7-5245-0104-6

出版权专有　侵权必究
如有印装质量问题，本社负责调换。

本书编写组

主　　编：孙孟相

副 主 编：曾德锋　杨喜飞

编写人员：刘石头　瞿　超　廖文浪　王慰慰
　　　　　李祥亮　胡　宝　胡　智　钟慧文

前　言

《中华人民共和国国民经济和社会发展第十四个五年规划和 2035 年远景目标纲要》强调，要提升自主品牌影响力和竞争力，率先在消费品领域培育一批高端品牌，这凸显了国家对产业创新与高质量发展的重视。近年来，我国工业机器人产业在政策推动与市场需求的双重驱动下，实现了快速发展，已成为全球工业机器人的重要生产与应用国家。

随着经济发展和劳动力成本上升，依赖劳动力的传统生产模式迎来了巨大挑战，机器人技术需求凸显，成为制造业转型升级的关键。为此，政府积极制定实施产业政策，2006 年《国家中长期科学和技术发展规划纲要（2006—2020 年）》发布，标志着机器人技术纳入国家科技前沿领域，明确其作为战略性新兴产业的重要地位。2011 年起，国务院多个部委从财政支持、技术创新等多个角度出台政策，形成从研发到产业化的全方位支持体系。中央层面发布《中国制造 2025》、《机器人产业发展规划（2016—2020 年）》等政策文件，为机器人产业发展指明方向，聚焦提升技术水平、突破关键技术等方面。

广东省作为我国经济大省，工业机器人产业发展势头强劲，智能机器人产业集群是省内十大战略性新兴产业集群之一，是国内机器人产业核心聚集区域，在产量和产业链完整性上优势明显。其工业机器人应用广泛，涵盖高端制造业和传统制造业。为促进产业发展，广东省自 2015 年起支持重点企业实施机器人应用项目，2020 年《广东省培育智能机器人战略性新兴产业集群行动计划（2021—2025 年）》提出，到 2025 年，智能机器人产业营业收入达到 800 亿元；2021 年《广东省制造业高质量发展"十四五"规划》提出，推动工业机器人在高端制造及传统支柱产业的示范应用；2024 年《广东省关于人工智能赋能千行百业的若干措施》提出，推进智能机器人创新发展。

广州市作为广东省省会，是造车重镇，工业机器人产业发展迅速，集聚了一大批智能装备及机器人研发生产企业，形成了完整产业链条，引进了全球机器人产业巨头和国内知名企业，创新平台相继入驻，形成产业集聚效应。为推动产业发展，广州市早在 2013 年就成立了广州工业机器人制造和应用产业联盟，并于 2014 年印发《广州市人民政府办公厅关于推动工业机器人及智能装备产业发展的实施意见》，提出培育形成超千亿元的以工业机器人为核心的智能装备产业集群等目标，之后陆续出台多个政策，从产业规划、资金支持、标准体系建设等方面为产业发展提供支撑。

2021年，中共中央、国务院印发《知识产权强国建设纲要（2021—2035年）》，强调发挥专利导航在产业发展中的应用。在此背景下，为推动工业机器人产业高质量发展，国家知识产权局专利局专利审查协作广东中心于2022年底立项，以广州市为例，开展相关专利导航分析工作。本书主要内容的撰写时间为2023年，为了保证专利数据的完整和准确，引用的专利数据公开日截止于2022年12月31日。本书编写组调研了多家工业机器人领域重点企业、高校和行业协会，了解产业发展现状和专利状况，以产业现状为出发点，分析数据，发现问题，结合专利分类特点，形成研究方案，并组织行业专家论证，最终形成本书。

本书对工业机器人产业的全球、中国、广东省和广州市的专利进行深度分析，剖析各技术领域专利申请现状及趋势、国内外重要申请人及其研发方向等，对研究热点和关键技术分支进行重点分析，梳理重点专利技术、研发团队和重点企业，以期为企业提高研发水平、布局研发路径等提供帮助，为行业主管部门制定产业政策、推动产业聚集区发展提供专利数据支撑，为产业相关创新主体了解技术、规避知识产权风险、开展专利布局等提供有力支持。

本书由孙孟相、曾德锋、杨喜飞、刘石头、瞿超、廖文浪、王慰慰、李祥亮、胡宝、胡智、钟慧文等人撰写。其中，第一章第一节、第二章撰写人为孙孟相，撰写约6万字；第一章第二节、第三章撰写人为曾德锋，撰写约5.5万字；第四章和第五章第二节、第三节、第四节撰写人为杨喜飞，撰写约5.8万字；第五章第一节、第六章撰写人为刘石头，撰写约3.9万字；第七章第一节、第二节和第五节撰写人为胡宝，撰写约1.6万字；第七章第三节撰写人为瞿超，撰写约3.8万字；第七章第四节撰写人为廖文浪，撰写约4.1万字；第八章第一节、第十章第一节撰写人为李祥亮，撰写约1.6万字；第八章第二节撰写人为王慰慰，撰写约3.5万字；第九章第一节、第十章第四节撰写人为胡智，撰写约1.6万字；第九章第二节和第十章第二节、第三节、第五节撰写人为钟慧文，撰写约3.6万字。

目　　录

第一章　概　　述 ··· 001
　　第一节　工业机器人产业概况 ··· 003
　　　　一、工业机器人定义及其分类 ·· 003
　　　　二、工业机器人技术标准 ··· 006
　　第二节　研究方法和对象 ·· 010
　　　　一、研究方法 ··· 010
　　　　二、技术分解及技术边界 ··· 010
　　　　三、数据采集和检索说明 ··· 012
　　　　四、相关事项说明 ··· 014

第二章　工业机器人产业发展现状 ··· 017
　　第一节　全球工业机器人产业现状 ··· 019
　　　　一、全球市场情况 ··· 019
　　　　二、全球技术发展现状 ·· 021
　　　　三、全球产业政策 ··· 023
　　第二节　中国工业机器人产业现状 ··· 030
　　　　一、中国市场情况 ··· 030
　　　　二、中国工业机器人技术发展现状 ······································ 031
　　　　三、中国产业政策 ··· 032
　　　　四、工业机器人国家级项目及科技成果情况 ························· 041
　　第三节　广东省工业机器人产业现状 ·· 043
　　　　一、广东省市场情况 ·· 043
　　　　二、广东省产业政策 ·· 046
　　第四节　广州市工业机器人产业现状 ·· 048
　　　　一、广州市市场情况 ·· 048
　　　　二、广州市产业政策 ·· 049
　　　　三、广州市工业机器人发展存在的问题 ································ 052

第三章 全球工业机器人产业发展分析 …… 053
第一节 全球工业机器人产业专利概况 …… 055
一、技术发展概况 …… 055
二、全球专利竞争格局 …… 056
三、产业技术生命周期 …… 059
第二节 全球工业机器人产业分布 …… 061
一、产业分布及转移 …… 061
二、产业技术与应用分布 …… 063
第三节 全球工业机器人产业主体分析 …… 066
一、主要企业 …… 066
二、技术类型 …… 068
三、技术价值分析 …… 069
第四节 全球工业机器人产业结构调整分析 …… 071
一、全球应用领域调整情况 …… 071
二、主要国家产业结构调整 …… 072
三、主要企业产业结构调整 …… 075
第五节 小 结 …… 081

第四章 中国工业机器人产业发展分析 …… 083
第一节 中国工业机器人产业专利概况 …… 085
一、技术发展概况 …… 085
二、产业技术生命周期 …… 089
三、产业技术价值 …… 091
第二节 中国工业机器人产业分布 …… 093
一、产业结构分布 …… 093
二、产业区域竞争 …… 094
第三节 中国工业机器人产业主体 …… 096
一、产业主体分析 …… 096
二、产业集中度分析 …… 100
第四节 中国工业机器人产业技术流通情况 …… 102
一、专利转让 …… 102
二、专利许可 …… 104
第五节 小 结 …… 107

第五章 广东省工业机器人产业发展分析 ... 109
第一节 广东省工业机器人产业专利概况 ... 111
一、技术发展概况 ... 111
二、产业发展解析 ... 111
第二节 广东省工业机器人产业主体 ... 113
一、主要申请人 ... 113
二、产业主体类型 ... 116
三、产业集中度 ... 116
四、产业主体的技术应用情况 ... 117
第三节 广东省工业机器人产业技术流通 ... 121
一、专利转让 ... 121
二、专利许可 ... 122
三、专利质押 ... 123
第四节 小 结 ... 125

第六章 广州市工业机器人产业发展及技术定位 ... 127
第一节 广州市工业机器人创新综合实力定位 ... 129
一、创新能力 ... 129
二、创新主体 ... 132
三、协同创新 ... 140
四、专利运营 ... 142
第二节 广州市工业机器人产业技术与应用分布 ... 145
第三节 广州市工业机器人技术定位 ... 147
第四节 小 结 ... 149

第七章 广州市工业机器人末端执行器技术分析 ... 151
第一节 工业机器人末端执行器概述 ... 153
一、夹爪型末端执行器 ... 153
二、吸盘型末端执行器 ... 154
三、磁力型末端执行器 ... 154
四、专用型末端执行器 ... 154
五、仿生多指灵巧手 ... 154
第二节 专利申请态势分析 ... 156
一、专利申请趋势 ... 156

二、主要申请人分析 …… 156
　　三、申请类型及法律状态 …… 157
　第三节　重点专利分析 …… 159
　　一、重点专利 …… 159
　　二、典型专利引证分析 …… 159
　第四节　技术发展路线分析 …… 184
　　一、末端技术各分支发展路线 …… 184
　　二、末端技术主要问题分析 …… 186
　第五节　小　结 …… 213

第八章　广州市工业机器人臂技术分析 …… 215
　第一节　专利申请态势分析 …… 217
　　一、专利申请趋势 …… 217
　　二、主要申请人分析 …… 218
　　三、申请人类型分析 …… 219
　　四、联合申请分析 …… 220
　　五、技术引证情况分析 …… 220
　第二节　重点专利分析 …… 222
　　一、重点专利 …… 222
　　二、典型专利引证分析 …… 222

第九章　广州市工业机器人轨迹规划技术分析 …… 245
　第一节　专利申请态势分析 …… 247
　　一、专利申请趋势 …… 247
　　二、主要申请人分析 …… 249
　　三、申请人类型分析 …… 249
　　四、联合申请情况 …… 250
　　五、技术引证情况分析 …… 251
　第二节　重点专利分析 …… 253
　　一、重点专利 …… 253
　　二、典型专利引证分析 …… 253

第十章　广州市工业机器人产业发展路径导航 …… 267
　第一节　产业布局结构优化路径 …… 269

一、加大政策扶持，推动产业升级 ······ 269
　　二、推动产业联动发展 ······ 270
第二节　企业整合培育引进路径 ······ 272
　　一、加大培育力度，形成龙头企业 ······ 272
　　二、鼓励并购，扩大规模 ······ 273
第三节　短板领域提升路径 ······ 274
　　一、加大上游零部件生产布局 ······ 274
　　二、培育和提高技术积累 ······ 275
　　三、加大人才培养，激励研发 ······ 275
第四节　专利协同运用提升路径 ······ 279
　　一、搭建校企研发平台 ······ 279
　　二、加强合作，优势互补 ······ 280
第五节　市场运营提升路径 ······ 282
　　一、建立评估体系，盘活专利资产 ······ 282
　　二、推动高价值专利培育 ······ 283

第一章
概　　述

第一节　工业机器人产业概况

一、工业机器人定义及其分类

（一）工业机器人的相关定义

工业机器人诞生于20世纪60年代，并在20世纪90年代得到迅速发展，它是综合了计算机、控制论、机构学、信息和传感技术、人工智能、仿生学等多学科而形成的高新技术，是当代研究十分活跃、应用日益广泛的领域。它的出现是为了适应制造业规模化生产，提高生产质量，代替单调、重复的人工作业。工业机器人作为一种自动化设备，用于在工业环境中执行重复性任务，通常涉及材料搬运、装配、焊接、涂装、切割等。工业机器人是现代制造业的关键组成部分，能够提高生产效率、降低成本、保证产品质量，并在危险或不适合人工操作的环境中工作。

工业机器人通常由以下几个基本部分组成。

机械结构：包括机器人的臂部、手腕和末端执行器，它们共同构成了机器人的物理框架。

驱动系统：负责提供动力，使机器人的各个部分能够移动和执行动作。

控制系统：是机器人的"大脑"，负责接收输入信号、处理数据并发送指令给驱动系统。

感知系统：包括传感器和摄像头等，用于监测环境和机器人的状态，以确保精确执行任务。

编程接口：允许用户通过编程来控制机器人的动作和行为。

（二）工业机器人的分类

工业机器人的分类方法有很多，由于人们观察问题的角度有所不同，直到今天，还没有形成一种世界公认的分类方法。总体而言，工业机器人分类方法主要有专业分类法和应用分类法两种，如图1-1所示。

专业分类法一般是机器人设计、制造和使用厂家的技术人员所使用的分类方法，其专业性较强，业外较少使用。目前，专业分类法可按机器人的控制系统水平、机械机构形态和运动控制方式进行分类。

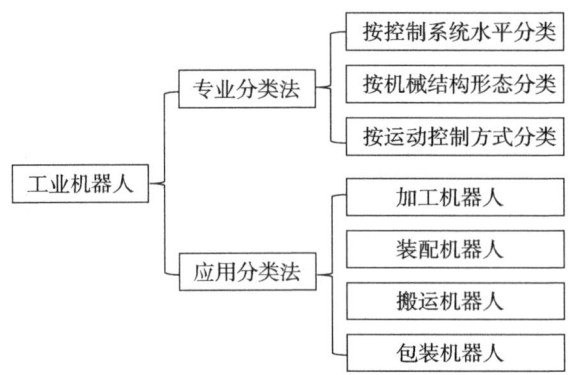

图 1-1 工业机器人的分类

根据控制系统的水平，工业机器人可以被分为几个不同的类别，如协作机器人、自适应机器人、遥操作机器人等。根据机器人现有的机械结构形态，可分为关节型机器人、直角坐标机器人、圆柱坐标机器人、球坐标机器人、SCARA 机器人、并联机器人、串联机器人、模块化机器人、软体机器人、人形机器人、爬行机器人等。不同形态的机器人在外观、机械结构、控制要求、工作空间等方面均有较大的区别。

应用分类法是根据机器人应用环境（用途）进行分类的大众化分类方法，其定义通俗，易为公众所接受。工业机器人可根据其用途和功能，分为加工机器人、装配机器人、搬运机器人、包装机器人。在此基础上，还可对每类进行细分，具体如图 1-2 所示。

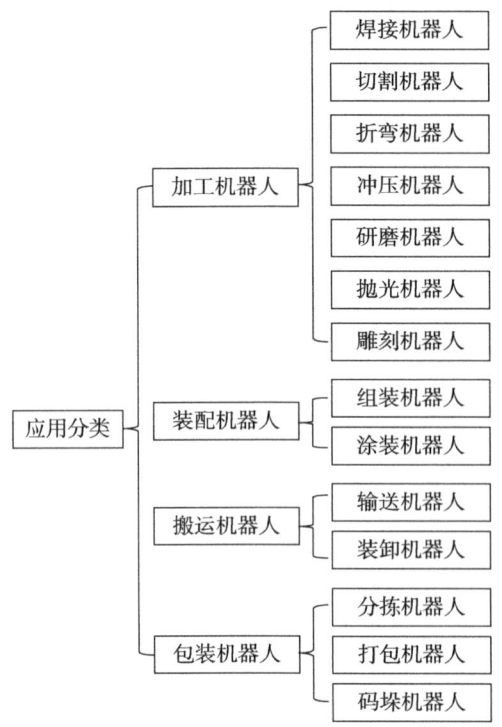

图 1-2 工业机器人应用分类

1. 加工机器人

加工机器人是专门用于执行各种加工任务的自动化设备。这些机器人利用精确的控制和重复性来提高加工过程的效率、质量和一致性。加工机器人广泛应用于工业制造领域,尤其是在需要高精度和高速度的加工环境中。常用的有金属材料焊接、切割、折弯、冲压、研磨、抛光等;此外,也有部分用于非金属材料的切割、研磨、雕刻、抛光等加工作业。

焊接、切割、研磨、雕刻、抛光的加工环境通常较恶劣,加工时所产生的强弧光、高温、烟尘、飞溅、电磁干扰等都有害于人体健康。这些行业采用机器人自动作业,不仅可以避免人体伤害,还可自动连续工作,提高工作效率和改善加工质量。

焊接机器人是目前工业机器人中产量最大、应用最广的产品,被广泛用于汽车、铁路、航空航天、军工、冶金、电器等行业。自1969年美国通用汽车公司在美国洛兹敦汽车组装生产线上装备首台汽车点焊机器人以来,机器人焊接技术已日臻成熟,通过机器人的自动化焊接作业,可提高生产率、确保焊接质量、改善劳动环境,它是当前工业机器人应用的重要方向之一。

材料切割是工业生产中不可或缺的加工方式,从传统的金属材料火焰切割、等离子切割到可用于多种材料的激光切割都可通过机器人完成。目前,薄板类材料的切割大多采用数控火焰切割机、数控等离子切割机和数控激光切割机等数控机床加工;但异形、大型材料或船舶、车辆等大型废旧设备的切割已开始逐步使用工业机器人。研磨、雕刻、抛光机器人主要用于汽车、摩托车、工程机械、家具建材、电子电气、陶瓷卫浴等行业的表面处理。使用研磨、雕刻、抛光机器人不仅能使操作者远离高温、粉尘、有毒、易燃、易爆的工作环境,而且能够提高加工质量和生产效率。

2. 装配机器人

装配机器人是自动化技术领域中的一种重要设备,它们被广泛用于工业生产中,包括汽车制造、电子组装、食品加工、医药包装、航空航天等,以提高生产效率、降低成本、保证产品质量以及减少人工劳动。装配机器人是将不同的零件或材料组合成组件或成品的工业机器人,常用的有组装机器人和涂装机器人两大类。

计算机(Computer)、通信(Communication)和消费类电子产品(Consumer Electronics)行业(简称3C行业)是目前组装机器人最大的应用市场。3C行业是典型的劳动密集型产业,采用人工装配不仅需要使用大量的员工,而且操作工人的工作高度重复,劳动强度极大,致使人工难以承受。此外,随着电子产品不断向轻薄化、精细化方向发展,产品对零部件装配的精细程度在日益提高,部分作业已无法由人工完成。

涂装机器人是一种专门用于自动化涂装作业的机械设备,它能够在不同的工业领域中完成内部和外部区域的各种喷涂任务,用于部件或成品的油漆、喷涂等表面处理,这类处理通常含有影响人体健康的有害、有毒气体,采用机器人自动作业后,不仅可以避免有害、有毒气体对人体的危害,还可以自动连续工作,提高工作效率和改善加工质量，通常被用于汽车制造、家电、建材等多个领域，以提高生产效率、一致性和喷涂质量，同时减少人力成本和错误。

3. 搬运机器人

搬运机器人是工业自动化领域中用于自动化搬运任务的机器人，是从事物体移动作业的工业机器人的总称。它们的主要功能是移动、提升、搬运和放置物料、工具或成品，是现代制造业和物流行业的关键组成部分，它们通过提供高效、灵活和可靠的自动化搬运解决方案，帮助企业提高生产力、降低运营成本，并改善工作环境。常用的搬运机器人主要有输送机器人和装卸机器人。

工业输送机器人以无人搬运车为主。无人搬运车具有自身的控制系统和路径识别传感器，能够自动行走和定位停止，可广泛应用于机械、电子、纺织、卷烟、医疗、食品、造纸等行业的物品搬运和输送。在机械加工行业，无人搬运车大多用于无人化工厂、柔性制造系统的工件、刀具搬运和输送，它通常需要与自动化仓库、刀具中心及数控加工设备、柔性加工单元的控制系统互连，以构成无人化工厂、柔性制造系统的自动化物流系统。从产品功能上看，无人搬运车实际上也可归属于服务机器人中的场地机器人。

装卸机器人是专门用于自动化装卸作业的工业机器人，装卸机器人在物流、制造、仓储和运输行业中发挥着重要作用，能够提高装卸效率，减少人力需求，降低劳动强度，并提高作业安全性。装卸机器人多用于机械加工设备的工件装卸（上下料），它通常和数控机床等自动化加工设备组合，构成柔性加工单元，成为无人化工厂、柔性制造系统的一部分。装卸机器人还经常用于冲剪、锻压、铸造等设备的上下料，以替代人工完成高风险、高温等恶劣环境下的危险作业或繁重作业。

4. 包装机器人

包装机器人是用于物品分类、成品包装、码垛的工业机器人。包装机器人是现代生产线上不可或缺的自动化设备，能够提高包装效率、减少人工劳动、确保包装质量的一致性，并适应不同产品和包装需求。常用的包装机器人主要有分拣机器人、打包机器人和码垛机器人。

3C 行业和化工、食品、饮料、药品工业是包装机器人的主要应用领域。3C 行业的产品产量大、周转速度快，成品包装任务繁重；化工、食品、饮料、药品包装由于行业特殊性，人工作业涉及安全、卫生、清洁、防水、防菌等方面的问题；因此，都需要利用包装机器人来完成物品的分拣、打包和码垛作业。

二、工业机器人技术标准

工业机器人技术标准是指一系列规范和要求，旨在确保工业机器人的设计、制造、操作和维护等方面的安全性、可靠性。这些标准通常由国家或国际标准化组织制定，并被广泛认可和遵循。以下是一些工业机器人技术标准的要点。

安全性：确保机器人在操作过程中不会对人类或环境造成伤害。这包括紧急停止、安全距离、防护装置等要求。

性能规范：定义机器人的性能指标，如精度、速度、负载能力和重复性，以及如何测试这些性能指标。

力控制技术：涉及机器人在执行任务时对力量的控制能力，确保机器人能够精确地施加或承受力量。

人机协作：针对与人类在同一环境中工作的协作机器人，制定特定的设计和操作标准，以确保人机交互的安全性和效率。

再制造技术：为机器人的再制造过程提供技术规范，确保再制造后的机器人能够满足原有的性能和安全要求。

职业技能标准：为工业机器人系统操作员制定国家职业技能标准，明确操作员需要掌握的技能和知识。

行业规范条件：为工业机器人的生产和应用企业制定规范条件，促进行业技术进步和规范化管理。

分析工业机器人技术标准，能够明晰其检测领域存在的问题，为快速、精确的检测方法的确定和设备的研究和制造提供指导，最终促进整个行业标准的完善和技术水平的提高。

(一) 国外工业机器人标准

美国工业机器人标准是由一系列规范和指导方针组成的框架，旨在确保工业机器人的安全、效率和可靠性。这些标准通常由专业的标准化组织和行业内的领导者共同制定，以统一的技术要求和测试方法为基础，为工业机器人的设计、制造、操作和维护提供指导。美国工业机器人标准不仅包括机器人的电气安全和机械安全，还包括防火性能、操作者控制、工业机器人的模块化设计通则、电气装置、一般程序语言和中间码等方面的要求。美国国家标准学会（ANSI）和美国机器人工业协会（RIA）是主导制定美国工业机器人标准的关键组织，负责制定了 8 项基础性标准。此外，还有 2 个专业部门，即美国保险商实验室（UL）和美国材料与试验协会（ASTM），制定了 4 项基础性标准，主要包括如下检测内容：信号和电力输送电线的通用识别方法、手持机器人控制物—人力工程设计标准、点对点和静态性能特征—评价、路径相关和动态性能特征—评价、可靠性可接受度规范、相关线路和动态操作性能的评价、安全性要求、工业机器人分类、工业机器人及其设备等。美国第一次颁布工业机器人标准的年份为 1986 年。

欧盟工业机器人标准是确保机器人产品在欧洲市场上安全、可靠和互操作性的关键。这些标准不仅为机器人制造商提供了设计和制造过程中的指导方针，也为用户提供了使用时的安全保障。随着工业机器人在各个行业的广泛应用，其安全性成为一个不容忽视的问题。欧盟制定的标准，如机械指令（MD）、低电压指令（LVD）和电磁兼容指令（EMC），都是为了确保机器人在不同环境和条件下都能安全有效地工作。欧盟工业机器人标准的制定涉及多个国家和组织的共同努力。欧盟工业机器人标准中，基础行业标准主要内容包括工业机器人安全要求和机械接口板。在英国的工业机器人标准中，其中10项是采用国际标准或欧盟标准，多项是其自己制定的标准，内容包括：制造厂商对机器人的特征表示规范、性能指标和试验、综合试验方法、循环形式规范、安全的推荐方法等。德国有7项自用标准，包括基础标准和专业标准（装配与搬运工业机器）。基础标准内容包括：编程系统和机器人控制间的接口、IRDATA 第1部分"一般结构"、记录形式和传送、工业机器人语言（IRL）和安全性。法国国家标准则全为引用标准。欧盟第一次颁布工业机器人标准的年份为1989年。

日本工业机器人标准的制定和实施由日本工业标准调查会（JISC）负责，其协调并发布了一系列工业活动标准，以确保整个日本工业活动的规范化和标准化。这些标准不仅适用于国内，也具有国际影响力，体现了日本在机器人技术领域的话语权。日本工业机器人标准主要遵循日本工业标准，这些标准涵盖了工业机器人的设计、制造、编程、操作和安全等多个方面。其中的行业基础内容如下：机械装置的图形符号、安全要求、操作者控制的识别符号、工业机器人的模块化设计通则、电气装置、一般程序语言和中间码STROLIC。日本第一次颁布工业机器人标准的年份为1986年。

（二）中国工业机器人标准

中国的工业机器人标准制定工作主要由全国机器人标准化技术委员会负责，该委员会由多个研究院所、企业和检测单位组成，共同推进标准的制定和修订工作。2013年以来，随着工业机器人技术的不断进步和市场的快速发展，相关的标准也在不断完善和更新。依据国家标准化管理委员会的统计结果，截至2022年，国内关于工业机器人的标准共有47项，其中42项为现行标准，3项被代替，2项已经废止。其中，最早的工业机器人标准《GB 11291—1997 工业机器人 安全规范》于1997年9月2日发布，1998年4月1日起实施。2013年至2023年发布了34项标准，这与劳动力成本增加，工业机器人市场不断扩大的趋势不谋而合。

我国工业机器人标准的内容主要有工业机器人验收规则、产品验收实施规范、性能规范、通用技术条件、词汇、坐标系和运动命名原则、特性表示、末端执行器自动更换系统词汇和特性表示、机器人用薄壁密封轴承、轴形机械接口、圆形机械接口、编程和操作图形用户接口、用于机器人的中间代码、安全实施规范、性能测试方法、完好要求和检查评定方法、型号编制方法、离线编程式机器人柔性加工系统、电磁兼容性试验方法和性能评估准则、安全要求。

（三）对比分析

与国外标准相比，国内标准的制定更符合国情，但标准多集中于较低端工业机器人领域。

国内工业机器人标准涉及范围较广，从工业机器人的加工到验收均有不同程度的涉猎，此外还有对关键部件、性能测试方法的标准颁布。

国内外工业机器人对安全性能的要求均较高，都颁布了相应的规范，但对可靠性方面，只有国外有相关标准发布。

国外对工业机器人模块化设计原则、路径相关和动态性能特征等工业机器人高端领域已有标准，极大推动了工业机器人的发展。

美国、欧盟等有相应的工业机器人协会，专门负责标准审定工作，国内在此方面尚需加强。

第二节 研究方法和对象

一、研究方法

本书的研究思路：以专利信息分析为纽带，以产业市场分析为导向，将两者充分结合，运用大数据的思维去引导科技创新，促进管理创新，提升产业发展。

本书的研究主要分为五个阶段：第一阶段是基础大数据分析，包括产业发展现状调查、产业经济数据和专利大数据分析；以专利数据信息为基础，结合产业信息、技术信息、市场信息、政策信息，为后续分析做好基础工作。第二阶段是明晰广州市产业情况与技术创新能力，明确技术创新水平、专利布局现状等。第三阶段是企业调研分析，对广州市工业机器人企业开展技术调研。第四阶段是通过对比分析揭示广州市在产业竞争中的优势和定位。第五阶段是以上述分析为基础，结合广州市产业实际情况，从产业结构、技术创新、企业引进培育、专利协同创新、专利运营、创新人才引进六个方面，为广州市相关产业的创新发展规划路径。

二、技术分解及技术边界

（一）技术分解

工业机器人由核心零部件、机器人本体和控制系统三个基本部分组成。具体技术分解表见表1-1。

表1-1 工业机器人技术分解表

一级分支	二级分支
核心零部件	电机
	减速器
	传感器
机器人本体	关节
	臂
	末端
	底座
	其他

续表

一级分支	二级分支
控制系统	标定
	示教
	轨迹规划
	协作
	其他

1. 核心零部件

核心零部件主要集中在驱动系统。驱动系统是驱使执行机构运动的机构，按照控制系统发出的指令信号，借助于动力元件使机器人执行动作。它输入的是电信号，输出的是线、角位移量。工业机器人的驱动系统是其运作的核心，负责提供机器人执行任务所需的动力。一个高效、可靠的驱动系统直接影响机器人的性能、精确度和稳定性。机器人使用的驱动装置主要是电力驱动装置，如步进电机、伺服电机等，也包括与之配合的减速器和传感器。

电力驱动装置是工业机器人中最常用的驱动方式。它通过伺服电机来控制机器人的各个关节，实现精确的运动控制。伺服电机以其快速响应和高控制精度，成为实现复杂运动和精确定位的首选。步进电机则因其简单可靠的控制方式，在一些对精度要求不是特别高的场合中得到应用。

关节减速器是机器人及自动化设备中的核心传动部件，主要用于降低电机转速、提升扭矩输出，并确保高精度运动控制，主要包括RV减速器、谐波减速器和行星减速器。

机器人传感器是机器人系统中用于检测自身状态及外部环境信息的装置，通过将物理量（如力、光、热等）或化学量转化为可用电信号，为机器人提供感知与反馈能力，使其具备与人类相似的"知觉"与"反应"功能。

2. 机器人本体

机器人本体主要包括关节、臂和末端。臂部一般采用空间开链连杆机构，其中的运动副（转动副或移动副）常称为机器人关节，关节个数通常为机器人的自由度数。机器人的关节和连杆是其运动能力的核心。每个关节都由一个或多个连杆连接，形成复杂的机械链。这些关节可以是旋转关节，允许圆周运动；也可以是线性关节，提供直线运动。通过精密的工程设计，这些关节能够实现高度协调和精确控制的动作。根据关节配置形式和运动坐标形式的不同，机器人执行机构可分为直角坐标式、圆柱坐标式、极坐标式和关节坐标式等类型。末端为机器人的主要功能部件，用于作业或与外界交互，常见的末端执行器有夹爪、焊枪、喷枪等功能组件。

3. 控制系统

控制系统是实现智能制造和自动化生产线的大脑。它通过精确的指令和复杂的算法，指导机器人完成各项精细操作，从而提高生产效率和产品质量。控制系统主要包括两种，一种是集中式控制，即机器人的全部控制由一台微型计算机完成；另一种是分散（级）式控制，即采用多台微型计算机来分担机器人的控制。当采用上、下两级微型计算机共同完成机器人的控制时，主机常用于负责系统的管理、通信、运动学和动力学计算，并向下级微型计算机发送指令信息；作为下级从机，各关节分别对应一个中央处理器，进行插补运算和伺服控制处理，实现给定的运动，并向主机反馈信息。从控制系统功能性角度分析，控制系统主要包括机器人标定、示教、轨迹规划和协作控制。

（二）技术边界

由于工业机器人结构复杂、种类繁多，目前并没有一种公认的技术分解表能够完全囊括所有工业机器人的技术分支，因此，本书约定，将所有并联结构纳入机器人本体中臂的分支，将快换机构纳入机器人本体中末端的分支。

对于其他分支的界定标准，只有在文献中有详细的文字记载，涉及具体相关内容的才纳入该分支。例如，对于减速器的技术分支，若仅提及使用了减速器，且附图无相关结构细节或文字说明，则不需要纳入减速器分支；只有附图包含减速器内部结构或文字有记载的，如介绍了谐波齿轮减速机的刚轮、柔轮和波发生器的结构、连接关系，其他减速器的齿轮连接关系等，则纳入减速器分支。

三、数据采集和检索说明

（一）数据资源说明

中国的专利数据库种类丰富，包括非商业数据库和商业数据库。

非商业专利数据库，如国家知识产权局开发的专利检索及分析系统，是免费且权威的专利数据库，提供常规检索、高级检索、申请人分析、技术领域分析等检索分析方式以及同族查询、引证查询等多种辅助工具，面向社会公众提供多种语言版本的专利检索与分析功能，满足社会公众全方位、专业化的检索分析需求，有效提升社会公众专利检索分析便利化水平。

商业专利数据库，通常专注于某些技术领域的专利数据收录或利于开展某些维度的技术分析的功能设计，专利数据资料收录情况各有不同。大多数专利数据库均提供包括公开号、申请号、专利权人信息、发明人信息、标题、文摘、国际专利分类、关键词标引等可检索字段，部分还支持简单检索、高级检索、批量检索、语义检索、指令检索等多种检索模式，并整合法律状态、专利运营等信息，同时支持图表、地图等可视化分析。

本书采用常见的商业专利数据库进行检索及开展分析。

（二）检索策略

检索过程中，本书采用"分类号+关键词"的方式进行检索式的构建，形成针对工业机器人各技术分支的检索式,并根据数据库的特点及检索结果迭代调整检索式中关键词及相关度的设置,最终获得可靠的检索结果集。检索截止日期为2022年12月31日。

构建工业机器人的检索式时,主要用到了表1-2中的分类号。

表1-2 检索使用的分类号

分类号	分类定义
B25J	机械手;装有操纵装置的容器
B24B	用于磨削或抛光的机床、装置或工艺;磨具磨损表面的修理或调节;磨削,抛光剂或研磨的进给
B23K	钎焊或脱焊;焊接;用钎焊或焊接方法包覆或镀敷;局部加热切割,如火焰切割;用激光束加工
B23Q	机床的零件、部件或附件,如仿形装置或控制装置;以特殊零件或部件的结构为特征的通用机床;不针对某一特殊金属加工用途的金属加工机床的组合或联合
B23P	未包含在其他位置的金属加工;组合加工
B65	输送;包装;贮存;搬运薄的或细丝状材料
G05B19	程序控制系统
G05D1	陆地、水上、空中或太空中的运载工具的位置、航道、高度或姿态的控制

考虑到本书聚焦于工业机器人,故将涉及服务机器人或特种机器人的分类号进行了排除,主要排除的分类号如表1-3所示。

表1-3 检索排除的分类号

分类号	分类定义
B25J11	不包含在其他组的机械手
B25J21	手套式操作箱,即用人手放入装在容器壁上的手套中操纵机械手的容器

检索过程中排除的关键词如表1-4所示。

表1-4 检索排除的关键词

中文关键词	英文关键词
外骨骼,医疗,扫地,外科,服务机器人,迎宾,教育,陪伴,聊天,会话,送餐,餐厅,穿戴,助力,果园,清洁,巡逻,巡检,施工,护理,高压线,采摘,爬行	exoskeleton, medical, clean, surgery, sweeping, surgical, service robot, education, companion, chat, conversation, food delivery, restaurant, wearing, assistive, orchard, patrolling, construction, care, high line, picking

(三) 检索验证

全面而准确的检索结果是后续专利分析的基础,检索结果的评估对于调整检索策略、获得符合预期要求的检索结果起着至关重要的作用。查全率和查准率是评估检索结果优劣的指标,其中,查全率用来评估检索结果的全面性,即评价检索结果涵盖检索主题下的所有专利文献的程度;查准率用来衡量检索结果的准确性,即评价检索结果是否与检索主题密切相关。本书已对前述检索结果分别进行了查全和查准评估,采用的评估方法如下。

查全率评估:选择本领域重要申请人进行评估。一般为该技术领域申请量排名在前 10 位的申请人或者行业内普遍认可的重要申请人,对于所选择的该申请人,需要注意的是:①该申请人是否有多个名称;②该申请人是否有兼并收购行为或者被兼并收购;③该申请人是否有子公司或者分公司。利用申请人作为检索入口进行检索,再进行人工阅读、清理和标引,将阅读、清理和标引后的数据作为母样本。在检索结果数据库中以该申请人为入口检索其申请文献,形成子样本;子样本/母样本×100% = 查全率。

查准率评估:按照年代、技术分支抽取一定比例的数据样本,通过人工阅读评估,确定其与技术主题的相关性,和技术主题高度相关的专利文献形成子样本,子样本/母样本×100% = 查准率。

本书根据上述方法对检索结果的查全率和查准率进行了验证,查全率和查准率都为 80% 以上,满足研究需要。

四、相关事项说明

(一) 同族专利的约定

同一项发明创造在多个国家申请专利而产生的一组内容相同或基本相同的文件出版物,称为一个专利族。从技术研发角度来看,属于同一专利族的多个专利申请可视为同一项技术。本书进行技术分析时对同族专利进行了合并统计,针对国家分布进行分析时各件专利进行了单独统计。

(二) "件"和"项"的约定

关于专利申请量统计中的"项"和"件",本书约定如下。

项:在进行专利申请数量统计时,对于数据库中以一族(这里的"族"指的是同族专利中的"族")数据的形式出现的一系列专利文献,计算为"1 项"。以"项"为单位进行的专利文献量的统计主要出现在外文数据的统计中。

件:在进行专利申请数量统计时,为了分析申请人在不同国家、地区或组织所提出的专利申请的分布情况,将同族专利申请分开进行统计,所得到的结果对应于申请的件数。1项专利申请可能对应于1件或多件专利申请。

(三) 申请人名称的约定

本书对一部分重要申请人的表述进行约定,一是由于中文翻译的原因,同一申请人在不同专利申请中表述不一致;二是力求申请人统计数据的完整性、准确性,将部分公司的母公司和子公司的专利申请合并统计。

第二章
工业机器人产业发展现状

机器人被誉为"制造业皇冠顶端的明珠",在现代科技和工业领域中具有举足轻重的地位,其研发、制造及应用的深度和广度,已然成为衡量一个国家或地区在科技创新与高端制造业方面发展水平的关键性指标。随着新技术的不断涌现,机器人产业迎来了新产品和新应用的快速迭代,推动了产业生态的加速构建与优化。这一变革不仅彰显了机器人在推动全球经济发展中的重要作用,更预示着其为人类社会带来更为便捷、高效的服务。各行业对机器人的需求和依赖呈现出明显的上升趋势,为全球机器人产业的升级换代和跨越式发展提供了难得的机遇。2023年全球机器人市场规模继续扩大,其中,工业机器人市场的表现尤为抢眼,展现出了强劲的发展势头,全年安装量达到了历史第二高,这一增长态势不仅为全球经济的回暖注入了强劲动力,更进一步印证了工业机器人在现代经济发展中的不可或缺的地位。

第一节 全球工业机器人产业现状

一、全球市场情况

根据国际机器人联合会(International Federation of Robotics,IFR)发布的《2024年世界机器人报告》,2023年工业机器人销售量下降至54.13万台,同比减少2.1%,但安装数量连续第三年超过了50万台。2023年服务机器人市场持续增长,全球专业服务机器人的安装量为20.5万台,增长30%。医疗机器人的安装量为6200台,增长36%。消费者服务机器人的安装量为410万台,增长了1%。中国长期以来一直是全球机器人市场的增长市场和驱动力,2023年中国市场工业机器人销量占全球一半以上[1][2]。随着科技进步和社会发展,机器人将在更多领域发挥重要作用,推动全球经济的持续增长。

(一)市场持续蓬勃发展,工业机器人市场规模创下历史新高

2013年以来,工业机器人在多个行业中的应用已变得日益普遍,特别是在汽车、电子、金属制品、塑料以及化工产品等关键产业领域。工业机器人通过自动化和智能化技术,显著提升了生产效率与产品质量,成为现代工业生产中不可或缺的一环。新

---

[1] 亿欧网. 2023年中国工业机器人占全球51%,比美、日、韩、德安装总量3倍还多 [EB/OL]. (2024-09-25) [2025-06-05]. https://www.iyiou.com/analysis/202409261078652.

[2] 新华网. 报告:2023年中国新安装工业机器人数量超全球半数 [EB/OL]. (2024-09-29) [2025-06-05]. https://tech.cnr.cn/techyw/kan/20240929/t20240929_526922369.shtml.

冠疫情的全球蔓延在某种程度上加速了各行业的数字化转型进程，机器人不仅能够帮助企业在疫情防控期间维持正常生产，还能有效减少人员接触，从而降低感染风险。因此，机器人迅速成为企业实现快速复工复产的关键工具。

数据显示，2023 年中国工业机器人总保有量近 180 万台，居全球第一，并将继续保持全球最大工业机器人市场地位。从长远来看，中国制造业领域对机器人需求仍有很大增长潜力，预计到 2027 年，年均增长率将达到 5%～10%。而 2023 年全球工业机器人总保有量约为 428.2 万台，比前一年增加 10%[1]。这一庞大的数字不仅反映了工业机器人在全球制造业中的广泛应用，也预示着该行业未来的巨大发展潜力，随着全球市场对自动化和智能制造的持续需求释放，以及工业机器人技术的进一步普及和发展，工业机器人市场规模预计将保持稳步增长的趋势。

（二）全球工业机器人市场分布

亚洲地区依旧稳居全球工业机器人市场的龙头地位，《2024 年世界机器人报告》显示：2023 年全球范围内新部署的工业机器人中，高达 70% 的设备被安装在亚洲，这一数据的增长，进一步巩固了亚洲在全球工业机器人市场中的领先地位。

在亚洲国家中，中国以其巨大的市场规模和持续增长的工业自动化需求，已然成为该区域内最大的工业机器人应用市场。2018 年以来，随着中国制造业的不断升级和转型，工业机器人安装量呈现出爆炸式增长的态势。具体来看，2023 年，中国新安装工业机器人数量达 27.63 万台，占全球新安装量的 51%，远超过全球其他地区的增长速度。此外，工业和信息化部的统计显示，2021—2023 年我国新增工业机器人装机量占全球一半以上。截至 2024 年 7 月，中国持有的机器人相关有效专利超过 19 万项，全球占比约三分之二。这一重要里程碑，不仅标志着中国制造业的持续繁荣和发展，更凸显了中国在工业机器人应用领域的领先地位。

日本作为仅次于中国的工业机器人市场，其重要地位不容忽视。在 2023 年，日本机器人安装量达到 4.61 万台，虽然同比下降 8.6%，但依然是全球第二大机器人市场。同时，其在役机器人的存量也表现出稳定的增长态势。这一增长是在经历了两年主要应用行业的全面下滑后实现的，显示出日本工业机器人市场的强大恢复能力。值得一提的是，日本不仅是工业机器人的重要市场，更是全球关键的机器人制造与出口国。2021 年，其工业机器人出口量创下了历史新高，达到 18.61 万台。

韩国的机器人产业也呈现出积极的发展态势。尽管其年装机量在全球排名中位列第四，位于中国、日本和美国之后，但在 2021 年，韩国安装了 3.11 万台机器人，实现了同比增长 2%，这是在连续四年装机量下跌后的首次回升，标志着韩国机器人市场的复苏。同时，韩国的在役机器人存量同比增长 7%，总量达到 36.62 万台，显示出其市场的稳定性和增长潜力。2023 年，韩国机器人安装量达到 3.14 万台，同比仅下降 1%。

---

[1] 中国机器人网. 2023 年我国新安装工业机器人 27.63 万台，超全球半数［EB/OL］.（2024-10-02）［2025-06-05］. https://new.qq.com/rain/a/20241002A01SST00.

在欧洲，2023年的机器人装机量实现了显著增长，同比增长9%，达到9.24万台。其中，汽车行业的需求保持稳定，重回增长轨道，成为推动欧洲机器人市场增长的重要力量。德国作为全球机器人五大市场之一，在欧洲市场中占据重要地位。

在德国，2023年机器人安装量达到2.84万台，同比增长6.6%，为历史最高点。这一增长主要得益于汽车行业的强劲投资和应用需求的迅猛增长。意大利在欧洲的机器人市场中占据重要地位，仅次于德国。2016—2021年，意大利机器人市场的主要增长动力来自一般工业领域，该领域的年平均增长率高达8%。2021年，意大利的机器人装机量实现了惊人的增长，增幅高达65%，创下1.41万台的新纪录。同时，其在役机器人存量同比增长14%，总量达到8.93万台。这一增长主要受到追赶效应和2022年税收抵免政策推动的提前采购的影响。2023年，受全球经济影响，意大利的机器人装机量为1.04万台，同比下降9%。

在法国，机器人市场也呈现出积极的发展态势。2021年，法国的机器人装机量和在役存量在欧洲均排名第三，仅次于德国和意大利。机器人装机量增加了11%，达到5945台；同时，在役机器人存量同比增长10%，总量为4.93万台。2022年进一步增长，这一增长表明法国机器人市场的活力和潜力。然而，2023年受全球经济影响，法国的机器人装机量同比下降13%，仅为6400台。

与欧洲其他国家相比，土耳其和英国的工业机器人安装量呈现出更为明显的上升趋势。2023年，土耳其机器人安装量达到4400台，同比增长15%；英国机器人安装量达到3800台，同比增长51%。但值得注意的是，英国的工业机器人存量远低于德国，还不到德国保有量的十分之一。在英国的机器人市场中，汽车行业的装机量下滑尤为明显，这一趋势可能受到多种因素的影响，包括市场需求变化、政策调整以及技术创新等。因此，英国需要采取相应措施来应对这一挑战并推动机器人产业的持续发展。

2021年，美洲市场显著复苏，安装了5.07万台工业机器人，比2020年增加了31%，美洲机器人安装量第二次超过5万台，第一次为2018年的5.52万台。2022—2023年，美洲市场机器人安装量又连续超过5万台，其中2023年安装量为5.54万台。

2023年，美国的机器人新装机数量同比减少5%，但仍达到3.80万台，为历史第三高。汽车行业仍然是第一大应用行业，2023年机器人装机量为1.20万台。值得一提的是，从2021年开始，美国连续三年汽车行业的机器人需求都保持在1万台以上。2021—2023年，金属和机械行业的机器人装机量均达到4000台左右，使该行业位列机器人市场需求第二。电器和电子行业在2023年新安装了约4000台机器人，与2022年持平。塑料和化工产品行业在2023年新安装了约3000台机器人，也与2022年基本持平。食品和饮料行业新增机器人则持续减少，当年安装量不足2000台。

二、全球技术发展现状

（一）机器人技术日趋成熟，已形成一大批优势科研机构和企业

全球机器人市场呈现持续扩张与繁荣状态，机器人技术日趋成熟和进步，已形成

一大批机器人研究领域的优势科研机构和企业。

在科研机构方面，全球范围内已有多所知名机构在机器人技术上取得重要突破。例如，麻省理工学院计算机科学和智能实验室，凭借其深厚的技术积累和创新能力，在机器人智能算法和系统设计上取得了显著成果；斯坦福大学人工智能实验室则在机器人学习与自主决策方面进行了深入研究；卡内基梅隆大学机器人研究所以其卓越的机器人控制和感知技术研究而闻名。此外，乔治亚理工学院人机交互实验室、早稻田大学仿人机器人研究院，筑波大学智能机器人研究室，以及德国宇航中心的机器人研究室等，也都在各自的研究领域内取得了举世瞩目的成就。

在企业层面，全球已有多家知名公司在机器人技术与产品开发上展现出强大的实力。这其中包括被誉为工业机器人"四大家族"的瑞士 ABB 公司、德国库卡公司、日本安川电机公司和发那科公司，这些企业在工业机器人的研发、制造与应用方面均处于全球领先地位。此外，美国诺思罗普·格鲁曼公司、美国 iRobot 公司、英国 ABP 公司等也都在各自的专业领域内取得了显著的市场地位和技术优势。德国 Reis 机器人集团、法国阿尔德巴兰公司以及加拿大 Avidbots 公司等新兴企业，也凭借其创新技术和产品，赢得了广泛的认可和赞誉。

我国机器人产业的发展也呈现出蓬勃态势，一大批具有智能机器人研发与生产优势的企业已崭露头角。例如，沈阳新松机器人自动化股份有限公司作为国内领先的机器人企业，其在工业机器人、服务机器人等领域均取得了重要突破。哈尔滨博实自动化股份有限公司、南京埃斯顿自动化股份有限公司、安徽埃夫特智能装备股份有限公司等，也都在各自的业务领域内展现出强大的技术实力和市场竞争力。广州数控设备有限公司、深圳市大疆创新科技有限公司以及纳恩博（北京）科技有限公司等新兴企业，凭借其创新的产品和技术，正逐步在国内外市场上占据一席之地。值得一提的是，深圳市优必选科技股份有限公司、深圳市银星智能科技股份有限公司以及北京康力优蓝机器人科技有限公司等企业在服务机器人领域取得了显著成果，为推动机器人产品的普及和应用做出了重要贡献。北京天智航技术有限公司则在医疗机器人领域展现出其独特的技术优势和市场潜力。这些企业在推动我国机器人产品的应用和市场化方面均发挥了不可或缺的作用。

（二）工业机器人技术持续快速升级

"5G+工业互联网"的融合应用，为机器人技术的进一步发展提供了新的机遇。5G 技术以其"超高速、低时延、大连接"的显著特点，有效地将机器人终端与工业互联网相连接。通过这种连接，再结合人工智能、云计算、物联网等多种先进技术，机器人得以实现数字化、网络化、智能化的全面升级。这一升级为机器人在复杂多变的工业环境和极端操作条件下的广泛应用提供了坚实的技术支撑。举一个具体的实例，韩国电信巨头 KT 与韩国现代重工集团旗下现代机器人公司携手，共同研发了基于 5G 的智慧工厂产业机器人。在这一合作中，KT 的智慧工厂平台与现代机器人的先进管理系统实现了高度融合与联动。这种联动不仅强化了机器人在自动化生产流程中的协同作业能力，还显著提升了机器人在故障诊断、生产数据分析等关键环节的功能性和效率。这一创新实践是"5G+工业互联网"在推动机器人技术进步和产业升级中的关键作用的生动体现。

随着技术的不断进步，协作机器人多元化应用趋势正日益凸显其重要性，当前协作机器人正在加速与人工智能、生物技术、认知科学等尖端科技深度融合。这种融合使得协作机器人在处理复杂作业以及非结构化环境感知方面的能力得到了显著提升，使得应用场景也在不断扩大，从原本简单的人机协作逐步向精密作业、商业服务等更多元化的领域推进。在协作工业化方面，具有轻量化特征的协作机器人负载不断增加，在工业场景承担更多工作，例如，优傲机器人发布 20kg 负重的协作机器人 UR20，在码垛、焊接、物料搬运、机器装载和机器看护等应用场景中加快普及。新松公司推出了一款创新型柔性多关节机器人，该款机器人特别适用于布局紧凑且对精准度要求极高的柔性化生产线；因其高精度、高灵活性的特性，这款柔性多关节机器人在紧凑的生产线布局中能够轻松应对各种复杂任务，有效提升生产效率和产品质量，为制造业的智能化升级注入了新的动力。发那科公司推出的协作机器人 CRX-10iA，最大负载为 10kg，可达半径 1249mm，具有高安全性、高可靠性、便捷使用等特点，针对小型部件的搬运、装配等应用需求，可为用户提供精准、灵活、安全的人机协作解决方案。ABB 公司推出新款协作机器人，能够提供高达 5kg 的负载能力，同时拥有 95cm 的臂展，这使得它在各类工作场景中都能展现出优越的操作性能。在实际应用中，GoFa 协作机器人可被广泛用于物品搬运、产品包装以及螺丝紧固等作业，不仅提升了生产效率，还大幅优化了工作流程，为企业带来了更加高效、灵活的自动化解决方案。

2018 年以来，"机器人化"的智能装备在推动行业数字化转型方面发挥了显著作用。随着集群智能、自主定位导航、人工智能等前沿技术的不断革新与突破，机器人对于复杂场景的任务处理能力得到了大幅提升。这些先进技术被广泛应用于各类生产装备中，使得装备具备了全域感知、智能决策、准确执行等高级功能，"机器人化"已成为装备实现数字化的重要途径。同时，工业机器人作为一种新型劳动力，正在逐步改变传统的生产作业方式及流程。它们通过自动化、智能化的操作，不仅提高了生产效率，还降低了人力成本，从而有力推动了工业制造领域的数字化转型。例如，极智嘉公司推出的第五代智能仓库执行系统平台，便是一个典型的案例。该平台实现了超大规模机器人仓库的货到人拣选功能，为各类仓储物流机器人量身打造了全新的智能仓储方案。通过这一系统，机器人能够成为自动化作业的中心，实现数据驱动、精准协同、高效智能的数字化再造，进一步提升了仓储物流的效率和准确性。综上所述，"机器人化"的智能装备在推动行业数字化转型方面具有巨大的潜力和优势。随着技术的不断进步和应用场景的不断拓展，有理由相信这一趋势将在未来继续深化和发展。

三、全球产业政策

回顾世界发达国家机器人产业的发展历程，我们发现，各国均离不开有效产业政策的扶持。这些政策主要包括依靠财政投入、引导金融贷款来提高企业机器人使用率，激励企业自主创新，减轻企业负担，积极应对机器换人带来的社会负面效应。这些措施帮助各国的机器人企业实现了技术创新，促进了其他相关产业的改造升级，缓解了劳动力不足以及劳动力成本上升的问题。

2013年以来，全球范围内主要机器人生产国家对于扶持机器人产业的政策呈现出持续增长的趋势。美国出台了国家机器人计划2.0，此举标志着美国开始加速协作型机器人的研发攻关，以期在这一前沿领域取得突破。同样，日本机器人战略也明确提出了机器人产业的发展目标，包括建造世界机器人创新基地，努力成为全球领先的机器人应用社会，以及迈向领先世界的机器人新时代。德国和韩国也不甘示弱，分别通过国家工业战略2030和第二次智能机器人行动计划（2014—2018年）进行了机器人产业的战略性布局，旨在抢占新一轮智能协作机器人的发展先机。从这些产业政策动向不难看出，进一步保持技术优势并扩展应用范围，已成为发达国家机器人产业政策的核心内容。

在各国工业机器人的发展中，美国的工业机器人技术在国际上一直处于领先地位，其技术全面、先进、适应性强、性能可靠、功能全面、精确度高，并且其视觉、触觉等人工智能技术已得到广泛应用。一方面，美国通过政策的引导，构建机器人产业发展的有序市场，产业政策根据市场需求的变化而变化，这种功能型的产业政策并不是单一地扶持和引导机器人产业；以间接方式引导机器人相关企业的发展。另一方面，美国高度重视激发中小型企业在机器人研发创新中的积极性。美国工业机器人产业政策具体可参见表2-1。

表2-1 美国工业机器人产业政策

时间	政策名称	主要内容
1980年	史蒂文森—威德勒技术创新法	建立研究和技术应用办公室，定额财政预算用于支持技术转让、创新活动
1983年	战略计算倡议	政府投资10亿美元支持机器智能项目，包括芯片制造、计算机体系结构和人工智能软件
2011年	先进制造伙伴计划	明确通过发展工业机器人重振制造业，开发新一代智能机器人
2011年	国家机器人计划	主要分为四轮机器计划：第一轮开发新一代智能机器人，第二轮改进机器人灵活性与协作能力，第三轮实现机器人传感、机器学习和人机交互，第四轮加速协作型机器人攻关
2013年	机器人技术路线图：从互联网到机器人	强调机器人技术在制造业和卫生保健领域的应用，提出开发机器人技术在创新市场、新就业岗位和改善生活方面的潜力

续表

时间	政策名称	主要内容
2018 年	国家机器人计划 2.0	加快协作型机器人的发展和应用,美国国家科学基金会预计每年投入 3000 万～4500 万美元支持 40～70 个项目开展基础研究

德国,作为全球知名的制造业强国,在工业机器人领域同样占据显著领先地位。其在这一领域的深厚底蕴和持续创新,得益于早期的前瞻性政策布局。回溯历史,20 世纪 70 年代,德国政府便出台了改善劳动条件计划,该计划不仅标志着德国国内工业机器人研发应用的起点,更为产业后续发展奠定了坚实基础。通过行政规定,该计划强制要求在危险、有害及有毒的工作环境中,必须以机器人替代人力劳动,从而确保劳动者的安全与健康。此项政策的实施,对德国部分产业产生了深远影响,它们不得不适应这一变革,采用机器人技术来替代传统的劳动力。这一转变不仅改善了工作环境,提高了生产效率,还极大地推动了机器人技术的进步和普及。正是这一政策导向,为德国机器人应用市场打开了大门,促进了该产业的蓬勃发展。值得注意的是,德国的机器人产业政策并非一成不变。随着机器人产业生命周期的演进,政策也相应地进行了调整与优化。这一转换过程明显且富有策略性,旨在更好地适应产业发展需求,保持德国在全球机器人领域的领先地位。

同时,德国一直致力于打造工业机器人领域的"隐形冠军"。"隐形冠军"是指在国际国内市场份额居于领先地位但社会知名度较低的中小型企业,这类企业致力于走"专精特新"之路。据德国联邦外贸与投资署数据显示,德国约有 1300 家这样的"隐形冠军"。这些企业规模虽小,但在实际运营中往往更加聚焦,以一种高度专注的方式深耕细作,拥有强大的技术专长和竞争力。目前,德国除了库卡公司、博世集团等本土知名机器人企业外,在喷涂、焊接等机器人细分领域也出现了一批诸如克鲁斯、百格拉一类的"隐形冠军"。

德国于 2013 年和 2019 年分别出台了工业 4.0 战略和国家工业战略 2030,两大战略都提到要把机器人作为新工业革命的切入点,充分发挥中小企业的创新作用。德国工业机器人具体产业政策参见表 2-2。

表 2-2 德国工业机器人产业政策

时间	政策名称	主要内容
20 世纪 70 年代	改善劳动条件计划	用机器人替换部分在危险、有害、有毒岗位工作的劳动力,扩大机器人应用率
1982 年	促进创建新技术企业计划	推动企业与高校、科研机构合作,建立技术园区,促进包括机器人在内的高新技术企业聚集

续表

时间	政策名称	主要内容
2006 年	德国高科技战略（2006—2009 年）	设立包括机器人在内的首批重点投资领域，预计逐年投入 7 亿欧元、13 亿欧元、18 亿欧元和 22 亿欧元用于国家研发预算；制定"中小企业创新计划"，总投资超 3 亿欧元，为科技企业提供创业融资
2013 年	工业 4.0 战略	打造智能制造产业，让机器人成为新工业革命的切入点；发挥中小企业创新作用
2018 年	联邦政府人工智能发展战略要点	投入 2.3 亿欧元用于人工智能领域的研究成果转化，投入超 1.9 亿欧元用于人工智能领域的研究和人才培养
2019 年	国家工业战略 2030	对人工智能、机器人等急需突破的关键技术设立创新技术目录，修改竞争法以支持大企业合并，国家参股战略重要性企业，修改补贴法对部分领域进行补贴，强化对中小企业的支持

在 20 世纪 90 年代之前日本的劳动力供给逐渐下降，劳动力成本迅速上升，为了解决这一问题并推动国家的技术进步与产业升级，日本开始将机器人技术视为国家的重要发展计划和战略部署。在日本经济发展的早期阶段，尽管其机器人产业相较于美国而言稍显落后，但日本通过精心布局机器人产业，优化并缩短了产业链的结构演变过程，成功实现了对美国的赶超。在产业发展初期，特别是在 1980 年前后，日本政府密集地推出了一系列机器人支持性政策。这些政策包括但不限于财政投融资租赁制度、重要复杂机械装置特别折旧制度、工业安全卫生设施等贷款制度、FMS 机器租赁制度以及促进基础技术开发税制等。这些政策的出台为机器人产业的快速发展提供了有力的制度保障和资金支持。值得一提的是，日本的机器人政策不仅全面而且深入。为了鼓励机器人技术的研发和创新，日本政府还特别出台了促进基础技术开发税制和关于加强中小企业技术基础的税制。这些政策通过"倾斜减税"的方式，实质性地降低了机器人技术研发和创新的税负，从而极大地加速了机器人技术的进步。这种具有明显选择性特征的产业政策，被证明是日本机器人产业迅速崛起的关键因素。在这些政策的推动下，日本在 1987 年成功超越美国，成为全球最大的工业机器人生产国和出口国，其机器人保有量也跃居世界第一。这一成就不仅彰显了日本政府产业政策的成功，也为日本的经济发展和产业升级注入了强大的动力。日本工业机器人产业具体政策参见表 2-3。

表2-3 日本工业机器人产业政策

时间	政策名称	主要内容
1971年	机电法	规定了工业机器人制造业的应用对象行业和种类，为日本机器人的振兴创造了条件
1980年	财政投融资租赁制度	由21家工业机器人制造商、国家保险公司共同成立日本机器人租赁公司，扩大机器人应用
1978年	重要复杂机械装置的特别折旧制度	特别增加由高性能电子计算机控制的工业机器人折旧条款，除普通折旧外还可享受10%的特别折旧优惠
1980年	劳动安全工业机器人的新规定	在原有制度基础上追加劳动安全工业机器人的新规定，由中小企业金融公库、国民金融公库向中小企业融资，发放低息设备贷款
1984年	复杂的柔性生产系统（FMS）机器租赁制度	扩展机器人租赁业务，由单台转向FMS系统
1985年	促进基础技术开发税制	企业购置技术开发类资产可免税，鼓励企业购置技术研发设备，为机器人技术的研发创造条件
2014年	修订日本振兴战略	推动机器人驱动的新工业革命，把机器人作为经济增长的重要支柱
2015年	日本机器人战略：愿景、战略、行动计划	到2020年，预计投入1000亿日元扶持机器人项目，设置机器人革命促进会，培育机器人领域专项人才
2019年	基于机器人的社会转型推进计划	加快机器人的社会应用，推动机器人社会变革，构建加速引入和传播的生态系统（构建机器人友好型环境/构建区域生态系统）

韩国机器人产业起步最晚，但发展速度却是最快的，机器人的使用密度和技术水平一度超过了美国、德国等发达国家，这与韩国政府在机器人产业中的高投入是分不开的。据不完全统计，2003年以来，仅官方公布的机器人技术研发公共基金，韩国的投入就超过40亿美元。这些资金主要用于机器人核心部件的技术攻关，包括智能控制、自主驾驶传感器、智能手臂以及软件，使得韩国在汽车、金属加工、冶金、交通、造纸、化工、食品、物流等应用领域实现了快速的技术崛起，并涌现出韩国现代（HYUNDAI）、罗普伺达（Robostar）、东部（Dongbu）、斗星（Doosung）、阿尔帕（Alpha）等一批世界知名的机器人生产企业。同时，韩国政府以财政投入和购买的方

式，促进了机器人在汽车、电子等传统优势行业中的应用，形成了强大的国内市场，并拉动了国内制造业企业与机器人生产企业基于供应链进行创新。韩国工业机器人具体产业政策参见表2-4。

表2-4 韩国工业机器人产业政策

时间	政策名称	主要内容
1991年	先导技术开发计划	制定系统开发计划以及基础技术开发计划，政府每年以固定比例的营业额进行科研资助
1999年	通过《科学技术革新特别法》修正案	设立国家科学技术委员会和科学技术评价院，强化对科研工作的监管、评估
2005年	21项"国家有望技术"计划	将人工智能技术纳入国家今后重点发展的技术，利用经费支持重点技术研发、人才培养以及地方和中小企业的发展
2008年	智能机器人开发与普及促进法	制定智能机器人开发与普及基本计划，实施机器人产品质量认证制度，创办智能机器人投资公司，成立智能机器人专门研究院等
2009年	第一次智能机器人基本计划	政府投入1万亿韩元用于机器人相关技术研发和产业扶持，把工业机器人确定为机器人研究的主要方向之一
2012年	机器人未来战略2022	计划投资3500亿韩元，推动机器人与各领域的融合应用，将机器人打造成支柱性产业，重点发展智能工业机器人、家庭机器人、救灾机器人和医疗机器人四大类型
2013年	第二次智能机器人行动计划（2014—2018年）	明确要求2018年韩国机器人国内生产总值达到20万亿韩元，出口额达到70亿美元，占据全球20%的市场份额，挺进世界机器人三大强国行列
2017年	机器人基本法案	探讨机器人伦理和责任问题，积极应对机器人和机器人技术带来的社会影响
2019年	第三次智能机器人行动计划（2019—2023年）	到2023年，5年内供应至少70万台机器人
2022年	2022年智能机器人实行计划	持续对工业和服务机器人进行投资和支持，并放宽限制打造促进机器人产业发展的环境，2022年韩国政府将投入2440亿韩元开展工业及服务机器人研发和普及

此外，法国、意大利、英国等欧洲传统工业强国也紧随全球机器人产业发展的趋势，纷纷制定并实施了新的机器人产业政策。具体来看，法国在2020年提出了宏大的

投资计划，预计在 2030 年前投资 8 亿欧元以推动机器人产业的快速发展。值得注意的是，其中 4 亿欧元将专门用于研发和生产融入先进人工智能技术的新一代机器人，这体现了法国在提升机器人智能化水平方面的决心和投入。意大利也对此领域给予了高度重视，其国家研究委员会在 2018—2020 年的三年活动计划中明确提出了开发具有决策自主性的新机器人系统。这一计划旨在提升机器人在复杂环境下的自主决策和执行能力，进一步增强机器人的实用性和适应性。英国政府则于 2014 年发布了首个官方机器人战略——RAS 2020，并通过提供财政支持来确保其机器人产业能够在全球竞争中占据有利地位。为了实现这一目标，英国技术战略委员会已经拨款 6.85 亿美元作为下一年的发展基金，其中，2.57 亿美元将专项用于机器人和自主系统（RAS）的研发与推广。

2014 年 6 月，欧盟正式宣布了一个重大决策，即由欧盟委员会携手欧洲机器人协会下属的 180 个公司及研发机构，共同开启名为"SPARC"的全球最大民用机器人研发计划。此计划具有深远的战略意义，旨在推动机器人技术的科研创新、项目建设以及成果转化。"SPARC"计划的研究领域广泛，主要涵盖机器人在制造业、农业、健康、交通、安全和家庭等多个领域的应用。通过这一计划的实施，欧盟期望能够全面提升机器人在各个行业的应用水平，进一步推动社会经济的发展和生活质量的提升。2016 年 1 月，欧盟的"地平线 2020"计划又启动了新一轮的机器人发展项目，为智能制造、医疗健康、交通物流、建筑等关键领域提供创新型的机器人解决方案。新计划共资助了 21 个项目，吸引了超过 120 家企业和科研机构的参与，并获得了总额达 9870 万欧元的资助。这一新计划的实施，不仅加强了欧盟在工业创新领域的领导力，更体现了其对关键技术投资的重视，尤其是对中小企业的资金投入与支持力度的增加。欧盟通过这一系列举措积极推动机器人技术的研发与应用，以期在未来的科技竞争中占据有利地位。

第二节 中国工业机器人产业现状

一、中国市场情况

中国机器人市场表现出了持续的蓬勃发展趋势，这一趋势已经成为全球机器人产业发展的重要推动力。

据国家统计局公布的数据，2016—2020 年，中国的工业机器人产量实现了从 7.2 万套到 21.2 万套的跨越式增长，年均增长率稳定在 31%，这充分展示了中国机器人市场的强劲增长势头。图 2-1 展示了 2016—2023 年中国工业机器人销售额。参考国际机器人联合会的统计数据，我们可以发现，2018—2022 年，中国工业机器人的市场规模一直保持着稳健的增长态势。根据统计，2022 年中国机器人市场的总规模达 174 亿美元，其中，工业机器人市场规模为 87 亿美元，服务机器人市场规模为 65 亿美元，特种机器人市场规模为 22 亿美元。2017—2022 年的年均增长率达 22%，这一增长率在全球范围内是相当引人注目的。从具体细分来看，工业机器人、服务机器人、特种机器人市场进一步揭示了中国机器人市场的多元化和全面发展。2023 年，中国工业机器人市场规模达 57.3 亿美元。2025 年中国工业机器人市场的规模有望进一步扩大，预示着中国机器人产业在未来的持续繁荣与发展。

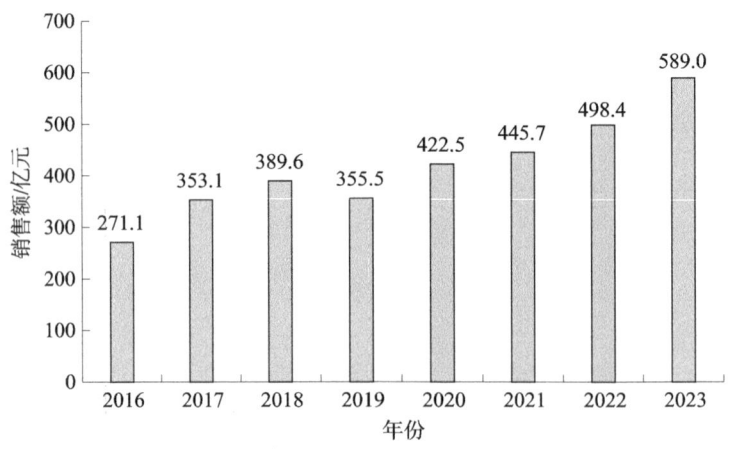

图 2-1 2016—2023 年中国工业机器人销售额

我国已涌现出一大批智能机器人优势企业。2016 年以来，多家本土机器人企业，如沈阳新松机器人自动化股份有限公司、哈尔滨博实自动化股份有限公司、南京埃斯顿自动化股份有限公司、安徽埃夫特智能装备股份有限公司、广州数控设备有限公司、深圳市大疆创新科技有限公司以及路石科技（北京）有限公司等，通过不断的技术创新和市场拓展，已经取得了显著的发展。这些企业的崛起，标志着我国已经初步构建了一个完整的机器人产业链。

更值得一提的是，我国机器人的应用领域正在从传统的搬运、焊接、装配等操作型任务，向更为复杂的加工型任务延伸。这种转变不仅展示了我国机器人技术的进步，也反映出市场需求的变化。同时，具有中国特色的机器人应用解决方案因其独特性和实用性，受到了市场的广泛欢迎。在市场竞争策略上，部分企业凭借敏锐的市场洞察力和快速的反应能力，抓住市场机遇，在细分应用领域打造出独具特色的产品，形成了自己的"护城河"。通过这种方式，他们迅速占据了新兴场景的市场份额，并在此基础上不断扩大影响力。这种策略的实施，不仅推动了企业的快速发展，也为实现部分行业的机器人国产化奠定了坚实的基础。以路石科技（北京）有限公司为例，该公司经过多年的研发努力，成功地综合运用了机器人视觉、机器人力觉、强化学习等先进技术，同时在刀具自动化开刃、柔性物料加工等领域，与应用厂商紧密合作，开发出了具有特色的解决方案，这不仅提升了该公司机器人在行业中的竞争力，也为我国机器人技术的发展树立了新的标杆。

二、中国工业机器人技术发展现状

当前，随着我国制造企业数字化与智能化转型建设的步伐日益加快，这一趋势正有力地推动着工业机器人市场的迅猛发展。数字化与智能化的深度融合，不仅提升了制造效率，还优化了生产流程，从而为我国工业机器人市场注入了新的活力。在此背景下，越来越多的制造企业开始引入工业机器人技术，以实现生产自动化、提高生产效率并降低运营成本。这种转型不仅标志着我国制造业从传统模式向现代智能制造模式的转变，同时也预示着工业机器人市场将迎来更加广阔的发展空间和更多的商业机遇。

（一）核心竞争力不断增强

关键零部件的核心竞争力得到了持续提升。目前，中国已经将突破机器人关键核心技术视为一项至关重要的工程。在此背景下，国内的生产厂商已经成功攻克了减速器、控制器、伺服系统等关键核心零部件领域的部分技术难题，这标志着核心零部件国产化的趋势正逐渐加强。以减速器为例，绿的谐波公司成功研发了基于三次谐波减速原理的Y系列谐波减速器产品，这些产品不仅在扭转刚度和传动精度上有了大幅提升，而且还加速了具有自主知识产权的核心技术体系的构建。此外，南通振康、双环传动、大族谐波传动、来福谐波等一批杰出的企业，也通过持续的研发投入、高水平的精密制造能力、严格的质量管控以及日益完善的产品体系，成为引领国内减速器市场发展的领头羊。在伺服系统和控制器方面，汇川技术、华中数控、固高自动化等企业也已经进入了批量生产阶段。这一进展不仅加速了国产机器人的应用和替代进程，也进一步证明了我国在机器人关键零部件领域的研发和生产能力正在稳步提升，为机器人产业的全面国产化和长远发展奠定了坚实的基础。

（二）机器视觉增强机器人作业精准度

伴随着机器视觉技术的不断发展和日臻成熟，机器人在感知复杂外部环境方面的能力已得到显著提升。这种进步使得机器人在处理实际问题时展现出更高的自主性、稳定性和可靠性。机器视觉技术的引入，极大地增强了工业生产的柔性和自动化水平，不仅提升了生产效率，也显著提高了产品质量。在诸如测量、引导、检测等多种应用场景中，机器视觉都展现了其极高的实用价值。举例来说，中科新松公司成功地将机器视觉技术与协作机器人相融合，他们利用深度学习算法，对来自多个传感器的信息进行高效处理和融合，从而为协作机器人提供稳定且持续的 3D 视觉柔性化定位服务。在鞋底涂胶这一具体应用案例中，该技术能够精确地提取不同鞋型的边缘轮廓，实现在生产过程中对不同鞋型的灵活切换，不仅提升了生产效率，还大大降低了生产成本，这一创新应用充分展示了机器视觉技术在现代工业生产中的巨大潜力和广阔前景。

（三）工业机器人向复杂精密场景渗透

工业机器人在融合了柔顺力控技术后，显著提升了其柔性化操作能力，使得机器人能够以更高的精度和更强的灵敏性执行任务，特别适用于装配、研磨、铆接等需要精细操作的应用场景。随着技术的进步，这类机器人在复杂精密制造领域的应用正日益普及。以重庆华数推出的针对 3C 产品的精密加工机器人为例，该机器人集成了自主研发的高性能伺服电机和先进的控制技术，这一创新不仅使得机器人在笔记本电脑全制程典型工序中取得了重要突破，还成功构建了以打磨、涂胶及装配等为代表的复杂应用体系。更重要的是，这些技术的应用推动了全制程机器人生产与立体库全套自动化工厂的实现，从而大幅提高了生产效率和产品质量。该成果证明了柔顺力控技术在工业机器人领域的广阔应用前景和重要价值。

三、中国产业政策

随着经济的持续发展和人口红利的逐渐消失，劳动力成本开始迅速上升，传统的依赖低成本劳动力的生产模式已不再可持续。在这样的背景下，机器人技术的需求开始凸显，并逐渐成为中国制造业转型升级的关键。相较于美国、德国、日本和韩国等发达国家，中国机器人技术研发与市场应用起步较晚，这在一定程度上制约了中国制造业的进一步发展。为了迎头赶上这一全球趋势并推动国内机器人产业的快速发展，我国政府开始积极制定并实施相关的产业政策。

我国在机器人产业上的系统性政策实施始于 2006 年。《国家中长期科学和技术发展规划纲要（2006—2020 年）》的发布，标志着机器人技术正式被纳入国家科技发展的前沿领域。该纲要不仅首次明确地将机器人技术归类为前沿制造业的先进制造技术，还强调了智能机器人作为未来战略性新兴产业的重要地位，为我国机器人产业的发展指明了方向。自 2011 年开始，我国进入了机器人产业政策的密集发布期，国务院、财政部、科技部、工业和信息化部、国家发展和改革委员会、国家税务总局等多个政府部门，纷纷从财政支持、技术创新、市场推广、税收优惠等多个角度，出台了旨在扶持和促进机器人产业发展的政策措施。这些政策不仅覆盖了机器人产业的各个环节，还形成了从研发到产业化的全方位支持体系。

中央层面的机器人产业政策，根据其性质和目标，可以进一步细分为阶段性的战略规划和专项性的支持计划。其中，阶段性的战略规划主要着眼于机器人产业的中长期发展，通过制定明确的发展目标和路线图，来引导产业的有序发展。而专项性的支持计划则更加侧重于解决机器人产业发展中遇到的具体问题和挑战，如技术创新、市场开拓、人才培养等。在顶层设计层面，我国政府已经通过多项重要政策文件，明确了机器人产业发展的阶段性目标和战略方向。这些重要政策文件不仅包括前文提到的《国家中长期科学和技术发展规划纲要（2006—2020 年）》，还有《中华人民共和国国民经济和社会发展第十二个五年规划纲要》、《中华人民共和国国民经济和社会发展第十三个五年规划纲要》等国家级发展规划。此外，《中国制造 2025》及其衍生出的《高端装备制造业"十二五"发展规划》《智能制造发展规划（2016—2020 年）》等专项规划，也为我国机器人产业的发展提供了更为具体和细化的指导。尽管我国机器人产业自 2013 年以来取得了显著的发展成就，但我们必须清醒地认识到，与发达国家相比，我国在机器人应用和核心技术上仍存在一定的差距。因此，从政策内容上来看，我国政府当前的综合政策主要聚焦于提升机器人技术水平、突破关键技术壁垒、加强产学研合作、培养专业人才等方面，通过这些政策的实施，我们期望能够推动我国机器人产业实现更快速、更健康的发展，从而为制造业的转型升级和经济的持续发展提供有力支撑。我国工业机器人具体产业政策参见表 2-5。

表 2-5 中国工业机器人产业政策

时间	政策名称	主要内容
2012 年	《高端装备制造业"十二五"发展规划》	在以工业机器人为代表的智能装置上实现技术突破并达到国际先进水平
2013 年	《工业和信息化部关于推进工业机器人产业发展的指导意见》	开发满足用户需求的工业机器人系统集成技术、主机设计技术及关键零部件制造技术，突破一批核心技术和关键零部件，提升量大面广主流产品的可靠性和稳定性指标，在重要工业制造领域推进工业机器人的规模化示范应用
2015 年	《中国制造 2025》	促进机器人标准化、模块化发展，扩大市场应用；突破机器人本体、减速器、伺服电机、控制器、传感器与驱动器等关键零部件及系统集成设计制造等技术瓶颈

续表

时间	政策名称	主要内容
2016年	《中华人民共和国国民经济和社会发展第十三个五年规划纲要》	将智能制造和机器人列为"科技创新2030"重大项目
2016年	《机器人产业发展规划（2016—2020年）》	到2020年，自主品牌工业机器人年产量达到10万台，六轴及以上工业机器人年产量达到5万台以上；培育3家以上具有国际竞争力的龙头企业，打造5个以上机器人配套产业集群
2016年	《工业和信息化部办公厅 发展改革委办公厅 国家认监委办公室关于促进机器人产业健康发展的通知》	重点对机器人产业低水平重复建设，高端产业低端化，重招商引资、轻自主创新等问题进行引导
2016年	《工业机器人行业规范条件》	对业内相关规范条件进行明确规定
2016年	《"十三五"国家战略性新兴产业发展规划》	重点发展高精度、高可靠性中高端工业机器人
2017年	《新一代人工智能发展规划》	攻克智能机器人核心零部件、专用传感器，完善智能机器人硬件接口标准、软件接口协议标准以及安全使用标准。研制智能工业机器人、智能服务机器人，实现大规模应用并进入国际市场。研制和推广空间机器人、海洋机器人、极地机器人等特种智能机器人。建立智能机器人标准体系和安全规则
2017年	《促进新一代人工智能产业发展三年行动计划（2018—2020年）》	到2020年，高档数控机床智能化水平进一步提升，具备人机协调、自然交互、自主学习功能的新一代工业机器人实现批量生产及应用
2017年	《国务院关于深化"互联网＋先进制造业"发展工业互联网的指导意见》	围绕数控机床、工业机器人、大型动力装备等关键领域，实现智能控制、智能传感、工业级芯片与网络通信模块的集成创新
2019年	《制造业设计能力提升专项行动计划（2019—2022年）》	争取用4年左右的时间，推动制造业短板领域设计问题有效改善，工业设计基础研究体系逐步完备，公共服务能力大幅提升，人才培养模式创新发展。在高档数控机床、工业机器人、汽车、电力装备、石化装备、重型机械等行业，以及节能环保、人工智能等领域实现原创设计突破。在系统设计、人工智能设计、生态设计等方面形成一批行业、国家标准，开发出一批好用、专业的设计工具。高水平建设国家工业设计研究院，提高工业设计基础研究能力和公共服务水平

续表

时间	政策名称	主要内容
2021 年	《"十四五"机器人产业发展规划》	实施机器人创新产品发展行动。到 2025 年,我国成为全球机器人技术创新策源地、高端制造集聚地和集成应用新高地
2021 年	《"十四五"智能制造发展规划》	实施智能制造装备创新发展行动,研发智能焊接机器人、智能移动机器人、半导体(洁净)机器人等工业机器人
2023 年	《"机器人+"应用行动实施方案》	深化重点领域"机器人+"应用,提出了十大应用重点领域,并明确了到 2025 年的主要发展目标,包括制造业机器人密度翻番、服务机器人和特种机器人行业应用深度和广度的显著提升等

中国各省级行政区针对机器人产业出台了很多相应的支持性政策。这些政策的出台旨在促进机器人产业的快速发展,以适应国内外市场的需求。然而,由于各地区的经济发展状况、机器人产业的起步时间以及应用目标存在差异,因此地方政府在制定机器人产业政策时也体现出了明显的区域性特征。

长三角地区,机器人产业的起步较早,基础设施相对完善,这使得该地区在机器人产业链的构建、市场需求以及创新资源的配置上均处于全国领先地位。鉴于此,长三角地区的地方政策更倾向于从技术研发和机器人应用场景的拓展等角度提供扶持。以浙江省为例,《浙江省"机器人+"行动计划》中明确提出到 2020 年建设国内一流的机器人应用示范基地和产业创新发展示范区,并计划大力推进机器人在制造、物流以及健康等领域的应用。这一政策导向为该地区机器人产业的未来发展指明了方向。

为了更具体地说明长三角地区机器人产业政策特点,表 2-6 和表 2-7 分别详细列出了上海市和苏州市关于工业机器人产业的相关政策,这些政策展示了地方政府对机器人产业发展的高度重视,也为相关企业和研究机构提供了明确的指导和支持。通过这些政策的实施,可以预见长三角地区将在未来继续保持其在机器人产业领域的领先地位,并有望成为中国乃至全球机器人产业发展的重要引擎。

表 2-6 上海市工业机器人产业政策

时间	政策名称	主要内容
2015 年	《上海市高端智能装备首台突破和示范应用专项支持实施细则》	鼓励和引导装备制造和使用单位合作开展高端智能装备自主创新,积极研制首台装备,投入工程应用(包括研制单位自用),实现首台业绩突破,激发用户使用首台自主装备的积极性,以示范应用带动高端智能装备突破,提高装备制造业高端化、智能化、自主化水平

续表

时间	政策名称	主要内容
2017 年	《关于本市推动新一代人工智能发展的实施意见》	到 2020 年，人工智能对上海创新驱动发展、经济转型升级和社会精细化治理的引领带动效能显著提升，基本建成国家人工智能发展高地，成为全国领先的人工智能创新策源地、应用示范地、产业集聚地和人才高地，局部领域达到全球先进水平
2019 年	《上海市智能制造行动计划（2019—2021 年）》	到 2021 年，全市智能制造发展基础和支撑能力显著增强，智能制造新模式进一步推广应用，重点行业的智能制造水平显著提升，5G、人工智能、互联网、大数据和制造业融合程度进一步深化，努力将本市打造成为全国智能制造应用新高地、核心技术策源地和系统解决方案输出地，推动长三角智能制造协同发展
2021 年	《浦东新区机器人产业高质量发展三年行动计划（2021—2023 年）》	到 2023 年，将浦东建设成为具有全球影响力、国内顶级的机器人产业发展高地，在技术创新、产业空间、企业集聚、应用赋能、生态环境等方面形成竞争优势
2021 年	《上海市高端装备产业发展"十四五"规划》	推动工业机器人升级，发展应用于加工等场景的高精度工业机器人，突破具备柔性交互与高仿真人化特征的 6 轴以上协作机器人与自适应机器人
2023 年	《上海市智能机器人标杆企业与应用场景推荐目录》	力争到 2025 年，上海市将打造 10 家行业一流的机器人头部品牌、100 个标杆示范的机器人应用场景、1000 亿元机器人关联产业规模

表 2-7 苏州市工业机器人产业政策

时间	政策名称	主要内容
2016 年	《关于加快智能装备和物联网应用的若干政策》	企业采用工业机器人，最高可获 500 万元设备投入补贴
2018 年	《江苏省机器人产业发展三年行动计划（2018—2020 年）》	到 2020 年，基本构建起产业特色鲜明、企业集聚发展、配套链条完善、公共服务齐全的机器人产业体系，技术创新能力和国际竞争能力明显增强，产品性能和质量达到国际同类产品先进水平，关键零部件取得重大突破，基本满足市场需求

续表

时间	政策名称	主要内容
2022年	《苏州市人工智能产业创新集群行动计划（2023—2025年）》	到2025年，苏州国家新一代人工智能创新发展试验区建设取得明显成效，成为全国领先的产业发展集聚地、技术创新策源地和创新应用示范区，智能制造、智慧医疗、智慧交通、智能机器人等细分领域成为标杆示范
2022年	《苏州市培育发展机器人及数控机床产业创新集群行动计划（2022—2025年）》	在工业机器人领域重点发展通用关节型机器人、人机协作机器人、仓储物流机器人；在机器人关键零部件方面重点发展高精度减速器、驱控制一体化关节、高性能控制器、新型传感器、机器人专用芯片、末端执行器、机器人专用电缆
2022年	《苏州市培育发展机器人产业创新集群2025行动计划》	提出到2025年，力争苏州全市机器人及数控机床产业产值突破1800亿元，建成独具特色的机器人或数控机床产业基地3~5个，营业收入超10亿元的企业20家，超20亿元的企业10家，超50亿元的企业5家，创建机器人及数控机床技术创新策源地、高端制造集聚区和集成应用的样板城市

珠三角地区，凭借其高度发达的制造业基础，成功孕育出了一批技术实力雄厚的本土机器人企业。然而，由于劳动力成本的持续上涨，该地区的制造业遭遇了一定的挑战。为了应对这些挑战并推动产业的持续升级，珠三角地区的机器人产业相关政策明确将扩大"机器换人"规模，扶持和培养本土机器人企业。

具体来说，《广东省智能制造发展规划（2015—2025年）》指出，到2020年，广东省的机器人及其相关配套产业产值应达到1000亿元，同时，每万人拥有的机器人数量达到100台。这一目标的设定，不仅展示了广东省在智能制造领域的雄心壮志，也为该地区机器人产业的发展指明了方向。此外，《广东省培育智能机器人战略性新兴产业集群行动计划（2021—2025年）》进一步细化了发展策略。该计划旨在建立各具特色的区域错位发展格局，支持广州市、深圳市发挥高端资源汇集优势，开展机器人研发创新；支持佛山市、东莞市、珠海市、中山市等地发挥生产制造优势，建设机器人生产基地；支持其他各地市做好产业配套。推广实施智能化改造，提升机器人应用的广度和深度，推动制造业转型升级。

深圳市在机器人产业配套支持政策方面持续加大力度，智能机器人产业发展展现出蓬勃态势，已经孕育出一批在行业内具有显著影响力的骨干企业，这些企业在技术创新、市场拓展等方面均取得了显著成就。据统计，2021年深圳市智能机器人产业的增加值已高达89亿元，这一数字充分彰显了该产业的强劲增长势头和巨大市场潜力。

在工业机器人产业方面，深圳市已经构建起了较为完善的产业链，涵盖了减速器、伺服系统、控制器、本体和集成应用等多个关键环节。值得一提的是，该地区的伺服系统在国内处于领先地位，这得益于深厚的技术积累和持续的创新投入。此外，服务机器人领域也呈现出多样化的产品类型，特别是人形机器人在全国范围内具有领先优势。特种机器人则在管网管廊、医疗、能源、环保、农业、地铁、应急救援等多个领域得到了广泛应用，展示了其强大的实用性和市场需求。表2-8详细列出了2014年以后深圳市在工业机器人产业方面出台的相关政策，这些政策为产业的持续健康发展提供了有力保障。

表2-8 深圳市工业机器人产业政策

时间	政策名称	主要内容
2014年	《深圳市机器人、可穿戴设备和智能装备产业发展政策》	自2014年起至2020年，市财政每年安排5亿元，设立市机器人、可穿戴设备和智能装备产业发展专项资金
2021年	《深圳市龙华区促进智能制造装备产业高质量发展若干措施》	培育智能机器人骨干企业。着力发展具有核心竞争力的智能机器人企业，对首次入选工业和信息化部《工业机器人行业规范条件》目录的企业，给予一次性100万元的奖励；对首次入选广东省机器人骨干企业、机器人培育企业名单的企业，分别给予50万元、20万元的一次性奖励
2022年	《深圳市培育发展智能机器人产业集群行动计划（2022—2025年)》	提出到2025年，深圳市智能机器人产业增加值达到160亿元，其中无人机产业增加值达到百亿级规模，工业机器人、服务机器人、特种机器人实现快速增长；智能机器人关键技术取得重大突破，核心零部件自主可控水平大幅提升，产品精度、可靠性、平均寿命等关键指标达到国际先进水平，新增1个省级或以上制造业创新中心，10家制造业"单项冠军"、专精特新"小巨人"、"独角兽"企业，20家企业技术中心
2022年	《深圳市关于推动智能传感器产业加快发展的若干措施》	旨在健全产业公共服务能力，构建核心技术竞争能力，强化市场牵引发展能力
2023年	《深圳市智能机器人应用示范典型案例（第一批)》	打造深圳市智能机器人标杆企业，推动智能机器人产品示范应用，遴选一批具有带动效应和示范意义的智能机器人应用示范典型案例

东莞市作为制造业的佼佼者,也积极响应产业升级的号召。表 2-9 详细列出了 2014 年以后东莞市在工业机器人产业方面出台的相关政策。2014 年,东莞市就连续发布了《东莞市推进企业"机器换人"行动计划(2014—2016 年)》(以下简称《计划》)和《关于加快推动工业机器人智能装备产业发展的实施意见》(以下简称《意见》)两项重要政策。根据《计划》的规划,东莞市致力于在 2016 年前完成相关传统产业和优势产业的"机器换人"应用项目 1000~1500 个,以此推动全市一半以上规模以上工业企业实施技术改造项目。这一举措旨在提升工业生产的自动化水平,降低人工成本,提高生产效率。而《意见》则进一步明确了工业机器人智能装备产业的发展目标:到 2020 年,东莞市力争成为全省乃至全国具有竞争力和影响力的工业机器人产业基地和智能制造示范城市。这一目标的实现,不仅需要政府的大力支持和引导,还需要企业、科研机构等社会各界的共同努力和协作。

表 2-9 东莞市工业机器人产业政策

时间	政策名称	主要内容
2014 年	《东莞市推进企业"机器换人"行动计划(2014—2016 年)》	设立"机器换人"专项资金,推动实施应用项目。对企业通过自有资金、银行贷款、设备租赁等方式购买"机器换人"设备和技术的,按照投入的一定比例给予事后奖励或贴息支持
2014 年	《关于加快推动工业机器人智能装备产业发展的实施意见》	明确了在人才、土地、财政等方面的扶持政策,包括研究制定产业扶持政策,加大财政扶持资金对工业机器人智能装备项目的倾斜支持力度
2018 年	《松山湖促进机器人与智能装备产业发展暂行办法》	旨在扶持和促进机器人产业发展,通过奖励、配套和补贴方式,促进完善机器人产业发展空间链条、鼓励企业创新、参展交流、壮大规模、加快机器人产业集聚发展。对上一年度认定为"广东省机器人骨干企业"的,一次性奖励 200 万元;对上一年度认定为"广东省机器人培育企业"的,一次性奖励 30 万元
2019 年	《东莞市新一代人工智能发展规划(2019—2030 年)》	到 2025 年,东莞在智能制造、智能硬件等方面技术与应用达到全国领先水平,拥有全国最完整最先进的智能产品产业链,人工智能成为带动东莞产业升级和经济转型的主要动力
2022 年	《东莞市开放型经济发展"十四五"规划》	巩固和提升传统优势产品竞争力,扩大工业机器人、新能源汽车、智能终端、生物医药、高端装备、通信设备、IT 电子等产品出口,提升机电和高新技术产品出口占比,大力培育技术含量高、质量好拳头产品,推动出口迈向中高端

京津冀地区在制定机器人产业政策时，充分考虑了各地区的区位优势和发展潜力，实现了差异化发展。北京市作为首都，拥有丰富的科技资源和创新环境，因此主要布局智能机器人产业的创新体系和生态环境建设。通过构建完善的创新链条，提供优质的创新创业服务，以及营造良好的政策环境，北京市致力于推动智能机器人技术的研发和应用，打造具有国际竞争力的智能机器人产业基地。表 2 - 10 列出了北京市在工业机器人产业方面的部分相关政策，这些政策为产业的发展提供了有力的支持和保障。

表 2 - 10　北京市工业机器人产业政策

时间	政策名称	主要内容
2015 年	《北京市科学技术委员会关于促进北京市智能机器人科技创新与成果转化工作的意见》	到 2020 年，掌握一批国际前沿核心技术和制造工艺，研制一批关键零部件，形成完善的智能机器人技术创新体系，支撑北京智能机器人产业协同创新发展
2017 年	《北京市加快科技创新发展智能装备产业的指导意见》	到 2020 年，智能装备产业技术创新能力和产业综合实力显著增强，掌握一批国际前沿核心技术和先进工艺，部分关键技术和装备实现突破，智能机器人、增材制造、智能制造解决方案等领域形成 5 至 7 家产业创新中心和产业公共平台，工业机器人系统集成、协作机器人、自动化控制系统、智能仪器仪表等领域培育一批单项冠军示范企业，智能制造等领域形成 10 家左右具有一定规模的系统解决方案供应商
2017 年	《北京市机器人产业创新发展路线图》	明确提出北京市机器人产业的发展目标、主要方向、产业支撑技术和主要举措，对推动北京市机器人产业实现跨越式发展具有重要意义。计划分两阶段实现战略目标。第一阶段到 2020 年，北京市智能机器人产业收入达到 120 亿 ~ 150 亿元，培育形成 10 家行业领军企业，京津启动实施 10 个工业机器人重大应用推广项目。第二阶段到 2025 年，北京市智能机器人产业收入达到 600 亿元左右，人工智能等前沿领域达到世界领先水平，智能机器人操作系统及软件达到国际先进水平，建设若干个机器人应用示范基地

续表

时间	政策名称	主要内容
2019 年	《北京市机器人产业创新发展行动方案（2019—2022）》	到 2022 年，围绕医疗健康机器人、特种机器人、协作机器人等细分领域，培育形成 3 个以上在国内有影响力的协同创新平台；医疗健康、特种、协作、仓储物流机器人等领域培育 2~3 家国际领先企业、10 家国内细分领域领军企业，打造 1~2 个特色产业基地；遴选一批机器人创新应用示范场景，推动工业机器人在数字化车间、智能工厂等场景落地并发挥更大作用
2023 年	《北京市机器人产业创新发展行动方案（2023—2025 年)》	到 2025 年，北京市机器人产业创新能力大幅提升，培育 100 种高技术高附加值机器人产品、100 种具有全国推广价值的应用场景，万人机器人拥有量达到世界领先水平。全市机器人核心产业收入达到 300 亿元以上，打造国内领先、国际先进的机器人产业集群

天津市则依托其先进的制造业基础，围绕机器人整机和配套零部件展开重点建设。通过引进和培育一批具有核心技术的机器人企业，加强产业链上下游的协同创新，天津市旨在打造国内领先的机器人产业集群，提升机器人产业的整体竞争力和市场影响力。

河北省则结合自身的产业特点和资源优势，着重培育在系统集成及特种机器人领域具有特色和影响力的企业。通过政策扶持、产业引导等措施，河北省积极推动相关企业加大研发投入，拓展应用领域，形成自己的产业集群发展态势。这不仅有助于提升河北省机器人产业的整体实力，也为地区经济的转型升级注入了新的动力。

四、工业机器人国家级项目及科技成果情况

（一）"863 计划"

1986 年，国务院组织了一批专家，制定并实施了《高技术研究发展计划纲要》，这一计划被简称为"863 计划"。该计划精选了七个关键领域进行深入研究和发展，其中包括自动化技术。在"863 计划"的框架下，智能机器人技术和计算机集成制造系统被明确纳入自动化领域的研究范畴。这一重要决策不仅体现了国家对高科技发展的远见卓识，也为我国机器人技术的崛起奠定了坚实的基础。更为关键的是，"863 计划"对机器人技术发展策略进行了重大调整，它不再局限于单纯的机器人技术研发，

而是将研究范围扩展到机器人技术与自动化工艺装备的结合上,这样的转变,无疑为我国机器人产业的全面发展注入了新的活力。通过这一战略定位,"863 计划"旨在推动我国传统机器人向智能化转型,进而促进整个机器人产业的蓬勃发展,并致力于提升我国自动化技术的整体水平。

(二)国家重点研发计划启动实施"智能机器人"重点专项

为落实《国家中长期科学和技术发展规划纲要(2006—2020 年)》和《中国制造 2025》等规划,2016 年,国家重点研发计划启动实施"智能机器人"重点专项,包括"人机协作型移动式双臂灵巧作业机器人""大型复杂结构机器人智能激光焊接技术及系统""电石冶炼出炉作业机器人系统研发及示范应用"在内的等多个工业机器人重点项目在 2018 年启动。

该重点专项 2019 年度的总体目标是:突破新型机构/材料/驱动/传感/控制与仿生、智能机器人学习与认知、人机自然交互与协作共融等重大基础前沿技术,加强机器人与新一代信息技术的融合,为提升我国机器人智能水平进行基础前沿技术储备;建立互助协作型、人体行为增强型等新一代机器人验证平台,抢占新一代机器人的技术制高点;攻克高性能机器人核心零部件、机器人专用传感器、机器人软件、测试/安全与可靠性等共性关键技术,提升我国机器人的竞争力;攻克基于外部感知的机器人智能作业技术、新型工业机器人等关键技术,创新应用领域,推进我国工业机器人的产业化进程;突破服务机器人行为辅助技术、云端在线服务及平台技术,创新服务领域和商业模式,培育服务机器人新兴产业;攻克特殊环境服役机器人和医疗/康复机器人关键技术,深化我国特种机器人的工程化应用。

第三节 广东省工业机器人产业现状

一、广东省市场情况

智能机器人产业集群作为广东省十大战略性新兴产业集群之一，在省内发展势头很好。广东省机器人产业的特点在于其迅猛的发展速度和显著的产业集聚效应。广东省不仅在全国范围内是机器人生产与应用的重要省份，更是国内机器人产业的核心聚集区域，无论是在机器人产量还是产业链完整性方面，广东省都拥有显著的优势。这得益于广东省深厚的制造业基础，工业机器人在这里具有广泛的应用场景，不仅在高端制造产业如汽车、3C、半导体等领域得到广泛应用，同时也渗透到了家电、陶瓷、珠宝等传统制造业中，极大地推动了这些行业的自动化和智能化进程。从产业结构的角度来看，广东省内企业在机器人制造的关键环节如精密机械加工、电子设计、工艺装配等方面展现出了不俗的技术实力，这些技术的成熟应用为产品的研发和生产提供了坚实的基础。特别是在核心零部件的技术突破和成品研制上，广东省培育出了一批如广州数控、利迅达机器人等拥有自主知识产权和核心技术的自主品牌企业，这些企业通过不断的技术创新和市场拓展，正逐步形成一条完善且高效的产业链。同时，广东省内的机器人企业也充分利用了区域内制造业的坚实基础，将系统集成领域作为发展的重点，这些企业凭借在流通渠道和价格方面的竞争优势，为机器人应用企业提供了灵活且多样化的定制化服务，进一步促进了机器人技术的普及和应用。上述以市场需求为导向、紧密结合产业链上下游的发展模式，不仅提升了广东省机器人产业的整体竞争力，也为区域经济的持续健康发展注入了新的活力。

广东省工业机器人产量增速高于全国平均增速。2019年，全国共生产工业机器人14.8万台（套），同比增长6.4%，其中广东省产量达3.2万台（套），占全国总量的21.69%，同比增长28.3%。2020年上半年，广东省工业机器人的产量为2.3万台（套），增长24.3%。2021年，工业机器人产业迎来快速发展期，广东的工业机器人产量也迎来一轮暴涨。2021年上半年，广东省工业机器人产量同比增长88.4%，而2021年前三个季度，广东省工业机器人产量同比均增长67.1%，明显高于全国平均增速，全年工业机器人的产量为12.4万台（套），占全国市场的33.9%，产量连续两年位居全国第一。

广东省机器人企业数量居于全国第一，截至2019年，国内机器人相关企业数量达到8399家，其中规模以上企业为1012家。广东省机器人企业达到1610家，占全国的

19.2%，其中 75% 以上与工业机器人相关。2021 年，我国工业机器人相关企业为 11.4 万家，2021 年新增注册工业机器人相关企业超 4.6 万家，增速达到 72.97%，其中广东省工业机器人相关企业达 1.9 万余家，占比 41.3%。据统计，截至 2023 年上半年，全省已有省级机器人骨干（培育）企业超 100 家，机器人培育企业 50 家，大族激光、伯朗特、瑞松科技、拓斯达 4 家为上市公司。从区域来看，全省智能机器人产业分布在 11 个地市，产业主要聚集在深圳市、东莞市、惠州市、佛山市、广州市等地。

截至 2019 年年底，全国范围内已有 74 个机器人小镇或产业园区处于建设或已完成建设状态，这标志着我国机器人产业的快速发展。值得一提的是，广东省在这一领域表现尤为突出，占据了其中的 11 个园区，占全国总数的 14.9%，凸显了广东省在全国机器人产业发展中的重要地位。随着产业的持续扩张，2023 年全国机器人产业园区的数量已达到 100 个，而广东省的份额也增至 18 个，不仅在数量上稳居全国前列，更在产业发展质量和规模上展现了其领先地位。

在广东省内，广州市、深圳市、佛山市、东莞市、珠海市等地在机器人产业的不同细分领域上各展所长，形成了各具特色的产业集群。广州市积极推动以面向汽车、船舶、航空等高端制造业为主的机器人集成应用，同时不断完善标准化、检验检测、技术培训等公共服务体系，为产业的持续健康发展提供了有力支撑。目前，广州市已成功构建起黄埔智能装备价值创新园、大岗先进制造业基地等一批具有影响力的机器人产业园区。深圳市则依托其在 3C 产业领域的深厚底蕴，大力发展以面向 3C 产业为主的工业机器人及集成应用，并致力于工业机器人本体及核心零部件的研发与制造，现已建成南山机器人产业园、碧桂园深圳机器人产业园、中粮（福安）机器人科技园等多个专业化、规模化的机器人产业园区，为深圳市乃至广东省的机器人产业发展注入了强劲动力。佛山市则将智能制造产业基地和机器人谷作为发展重点，通过推进工业机器人在家电、陶瓷、纺织等重点行业的集成应用，有效提升了当地传统产业的智能化水平。而东莞市则注重培育核心零部件企业和机器人系统集成商，以此推动工业机器人在电子信息、制造业、电气机械及设备制造业的广泛应用与深度融合。珠海高新区在机器人与人工智能产业方面的发展尤为突出，该区将此作为 "3+3+1" 现代产业体系的重要组成部分，并成功引进培育了多家知名企业，如珠海云洲智能科技股份有限公司（专注于海上无人艇的研发与生产）、珠海紫燕无人飞行器有限公司等，在无人设备与无人系统领域取得了重要突破；在工业机器人领域，全球领先的机器人与机械自动化供应商 ABB 公司也被引进到珠海高新区。这些城市的共同努力，不仅推动了广东省智能机器人产业的蓬勃发展，也为全国机器人产业的进步树立了典范。

广东省内工业机器人的应用场景得到了前所未有的扩展与深化。在传统四大行业——计算机通信、通用设备、汽车、电气机械和器材的基础上，工业机器人的应用范围已经进一步触及塑料、橡胶、食品、饮料、制药、新能源电池、环保设备、高端装备、生活用品、仓储物流以及线路巡查等众多新兴领域。这种跨越式的拓展，不仅彰显了工业机器人技术的成熟与进步，更反映出广东省在产业升级和技术创新方面的坚定决心与显著成果。

具体应用上,工业机器人的功能也从早期的简单操作型任务,如物料搬运、焊接、零部件装配,逐步发展到能够承担更为专业和精细的加工型任务。例如,在安防领域,工业机器人能够执行长时间的监控任务,及时发现并响应异常情况;在防爆领域,特制的工业机器人可以在高风险环境中进行作业,大大降低了人员伤亡的风险;在空间探索方面,工业机器人也展现出了其独特的优势,能够在极端环境下完成各种科研任务。

广东省的工业机器人已经深入国民经济的各个领域,为39个行业大类、110个行业中类提供了强有力的技术支持。这种全面而深入的应用,不仅极大地提高了生产效率,降低了劳动成本,还推动了相关行业的转型升级,特别是在智能制造、自动化生产等方面,工业机器人已经成为不可或缺的重要力量。广东省在工业机器人的研发和应用方面已形成了完整的产业链和生态圈,从上游的零部件制造,到中游的机器人本体生产,再到下游的集成应用和服务,每一个环节都得到了充分的发展和优化。这种全产业链的整合和发展,为广东省的工业机器人产业提供了强大的内生动力。综上可知,广东省在工业机器人的研发、生产、应用等方面都取得了显著的成果,这些成果不仅有力地支撑了国产工业机器人市场的持续增长,也为我国工业的现代化和智能化发展奠定了坚实的基础。未来,随着技术的不断进步和市场的持续扩大,广东省的工业机器人产业必将迎来更加广阔的发展空间。

广州市、佛山市工业机器人与系统集成及深圳市、东莞市机器人关键零部件配套等多个机器人产业集群,与中国科学院深圳先进技术研究院、华南理工大学、广东省智能机器人研究院、广东省科学技术情报研究所、广东科学中心、清华大学深圳国际研究生院、广东工业大学、广东海洋大学、广东省中高端工业机器人技术企业重点实验室等多家高校、科研院所及机构协同攻关,加快技术创新步伐,已经攻破了一部分核心技术难题,工业机器人减速器、伺服控制、伺服电机等关键核心零部件及整机打破国际垄断,研发出了驱控一体化控制平台、智能机器人关节模组、机器人末端控制手爪、智能传感器、大功率激光器等一批核心功能部件,开发了运载操作一体化移动机器人、无人艇、无人车、3D玻璃热弯成型设备等多款行业机器人及高端制造装备。另外,多传感器信息融合技术、高精度定位导航与避障技术、汽车底盘危险物品快速识别技术等多项核心技术已进入实践应用,计算机视觉、智能语音等应用层专利数量快速增长,在当前的国内三大核心零部件中,国产控制器产品在软件层面的发展仍显滞后,相较于国际顶尖水平存在显著的差距。这种差距主要体现在几个关键性能指标上:首先是响应速度,国产控制器软件在反应时间上尚待优化,无法完全满足高端应用对实时性的严苛要求;其次是易用性方面,国产软件的用户界面设计及交互逻辑还有提升的空间,以提供更流畅、更直观的操作体验;最后是稳定性问题,国产控制器软件在持续运行过程中出现的故障率相对较高,这无疑影响了其整体性能和用户信任度。值得肯定的是,在硬件层面上,国产控制器已经取得了显著进步,其处理性能和长时间运行的稳定性已经可以与国外同类产品相媲美,显示出我国在控制器硬件制造领域的实力与水平,这一现状既揭示了国产控制器在软硬件发展上的不平衡,也为未来的技术突破和产品升级指明了方向。

二、广东省产业政策

广东省在工业机器人产业发展上所取得的卓越成果,以及其在该领域所形成的重要地位,均与国家政策的积极引导和有效实施密不可分。国家政策在推动广东省工业机器人产业的崛起中扮演了举足轻重的角色。作为国家制造业的重要基地,广东省率先实施"机器换人",力图通过引进和自主研发工业机器人技术,实现传统制造业的转型升级。为了加速机器人产业的蓬勃发展,自2014年,广东省内的深圳市、广州市、东莞市、佛山市等多个重要工业城市,便陆续推出了一系列具有针对性的鼓励政策。这些政策涵盖了产业政策的制定、应用示范工程的推广、保费补贴的提供、技术改造的支持以及资金扶持的加大等多个层面。这一系列全方位的政策措施,不仅为工业机器人产业在广东省的快速发展提供了强有力的制度保障,还极大地激发了企业创新活力和市场竞争力。广东省部分城市工业机器人具体产业政策详见表2-11。

表2-11 广东省部分城市工业机器人产业政策

地区	具体内容
深圳市	出台《深圳市机器人、可穿戴设备和智能装备产业发展政策》,明确自2014年起至2020年,市财政每年安排5亿元,设立市机器人、可穿戴设备和智能装备产业发展专项资金
广州市	对工业机器人产业龙头企业采用资金注入、股权投资等方式予以重点支持。在广州市战略性主导产业发展资金等专项资金中安排资金,采用无偿补助、贷款贴息等方式连续5年重点支持工业机器人相关项目建设
佛山市	对认定为国内、省内首台(套)装备产品的生产企业,分别一次性最高给予100万元和50万元奖励,并设置方便企业采购机器人的"机器人超市";出台《佛山市推动机器人应用及产业发展扶持方案(2018—2020)》,2018—2020年,市级财政设立专项扶持资金,每年安排1.3亿元,用于推动机器人产业发展;2018年,佛山市顺德区政府宣布与碧桂园集团合力打造机器人全产业链高地,计划5年内投入至少800亿元,引进1万名机器人专家及研究人员
东莞市	提出设立专项资金,对销售本土机械产品的贸易公司奖励,最高可达60万元;出台《松山湖促进机器人与智能装备产业发展暂行办法》

广东省2015年起支持重点企业实施"机器人应用"项目,带动全省累计新增各类工业机器人8.21万台以上,其中国产机器人占比达到50%,这一数据不仅体现了国内机器人在技术和市场上的双重进步,也彰显了广东省对于本土产业的扶持和国产机器人技术的信任与肯定。

2015年,广东省经济和信息化委员会印发《广东省机器人产业发展专项行动计划

(2015—2017年)》，在总体目标中明确，到2017年底，建成3~5个各具特色的机器人产业基地，3个以上机器人产业技术（应用）研究院，培育50家以上机器人研发制造和系统集成服务骨干企业，10个以上知名自主品牌。在1950家规模以上制造业企业开展工业机器人示范应用，初步建成10个以上工业机器人及关键零部件的标准、检测、认证、培训平台；智能机器人产业发展水平和规模明显提升，机器人产业自主创新能力进一步增强，产业发展生态进一步完善，质量效益进一步提高。机器人全行业发展规模达到600亿元，年均增长25%，带动智能装备产值达到3000亿元左右，总体发展水平进入全国前列。

2020年，《广东省培育智能机器人战略性新兴产业集群行动计划（2021—2025年）》提出，到2025年，智能机器人产业营业收入达到800亿元，其中，服务机器人行业营业收入达到200亿元，无人机（船）行业营业收入达到500亿元，工业机器人年产量超过10万台。《广东省人民政府关于培育发展战略性支柱产业集群和战略性新兴产业集群的意见》提出以需求为导向，培育一批深度应用场景，重点发展工业机器人、服务机器人、特种机器人、无人机、无人船等产业，集中力量突破减速器、伺服电机和系统、控制器等关键零部件和集成应用技术。支持广州市、深圳市等地市开展机器人研发创新，珠海市、佛山市、东莞市、中山市等地市建设机器人生产基地，其他各地市做好产业配套。持续优化产业生态，完善产业支撑体系，建设国内领先、世界知名的机器人产业创新、研发和生产基地。

2021年7月，广东省人民政府印发了《广东省制造业高质量发展"十四五"规划》，提出以广州市、深圳市、珠海市、佛山市、东莞市、中山市为依托，推动工业机器人在高端制造及传统支柱产业的示范应用。广州市依托省机器人创新中心，加快推动以面向汽车、船舶、航空等高端制造业为主的集成应用，完善标准化、检验检测、技术培训、信息咨询等公共服务能力。深圳市推动以面向3C产业为主的工业机器人及集成应用，发展工业机器人本体及核心零部件制造。佛山重点打造智能制造产业基地和机器人谷，推进工业机器人在家电、陶瓷、纺织、家具等重点行业的集成应用。东莞市重点培育核心零部件企业和机器人系统集成商，推动工业机器人在电子信息制造业、电气机械及设备制造业的集成应用。中山市加快推进高端无人装备的产业化。支持揭阳市、江门市、肇庆市、汕头市、潮州市等地发展机器人整机、配套零部件及集成应用项目。

2024年5月，广东省人民政府办公厅印发了《广东省关于人工智能赋能千行百业的若干措施》，推进智能机器人创新发展。加快机器脑、机器肢、机器体、通用产品等产品研发生产，推动人形机器人等具身智能机器人研制和应用。发展柔性交互、动态规划路径的协作机器人与自适应机器人等高精度工业机器人，加快智能人机交互、多自由度精准控制的服务机器人应用推广。到2027年，智能机器人产业营业收入达到900亿元。

第四节　广州市工业机器人产业现状

一、广州市市场情况

广州市作为造车重镇，需要工业机器人企业的支撑。目前，广州市已经集聚了一大批掌握核心技术、具有国际先进水平的智能装备及机器人研发生产企业，形成了从上游关键零部件、中游整机再到下游应用集成的智能装备完整产业链条。广州市已经引进包括瑞典 ABB 公司、日本发那科公司等全球机器人产业巨头，以及国机集团、新松、日松、科德数控、青海华鼎等国内拥有核心技术的机器人知名企业。在创新平台方面，中国（广州）智能装备研究院、国机智能科技有限公司、广东省机器人创新中心及广州智能工程研究院等相继入驻广州开发区，已经初步形成了产业集聚效应。在机器人应用系统集成领域，瑞松科技、明珞装备、达意隆、松兴等实力较强，其中达意隆入选了智能制造示范工厂。

2021 年，广州市实现工业总产值 22567 亿元，三大支柱产业占到工业总产值的 50.3%。其中，汽车制造业 6118 亿元，占比 27.1%；电子产品制造业 3307 亿元，占比 14.7%；石油化工制造业 1920 亿元，占比 8.5%，而汽车制造、电子产品制造以及石油化工制造都离不开工业机器人的支撑。工业机器人集自动化生产和灵活性生产的特点于一身，为汽车制造业提高生产效率和质量发挥了重要作用。在汽车生产的冲压、焊装、涂装、总装四大工艺环节中，工业机器人主要承担焊接、搬运、喷涂、装配以及检测工作。电子产品制造业的自动化需求主要集中在部件加工，如玻璃面板、手机壳、PCB 等功能性元件的点焊、装配、检测及贴标等方面。机器人的应用种类有四种：以直角坐标为代表的模块化机器人、四轴关节机器人、六轴关节机器人及双臂机器人。人机协作对机器人本身的安全性要求高。机器视觉技术的应用和积累以及柔性化生产设计是推动电子产品制造业提升机器人应用水平的关键。针对石油化工制造业，工业机器人主要适用于流程化生产，包括焊接机器人、检测机器人、洁净机器人及码垛机器人。食品工业也是机器人应用的又一重要领域，工业机器人主要完成食品加工处理、分拣、码垛和包装等任务。码垛机器人是使用量最大的一部分，可以快速、高效地完成重量型产品的堆叠。

根据广州市机器人协会数据，2021 年广州市机器人生产量在全国城市中排行第二，集群工业总产值占全国该产业工业总产值的 5%。广州市拥有广东省机器人骨干企业 13 家、机器人培育企业 8 家，广东省机器人骨干企业近三分之一在广州市。

广州数控是广州工业机器人生产企业中的佼佼者，依托三十余年的工业控制技术研发和制造的经验，广州数控已拥有完全自主知识产权的 GSK 系列工业机器人，其生产的 RB 系列工业机器人能够实现精准高效地搬运及装卸，其每个关节的运动均由一台伺服电机和一台高刚度、低侧隙精密减速机共同实现，每个伺服电机均带有失电制动器，同时配以先进的电器控制柜和示教盒，使其运动速度更快、精度更高、安全性更优越且功能更强大。其中，RB500 机器人更是打破了重载工业机器人长期被国外垄断的局面；RH06A2 焊接机器人的全部零部件为广州数控自主研发，适用于汽车及零部件、摩配、电动车、家电、五金等焊接领域，而为了更快的攻克工业机器人的技术难点，更是把营业收入的 15% 投入研发工作。

2022 年 10 月公开的第七批国家级制造业单项冠军企业名单出炉，广东省（不含深圳市）获评单项冠军企业 9 家，瑞松科技榜上有名，其拳头产品智能焊接机器人集成系统在国内处领先地位。在自动化程度高、工业机器人应用广泛的汽车行业，瑞松科技是中国最早提供汽车装备智能化解决方案的公司之一，也是国内最具规模的汽车智能装备技术研发制造商之一。作为丰田 TNGA 平台的首个海外工厂核心供应商，瑞松科技曾助力广汽丰田成为丰田汽车全球典范工厂之一；瑞松科技也使自主品牌广汽传祺首次实现全产线无人化生产，产线效能、智能柔性水平达到甚至超过国际一流水平；瑞松科技为广汽埃安新能源汽车生产首次采用"上钢下铝"车身、轻量化设计提供技术保障，成功打破了汽车制造领域的技术封锁。

二、广州市产业政策

面对工业机器人产业机遇与挑战并存的现状，早在 2013 年，广州数控、广州机械科学研究院、广汽集团、广州万宝集团等 12 家单位就已联合成立广州工业机器人制造和应用产业联盟，主要联合广州地区从事工业机器人及相关零部件的研发、制造、集成应用、技术服务等机构结成合作组织，促进协同创新。

2014 年 4 月，广州市人民政府办公厅印发《广州市人民政府办公厅关于推动工业机器人及智能装备产业发展的实施意见》，提出到 2020 年要培育形成超千亿元的以工业机器人为核心的智能装备产业集群，其中包括形成年产 10 万台（套）工业机器人整机及智能装备的产能规模，培育 1~2 家拥有自主知识产权和自主品牌的百亿元级工业机器人龙头企业和 5~10 家相关配套骨干企业，打造 2~3 个工业机器人产业园，全市 80% 以上的制造业企业应用工业机器人及智能装备，使广州成为全省智能装备制造业发展的先行区，华南地区工业机器人生产、应用、服务的核心区，以及全国最具规模和最具竞争力的工业机器人和智能装备产业基地之一，并在研发、采购等环节提供资金支持。

2015 年，广州市政府常务会议审议通过了《关于加快先进装备制造业发展和推动新一轮技术改造实现产业转型升级的工作方案》，提出的目标是到 2017 年，全市先进装备制造业产值超过 1.1 万亿元，启动实施"机器换人"行动，引导和鼓励企业应用先进适用的智能装备进行技术改造，此外该方案确定了 7 项保障措施，在土地配置、财政资金扶持、环保、程序简化等方面予以扶持，包括对投资额在 10 亿元以上的先进装备制造业项目，省市优先安排年度土地利用计划指标，并优先支持投资强度达到 500 万元/亩以上的优质技改项目，助推广州市成为国家重要的先进装备制造基地。

2016 年，广州市进一步推出《广州制造 2025 战略规划》，明确将智能装备及机器人作为重点发展领域，到 2020 年，智能制造装备产业实现产值达到 1300 亿元，2025 年突破 3000 亿元，建成珠三角乃至全国智能装备关键设备、技术供应和研发创新中心。其中，关于机器人部分，推进低成本多关节机器人、并联机器人、移动机器人等经济型机器人本体开发，集成开发具有自主知识产权的焊接机器人、喷涂机器人等机器人。加快研制发展医疗康复机器人、手术机器人、护理机器人等服务机器人，以及消防机器人、救援机器人等特种机器人。积极推进与小批量定制、个性化制造、柔性制造相适应的机器人技术的研发与推广应用。

2017 年 2 月，《广州市黄埔区 广州开发区促进先进制造业发展办法》发布，第七条涉及产业联动发展奖励，鼓励区内企业互相采购、促进企业联动发展，对区内企业购买区内企业生产的产品和服务，当年达到 1000 万元以上且营业收入同比正增长的，给予买方企业当年购买总额的 2% 补贴，每家企业全年补贴最高不超过 200 万元。购买区内企业生产的机器人整机或成套机器人生产设备，当年达到 200 万元以上且营业收入同比正增长的，给予买方企业当年购买总额的 5% 补贴，每家企业全年补贴最高不超过 200 万元。对当年在原有生产基础上通过委托加工方式生产和销售产品以扩大生产，当年营业收入达到 5 亿元以上，且同比增长 15% 以上的企业，按照新增委托加工业务产生的新增本区地方经济发展贡献的 50% 给予奖励。服务于本区先进制造业，依法注册成立并按章程开展活动的行业协会，经认定给予每年 30 万元活动经费补贴。

2021 年 4 月，广州市黄埔区国家级高端装备制造业（智能装备）标准化试点联席会议办公室发布《关于印发黄埔区高端装备制造业（智能装备）标准体系的通知》，指出机器人产业为黄埔区智能装备产业布局的四大重点领域之一，其中工业机器人领域已形成完善的覆盖产业上中下游的集群。"BB 工业机器人"包括"BBA 通用""BBB 零部件""BBC 本体"与"BBD 集成"等 4 个门类。"BBA 通用"主要包括术语与定义、分类、图形符号等方面的技术标准。工业机器人关键零部件一般指控制器、传感器、伺服电机驱动器、高精度减速器、电池、电线电缆等。"BBB 零部件"主要用于规范上述关键零部件的质量要求及检测方法。"BBC 本体"主要用于规范面向工业领域应用的多关节机械手或多自由度机器人（如多轴机器人、SCARA 机器人、并联机器人、坐标机器人等）的产品标准。"BBD 集成"主要规范工业机器人常见应用领域如焊接、打磨、上下料、搬运、机加工等的整机标准，以及工业机器人与其他设备的集成和协同的技术要求，包括接口标准、通信标准、数据标准和协同标准。

2021 年 10 月，广州高新技术产业开发区管理委员会发布《广州高新技术产业开发区"十四五"发展规划（2021—2025 年）》，提出培育六大前沿新赛道，其中在人工智能领域，依托中科院自动化研究所广州人工智能与先进计算研究院、中国（广州）智能装备研究院等重点平台以及明珞装备、瑞松智能、亿航、百度、文远知行、麦仑科技等企业，加强智能成套装备、机器人、自动驾驶、机器视觉、语音交互应用、生物特征识别等领域的研发攻关。

2021年11月，广州开发区管理委员会办公室发布《广州开发区穗港智造合作区智能制造合作园区（西区产业园）"十四五"发展规划（2021—2025年）》，指出在高端装备制造上，大力发展汽车电子、轨道交通等领域的高端专用制造设备和检测设备，探索在工业机器人、智能检测、智能物流等领域率先实现突破，加强高精度、高可靠性中高端机器人和其他智能终端产品开发和生产制造。支持港澳资本传统制造型企业紧扣关键工序智能化、关键岗位机器人替代、生产过程智能优化控制、供应链优化，重点推进工业互联网、人工智能、机器代人等路径的产业升级改造，推动"机器换人""无人工厂""无人车间"示范项目落地，重点推进工业互联网、人工智能、机器代人等路径的产业升级改造。

总体来说，广州市机器人产业扶持政策概况为以下几点：对工业机器人产业龙头企业采用资本金注入、股权投资等方式予以重点支持；在广州市战略性主导产业发展资金等专项资金中安排资金，采用无偿补助、贷款贴息等方式连续5年重点支持工业机器人相关项目建设；加强获牌产业园区配套；落实税收优惠政策，加强用地支持，加强人才支持。一系列措施的出台，为广州市智能制造和机器人产业的崛起提供了坚实的支撑。广州市工业机器人相关产业政策详见表2-12。

表2-12 广州市工业机器人产业政策

时间	名称	主要内容
2014年	《广州市人民政府办公厅关于推动工业机器人及智能装备产业发展的实施意见》	到2020年要培育形成超千亿元的以工业机器人为核心的智能装备产业集群，并在研发、采购等环节提供资金支持
2014年	《广州开发区智能装备产业园发展规划》	结合广州开发区的智能装备产业基础和科研优势，确立了机器人及关键部件、智能装备及关键部件两大发展领域和11个细分领域；确立了"一园三区"的总体架构
2015年	《关于加快先进装备制造业发展和推动新一轮技术改造实现产业转型升级的工作方案》	到2017年，全市先进装备制造业产值超过1.1万亿元，启动实施"机器换人"行动，引导和鼓励企业应用先进适用的智能装备进行技术改造
2016年	《广州制造2025战略规划》	明确将智能装备及机器人作为重点发展领域
2017年	《广州市黄埔区 广州开发区促进先进制造业发展办法》	涉及产业联动发展奖励
2021年	《关于印发黄埔区高端装备制造业（智能装备）标准体系的通知》	机器人产业为黄埔区智能装备产业布局的四大重点领域之一，其中工业机器人领域已形成完善的覆盖产业上中下游的集群

续表

时间	名称	主要内容
2021年	《广州高新技术产业开发区"十四五"发展规划（2021—2025年）》	在人工智能领域，依托中科院自动化研究所广州人工智能与先进计算研究院等，加强智能成套装备、机器人、自动驾驶、机器视觉、语音交互应用、生物特征识别等领域的研发攻关
2021年	《广州开发区穗港智造合作区智能制造合作园区（西区产业园）"十四五"发展规划（2021—2025年）》	大力发展汽车电子、轨道交通等领域的高端专用制造设备和检测设备，探索在工业机器人、智能检测、智能物流等领域率先实现突破

三、广州市工业机器人发展存在的问题

在广州市，以广州数控为代表的一批龙头企业，在机器人制造领域掌握了一批核心技术，部分已经达到国际先进水平，为广州开发区和广州市机器人产业发展提供了良好的技术基础。对于机器人产业，广州市出台了一系列政策加以扶持和培育。目前，广州市工业机器人产业已经具有一定规模，但是与国际领先水平依然有一定差距，具体表现为以下三个方面。

一是产业规模不够大，缺少50亿~100亿元级的领军企业。由于该产业在广州市起步较晚，其产业基础相对薄弱，部分核心零部件仍依赖国外进口，这无疑增加了生产成本和市场风险。为了推动广州市工业机器人产业的原创性技术发展，应鼓励企业加大研发投入，力求在核心技术上取得突破，进而构建完善的机器人技术创新生态。同时，应进一步发挥现有龙头企业的引领作用，加快工业机器人产品的应用和推广。此外，加强领军团队的引进和高端人才的培养也是提升产业竞争力的关键。通过这些措施，可以加强产业链与供应链的协同稳定发展，逐步实现产业链的自主可控。

二是工业机器人产业集群标准统一性差。打造产业集群，统一标准很重要，标准的统一性是产业集群健康发展的基石。因此，必须着手完善工业机器人的行业标准，确保各类机器人在不同的工作环境中都能实现良好的运行性能。与此同时，随着5G通信技术的不断发展，应着重提高通信的低时延性和高质量，以提升工业机器人的协同安全性和工作效率。

三是人才吸引政策有待进一步加强。不论是哪个行业的发展，都离不开人才，人才是行业发展的关键第一因素。为了推动广州市工业机器人产业再创新高，政府和企业应共同努力，打造"政产学研用"紧密结合的创新链条。通过发布更具吸引力的政策，引导和激励更多的高端人才落户广州市，推动专利技术的转化和应用，从而为广州市的工业机器人产业发展注入源源不断的创新活力。

第三章

全球工业机器人产业发展分析

从产业现状来看，工业机器人目前已处于全球广泛应用阶段。为了帮助国内工业机器人产业和工业机器人技术有效推进，本章从专利申请的角度出发对工业机器人产业展开了全面摸底。着重研究全球和中国两大模块，具体从专利申请量趋势、技术生命周期、申请人排名、申请集中度、申请人类型等方面着手，全面分析工业机器人专利申请的态势，帮助政府和研发主体明确工业机器人行业的发展阶段，掌握需要重点关注的对象等。

本章的专利数据经过检索、标引、去噪、验证等过程后，得到分析的样本数包括：全球专利申请2173226项，中国专利申请1272430件。其中，检索截止时间为2022年12月31日。该数据为本章及后面章节的数据基础。

第一节 全球工业机器人产业专利概况

一、技术发展概况

21世纪以来，随着科技水平的提升和行业需求的增长，全球工业机器人产业蓬勃发展，专利申请整体呈现上升趋势，2013—2022年发展尤为迅速。

截止到检索日期（2022年12月31日），全球工业机器人产业专利申请总量为2173226项，中国专利申请量为1272430件。图3-1所示为1982—2022年全球工业机器人产业专利申请趋势。从图中可以看出，自1982年以来，全球工业机器人产业专利申请呈现稳定上升趋势。2012年之前，全球年专利申请数量一直未突破5万项，数量增长相对缓慢。得益于世界各国对工业机器人产业的重视程度逐渐加深，从2012年开始，全球工业机器人产业的专利年申请量开始显著增加，平均年增长率保持在10%以上，专利申请数量从2012年的5万余项增长到2020年的23万余项。

图3-2展示了2013—2022年全球范围内公开的涉及工业机器人的专利申请趋势，从该图可以看出，专利申请量总体呈现快速增长趋势。然而，在2020年达到峰值后，专利数量有所下降，可能与大量专利尚未进入公开阶段而没有被检索到有关。

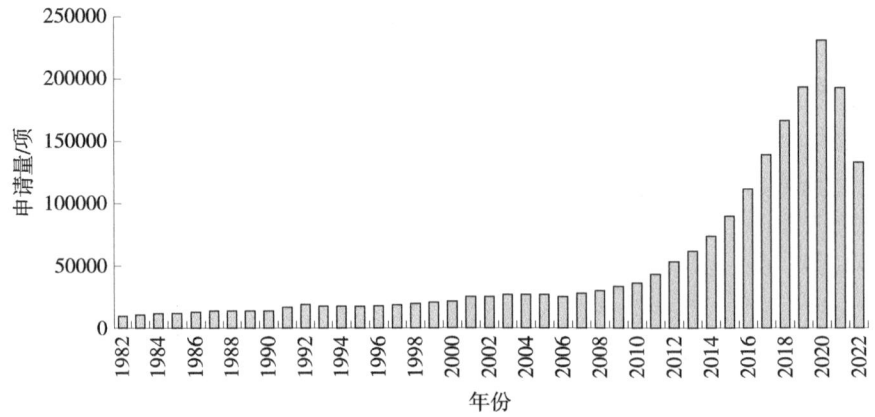

图 3-1　1982—2022 年全球工业机器人产业专利申请趋势

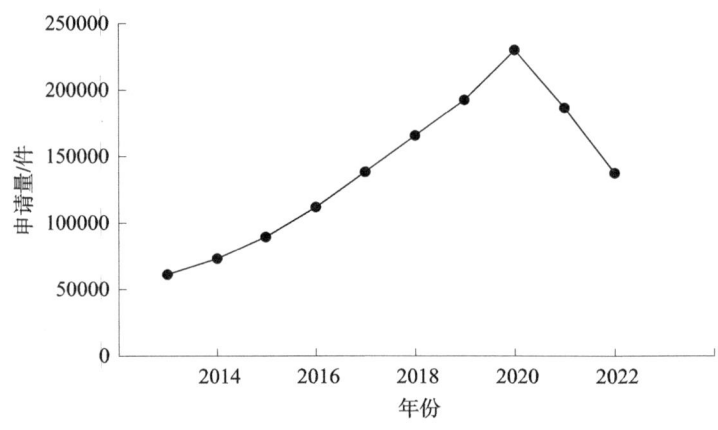

图 3-2　2013—2022 年全球工业机器人产业专利申请趋势

2013—2020 年，随着世界经济的进一步发展，人们对工业生产效率的追求更加强烈，工业机器人技术取得了进一步的发展，并出现了产业化的应用，这时专利申请量也从 2013 年的 61242 项迅速增长到 2020 年的 230193 项。工业机器人技术在产业化应用方面取得了长足进步。2021—2022 年，受新冠疫情影响，且由于大量 2021—2022 年的专利申请处于未公开不可检索的状态，此时统计的工业机器人相关专利申请量出现一定程度上的下滑，这也是完全可理解的。但是，考虑到国内工业机器人技术落后于国际先进水平的现实，目前全球工业机器人核心技术仍然集中在库卡公司、发那科公司等全球机器人产业巨头，从经济发展以及工业战略需求的角度上看，我国需要继续积极投身于工业机器人技术的研发和应用，形成国内先进机器人产业集群，为智能装备产业的长远发展打下良好基础。

二、全球专利竞争格局

美国和日本在智能机器人，特别是工业机器人产业上起步较早，中国起步虽落后于美国、日本,但是自2013年以来发展迅速,已成为全球最大的技术贡献国。

图3-3所示为工业机器人产业专利技术来源国分布及专利申请趋势。分析可知,中国工业机器人产业于2008年左右才开始慢慢发展起来,起步相对较晚,但随着时间的推移,中国的工业机器人产业具备了一定的国际竞争优势,这得益于我国2006年发布的《国家中长期科学和技术发展规划纲要(2006—2020年)》首次将机器人技术纳入前沿制造业的先进制造技术,并明确将智能机器人作为重点发展领域。从2009年开始,中国在该产业的年专利申请量已经超过美国和日本,成为专利申请最多的国家,目前以1272430项专利申请总量位居世界首位。

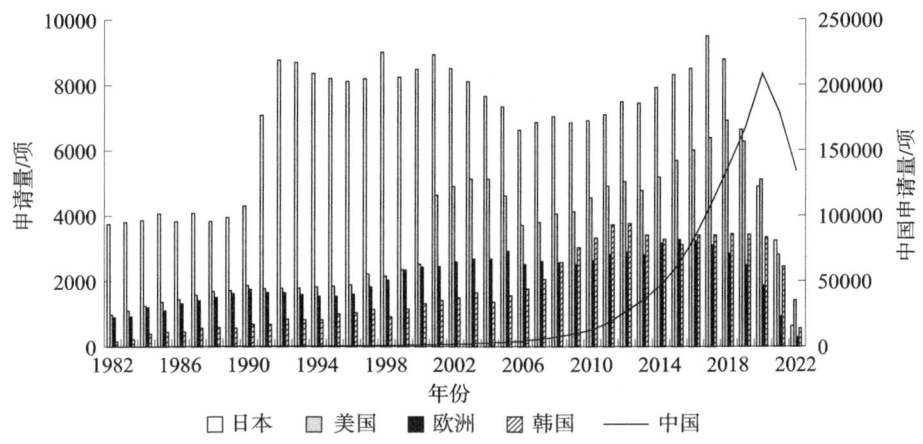

图3-3 1982—2022年工业机器人产业专利技术来源国分布及专利申请趋势

日本在该产业的专利申请数量为270302项,排名仅次于中国,位居全球第二。日本作为全球工业机器人产业的创造大国,其在机器人研发、生产和应用方面取得了显著成就。日本政府和企业界对机器人产业的重视,以及采取的一系列发展对策,是其成功的关键因素。日本的工业机器人产业起步于20世纪60年代,当时日本经济正处于高速增长期,制造业对自动化和效率提升的需求日益增长。日本政府和企业界认识到机器人技术的重要性,开始投入大量资源进行研发和推广。随着技术的不断进步和市场需求的扩大,日本的工业机器人产业逐渐发展壮大。

美国是机器人的发源地,在工业机器人的发展中扮演了关键角色,美国工业机器人技术在国际上一直处于领先地位,目前美国工业机器人产业的专利申请数量高达137374项,排名全球第三,且仍处于高速发展阶段。美国工业机器人产业的技术全面、先进,自适应性强,在工业应用领域占据一定优势。美国是全球最大的工业机器人市场之一,尤其是在汽车、航空航天和电子制造等行业中,工业机器人的应用非常广泛。随着制造业的回归和自动化需求的增长,美国的工业机器人市场预计将继续扩大。

相比中国、日本和美国,欧洲和韩国的工业机器人产业专利申请数量相对较少,分别为8.4万余项和7.1万余项,但仍占据了全球第四和第五的位置。2013年以来,欧洲和韩国的工业机器人产业专利申请也呈现上升趋势,二者同样也非常重视工业机器人产业发展。

韩国作为亚洲的工业强国之一，其工业机器人的发展也备受瞩目。韩国工业机器人的发展可以概括为从学习仿制到自主创新的演变过程。初期，韩国主要通过引进和学习发达国家的先进技术和经验，培养本土的工业机器人研发和制造企业。在这一阶段，韩国企业注重消化吸收，通过技术模仿和仿制，逐步积累了一定的技术基础和生产经验。

欧盟作为全球重要的经济体之一，在工业机器人领域也扮演着关键角色。欧盟是全球工业机器人的主要市场之一，尤其是在德国、法国、意大利等国家，工业机器人的应用非常广泛。欧盟在工业机器人的技术研发方面投入巨大，特别是在人机协作、机器视觉、人工智能等前沿技术领域。欧盟内部形成了多个工业机器人产业集群，这些集群促进了技术交流、创新合作以及产业链的完善。欧盟拥有许多知名的工业机器人研发机构和企业，如德国的Festo、瑞典的ABB公司等，它们在全球工业机器人领域具有重要影响力。

图3-4所示为1982—2022年工业机器人领域中国、美国、欧洲、日本、韩国五个国家/地区的专利申请流向，这些数据反映了不同国家和地区的专利申请数量及其相互关系，展示了专利申请方面的合作与竞争态势。

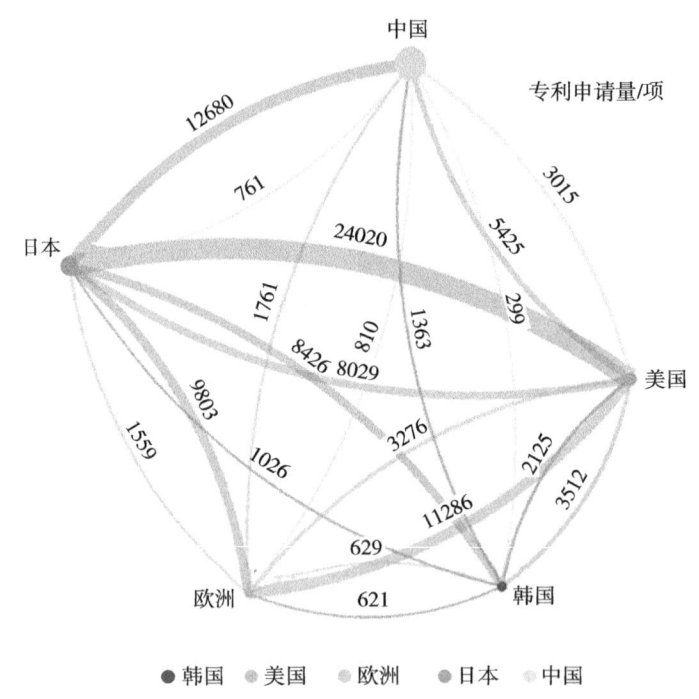

图3-4　1982—2022年工业机器人领域五个国家/地区的专利申请流向

中国的专利申请量居于首位。中国向美国提交专利申请数量最多，达3015项，向欧洲提交专利申请810项，向日本提交专利申请761项，向韩国提交专利申请299项。由此可知，中国专利在海外布局或技术的输出相较于本国的申请量而言，处于相对弱势的局面。

日本作为目前全球最大的技术输出和转移国，技术实力强劲，居全球首位。日本向美国提交专利申请24020项，向中国提交专利申请12680项，向欧洲提交专利申请9803项，向韩国提交专利申请8426项，这表明日本十分重视海外知识产权保护，特别是针对中国市场和美国市场，已做好充分的知识产权规划布局，使其长期保持工业机器人技术先进性和市场垄断性。

美国仅次于日本，为全球第二大的技术输出和转移国，其在欧洲市场布局最多，共计向欧洲提交11286项专利申请。

在当前全球经济与科技迅速发展的背景下，专利布局已成为各国及企业竞争力的重要体现。中国在工业机器人领域的专利布局，相较于部分发达国家，尚显不足。特别是在全球主要市场如美国、欧洲、日本和韩国等地，中国的工业机器人专利布局数量相对较少，这在一定程度上限制了中国工业机器人产品的海外销售和市场拓展。基于后续产品出海销售和市场拓展的需求，亟须加强在上述主要国家/地区的工业机器人产业专利布局。

三、产业技术生命周期

图3-5展示了1983—2022年全球工业机器人产业专利布局，可以看出专利申请总量和申请人/专利权人数量的关系。

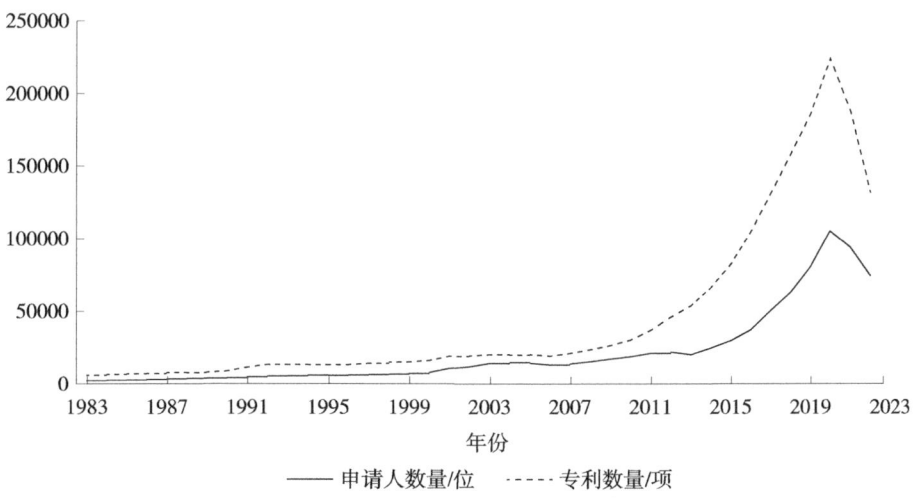

图3-5 1983—2022年全球工业机器人产业专利布局

1983—2012年，工业机器人技术呈现稳步发展态势，专利申请总量和申请人/专利权人数量成小幅正比增加。由于机器人市场前景被普遍看好，且技术水平在2012年前后已处于瓶颈期，于是从2013年开始，机器人行业出现了并购热潮，Google展开了一次收购"狂欢"，在一年的时间里收购了7家机器人创业公司。2015年整个行业发生了15次并购交易。2016年，中国本土企业美的集团收购了德国上市机器人制造商库卡公司。这也从侧面揭示了 2012—2015 年，全球专利申请数量蓬勃发展，但是申请人总量略微下降后再小幅增加的原因。2013—2020 年，工业机器人技术已成为全球的一个研究热点，继计算机、汽车之后，专家预测机器人产业是未来兴起的具备大型规模的高技术产业。中国工程院的一项市场调查显示，被调查的企业中，64.2%的企业具有强烈意愿推动"机器换人"，有 14.5%的企业正在做"机器换人"准备。这一阶段，投入工业机器人技术的研发人员和专利申请量呈爆发式增长，2020 年申请人和专利申请量达到顶峰，申请人数量达到 108549 位，专利申请量达到 230193 项。但是，2021—2022 年，工业机器人专利申请人和专利申请量均呈现下降趋势，特别是在 2022 年，下降趋势尤其明显。一方面，这是新冠疫情带来的冲击；另一方面，2021—2022 年申请的大量专利尚未公开，且在机器人关键技术方面，特别是关键零部件技术方面，发达国家仍处于技术垄断地位，技术发展在一定程度上达到了一个瓶颈阶段。

第二节 全球工业机器人产业分布

一、产业分布及转移

(一) 全球产业分布

中国、日本、美国、欧洲、韩国的工业机器人专利申请量位居全球前五位。图 3-6 所示为 1982—2022 年全球工业机器人专利布局情况。该产业在中国的专利申请数量为 1272430 项，排名全球首位，反映出中国已成为工业机器人产业最关注的市场。据国际机器人联合会报告显示，中国也是世界上最大的机器人消费国，因此吸引了许多国外创新主体纷纷来华布局专利。2020 年，中国机器人产业规模已突破千亿元，工业机器人市场蓬勃发展，连续八年稳居全球第一。

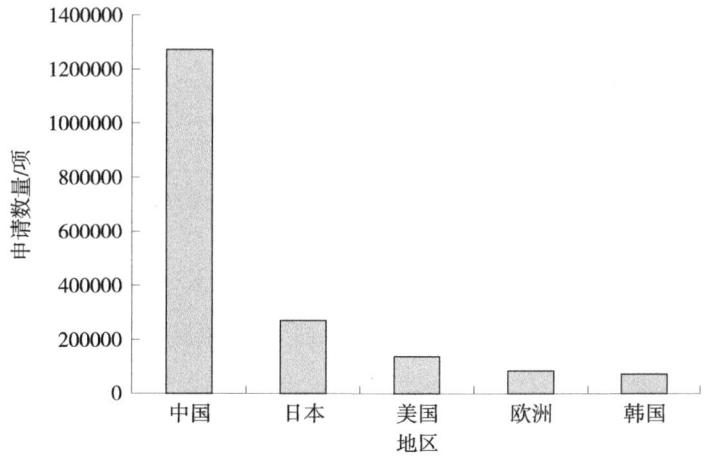

图 3-6 1982—2022 年全球工业机器人专利布局情况

日本号称"机器人王国"，工业机器人已广泛用于以汽车、机电为主的制造业中，为产业自动化立下了汗马功劳，且多由本国企业制造。由于人口与国土的限制，日本国内机器人市场内需增速缓慢，出口量增长迅速。另外，工业机器人产业创新主体在日本布局的专利申请量为 270302 项，仅次于中国，位居全球第二。

美国是机器人的诞生地，20 世纪 80 年代以来，由于政府和企业的重视，机器人被看成是美国再次工业化的特征，工业机器人销量处于节节攀升态势，全球创新主体在美国展开专利布局,截至2022年,工业机器人产业创新主体在美国布局的专利申请数量达137374项,次于中国与日本,位居全球第三。

相比以上三个国家,全球工业机器人产业在欧洲和韩国布局的专利申请数量相对较少,分别为8.4万项和7.1万项,排名第四和第五。

(二) 全球产业转移

2007年以前,日本、美国是工业机器人产业最主要的专利市场,中国呈逐步壮大态势,2008年起,中国开始取代日本和美国,成为全球最大的专利市场。

图3-7所示为1983—2021年全球工业机器人产业专利布局变化情况。在2007年以前,日本专利布局量最大,但在2010年后,日本国内工业机器人市场内需增速放缓,出口量增长迅速,美国工业机器人专利布局量则长期保持较为稳定的份额。而中国对机器人的内需增长迅速,市场持续扩增,专利布局量逐年上升,从2008年开始,受汽车、电子工业、医疗等应用领域的需求刺激,中国工业机器人市场进一步壮大,超越日本,成为全球最大的专利市场。

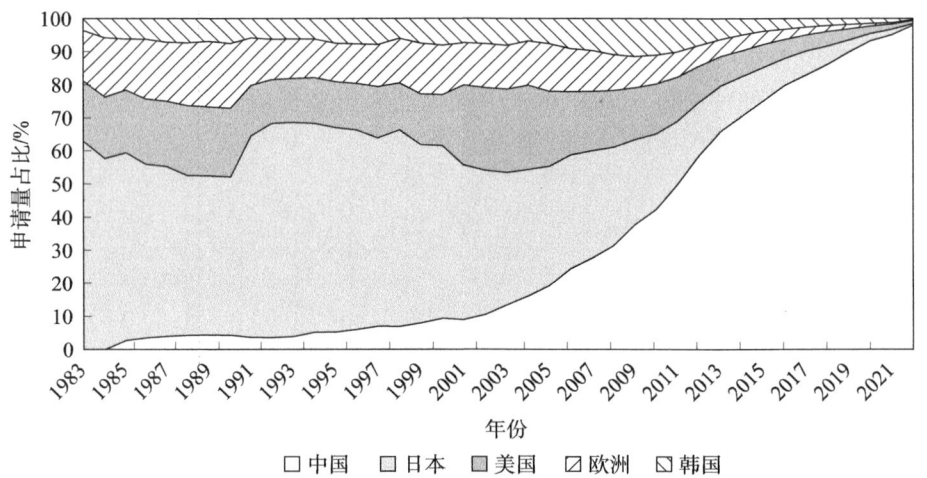

图3-7 1983—2021年全球工业机器人产业专利布局变化情况

具体来看,2000年以前,工业机器人产业在美国和日本的专利申请占比之和达70%以上,此时美国和日本是全球工业机器人产业的主要市场国。工业机器人进入中国较晚,20世纪80年代中国才出现第一台工业机器人产品。2000年以前,中国的市场占比一直未超过10%,随着市场需求的增长,中国工业机器人市场持续扩增,其中工业机器人市场规模从2008年起一直稳居全球第一。从工业机器人产业在各国的专利申请占比来看,2012年开始,中国市场占比已达全球的一半以上,全球工业机器人产业在中国得到蓬勃发展。

(三) 全球专利在华分布

图3-8展示的是1982—2022年工业机器人领域在华专利的申请人国别分布情况。

通过分析各国在华专利申请情况，可以了解来自不同国家的申请人在中国申请保护的专利数量，从而可以了解各国创新主体在中国的市场布局、保护策略及技术实力。由图3-8可知，中国的工业机器人专利申请总量最多，远超第二名日本的26119项，在数量上占据绝对优势。美国在华专利数量为9931项，暂列第三位。上述专利申请数量和国别分布表明，我国工业机器人发展已进入产业跃升阶段，工业机器人专利申请量呈爆发式增长，进入工业机器人市场的企业也完成了技术积累，开始着手进行专利布局。

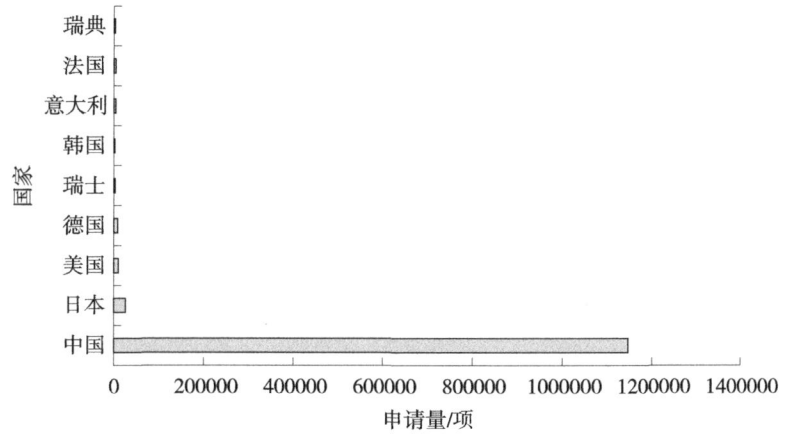

图3-8　1982—2022年工业机器人领域各国在华专利申请情况

尽管我国的工业机器人研发已经取得了一些成就，但与国际先进水平相比依然存在着不小的差距；工业机器人制造企业众多，大多通过与大专院校及科研机构合作或收购其他企业来扩充自身知识产权储备，但在减速器、伺服电机、控制器等关键技术领域，专利储备仍然较为薄弱。

二、产业技术与应用分布

工业机器人作为现代制造业的重要组成部分，其应用领域广泛，几乎涵盖了所有需要高效率、高精度和重复性工作的行业。在汽车制造领域，工业机器人被广泛应用于焊接、喷漆、组装、搬运等工序，它们能够精确地执行复杂的操作任务，提高生产效率和产品质量。例如，在汽车的车身焊接中，机器人能够保证焊接点的均匀性和一致性，减少人为操作的误差，从而提升汽车的整体性能和安全性。

结合图3-9来看，1982—2022年工业机器人在加工领域的专利申请数量最多，超过百万大关，达到了1050024项；而在搬运应用领域的专利申请数量达到605218项，位居第二；在包装和装配应用领域的专利申请数量分别为229081项和59317项，位居第三和第四。工业机器人在其他方面应用的专利申请则达到了84425项。这与实际调研中显示的全球工业机器人的应用相对集中于汽车、船舶、电子、包装等企业的现状是相吻合的。

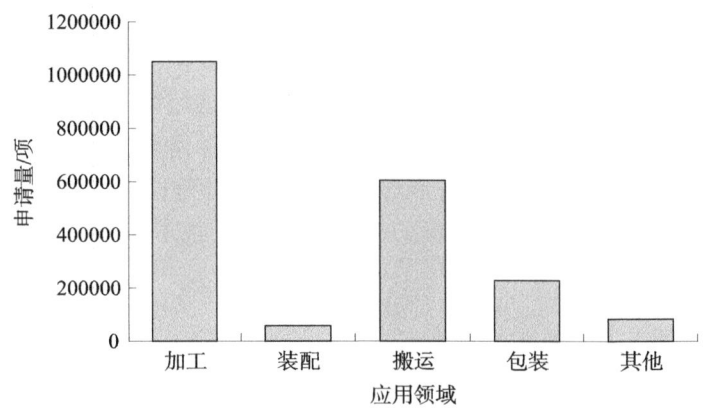

图 3-9 1982—2022 年全球工业机器人专利的应用领域分布情况

图 3-10、图 3-11 展示了 1982—2022 年工业机器人各技术分支专利申请的构成。在工业机器人的专利分类中，B25J 小类和 G05B 小类为机器人领域的功能分类，其他小类均为机器人的应用分类。从功能分类来看，机器人主要分为程序控制机械手（B25J9 大组），其占比为 9%；其次为机械手末端夹头（B25J15 大组），占比达到 6%；而与机械手配合的附属装置（B25J19 大组）和机械手的控制装置（B25J13 大组）则分别占比 4% 和 3%。

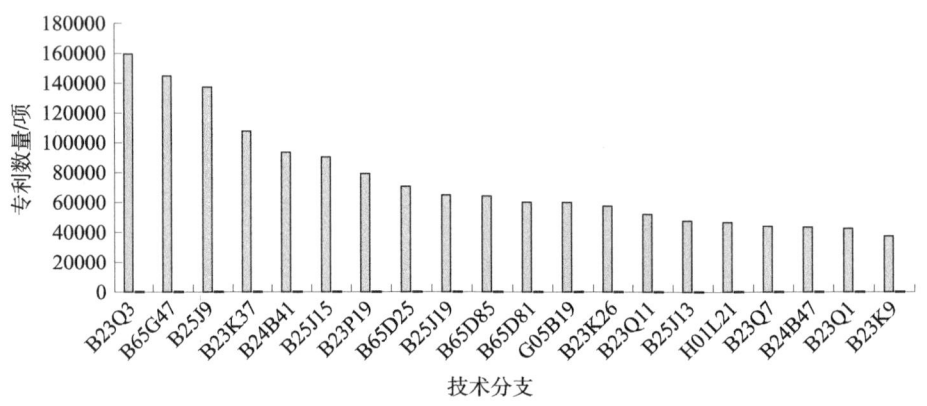

图 3-10 1982—2022 年工业机器人的专利申请分布

而在工业机器人应用领域，专利申请最多的是装夹和装配领域（B23Q3、B23P19），占比达 16%；其次为搬运、码垛、上下料领域（B65G47），占比为 10%；而涉及焊接领域（B23K37）、磨削领域（B24B41）的专利申请则分别占比 7%、6%。

因此，可以看出，目前工业机器人的专利申请中，涉及控制系统中的程序控制，以及涉及机器人本体中的末端为研发的技术热点。工业机器人的应用领域不断得到拓展，能够完成的工作日趋复杂，其主要应用行业是汽车制造、金属冷加工、金属铸造与锻造、冶金、塑料制品等，工业机器人已经可替代人工完成装配、焊接、浇铸、喷涂、打磨、抛光等复杂工作。

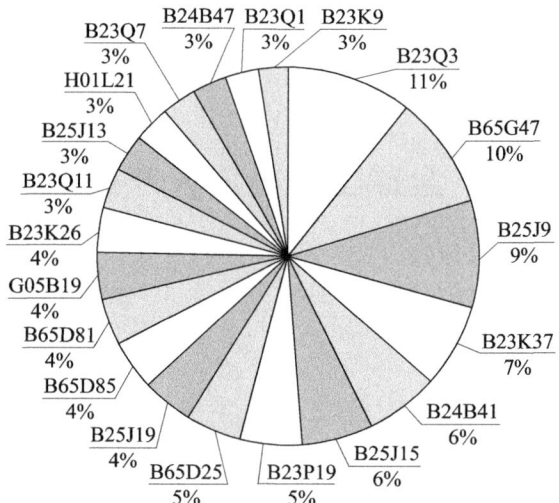

图 3-11　1982—2022 年工业机器人的技术分支专利占比

第三节　全球工业机器人产业主体分析

一、主要企业

表 3-1 列出了 1982—2022 年全球工业机器人创新主体专利申请量排名情况，这些创新主体分布在日本、中国、韩国和欧洲。其中，日本企业最多，有 21 家上榜，欧洲企业有 5 家，中国企业有 2 家，韩国企业有 1 家。发那科公司、佳能公司、三菱电机、精工爱普生、日立公司、松下集团、本田公司、迪斯科科技、东芝公司、丰田公司排名前 10 位。日本拥有数量最多的全球工业机器人产业龙头企业，整体技术水平全球领先。中国进入排行榜的 2 家创新主体为珠海格力电器和国家电网有限公司，类型均为企业。德国企业数量为 2 家，为博世集团和西门子公司。韩国和瑞士企业进入排行榜的分别仅有 1 家，为三星集团和 ABB 公司。

表 3-1　1982—2022 年全球工业机器人创新主体专利申请量排名

序号	申请人	申请量/件
1	发那科公司	11289
2	佳能公司	10491
3	三菱电机	9931
4	精工爱普生	8054
5	日立公司	7353
6	松下集团	6743
7	本田公司	6730
8	迪斯科科技	6680
9	东芝公司	6462
10	丰田公司	6253
11	理光公司	5722
12	三星集团	4758
13	川崎重工	4371

续表

序号	申请人	申请量/件
14	富士胶片	4103
15	博世集团	3771
16	西门子公司	3566
17	索尼公司	3385
18	珠海格力电器	3327
19	安川电机	3284
20	兄弟公司	3204
21	吉野工业	3198
22	ABB公司	3176
23	京瓷公司	3056
24	国家电网有限公司	2793
25	富士通株式会社	2514
26	利乐拉伐	2481
27	日产公司	2459
28	大福公司	2430
29	柯尼卡美能达	2409

由于国内企业很少申请同族专利，且国内的申请量也明显较高，而国外企业则大量布局了同族专利，为了统一对比维度，降低合并同族专利对排名的影响，在表3-1中采用了"件"的统计方式。1982—2022年，排名首位的发那科公司的专利申请数量为11289件，与佳能公司共同成为全球工业机器人技术专利申请数量突破一万件大关的企业。

表3-2列出了2018—2022年全球工业机器人创新主体专利申请量排名情况。同样地，为了统一对比维度，降低合并同族专利对排名的影响，在表3-2中也采用了"件"的统计方式。2018—2022年排名前20位的创新主体中，中国有14家上榜，其中珠海格力电器排名第一，专利申请量高达3335件；大族激光专利申请量达1174件，国家电网有限公司专利申请量达759件，分别排名第五和第八。此外，还涌现出了哈尔滨工业大学、浙江工业大学、燕山大学、南京航空航天大学、大连理工大学等高校，说明中国创新主体在2018年以后特别重视工业机器人核心技术领域的研发，创新活力突出。

表 3-2　2018—2022 年全球工业机器人创新主体专利申请量排名

序号	申请人	申请量/件
1	珠海格力电器	3335
2	发那科公司	3160
3	迪斯科科技	1900
4	精工爱普生	1525
5	大族激光科技产业集团股份有限公司	1174
6	川崎重工	1126
7	佳能公司	1095
8	国家电网有限公司	759
9	哈尔滨工业大学	666
10	浙江工业大学	622
11	燕山大学	519
12	广东利元亨智能装备股份有限公司	501
13	无锡先导智能装备股份有限公司	498
14	南京航空航天大学	485
15	欧姆龙	483
16	大连理工大学	480
17	上海交通大学	470
18	广东工业大学	468
19	华南理工大学	464
20	清华大学	463

二、技术类型

图 3-12 展示的是 1982—2022 年全球主要申请人工业机器人专利申请类型分布情况。专利申请类型主要体现不同技术的保护策略，以及创新高度。图 3-12 中采用了"项"的统计方式，可以看到，国外创新主体的发明专利申请量均远高于实用新型专利申请量，发那科公司、精工爱普生、本田公司等几乎不申请实用新型专利。这表明外国申请人倾向于发明专利权保护，以期望获得更长久和更稳定的专利权利。

工业机器人技术在中国目前仍处于快速发展期，相关创新主体应抓住时机，取得

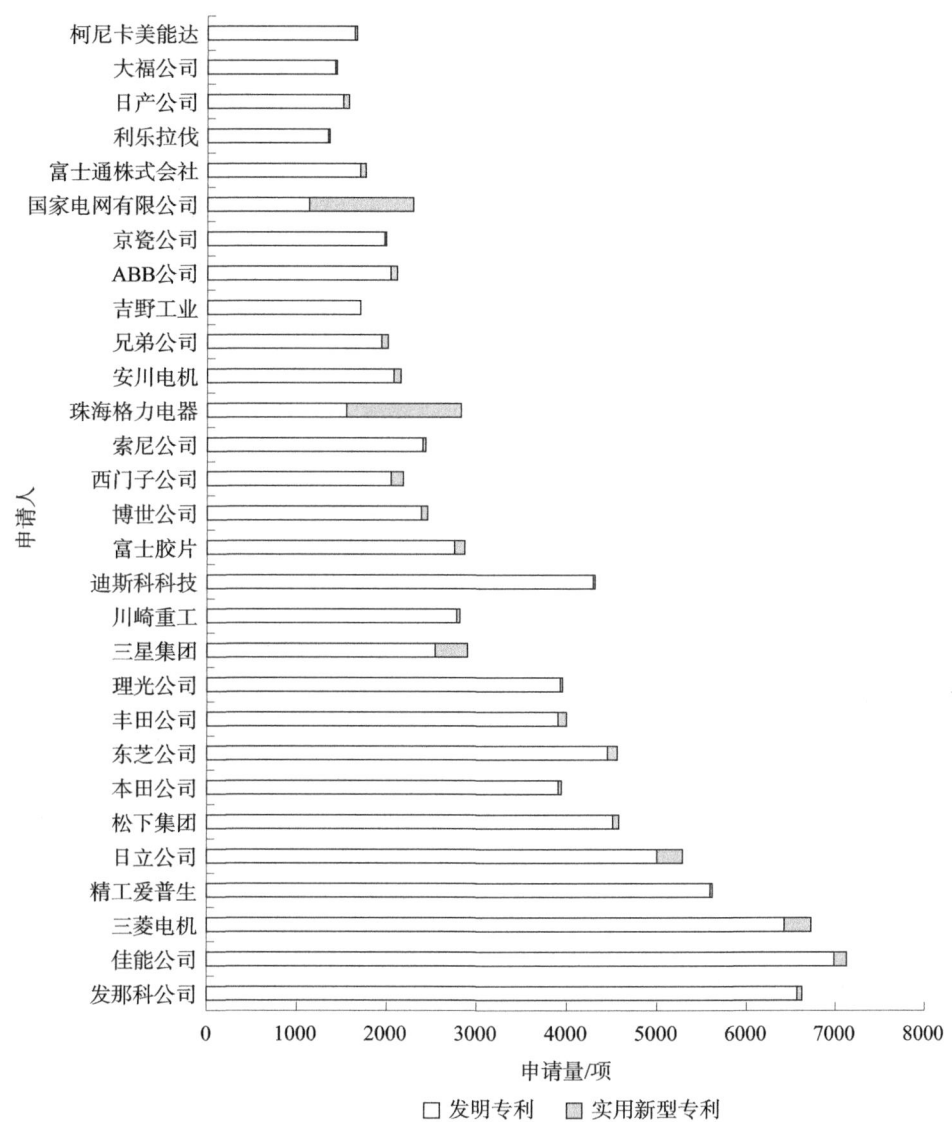

图 3-12　1982—2022 年全球主要申请人工业机器人专利申请类型分布情况

核心技术，在加大技术研发力度的同时提高专利保护意识，加强发明专利布局。

三、技术价值分析

图 3-13 展示的是 1982—2022 年工业机器人领域主要申请人专利价值度分布情况。图中的主要申请人分别为发那科公司、本田公司、日立公司、精工爱普生、佳能公司、松下集团、迪斯科科技、三菱电机、东芝公司、丰田公司。专利价值度是参考技术稳定性、技术先进性和保护范围三个方面的 20 余个参数，对专利进行分析后得出的关于专利价值的综合评价指标。通常来说，数值越大，专利价值越大。研究申请人专利的价值度

分布情况,可以宏观了解申请人的专利质量,从而客观评价申请人在专利方面的竞争实力。从图3-13可知,发那科公司和本田公司两家企业的专利价值度为10分的专利数量较多,分别为1720项和1362项,这表明上述两家企业不仅专利申请数量多,而且专利价值高。

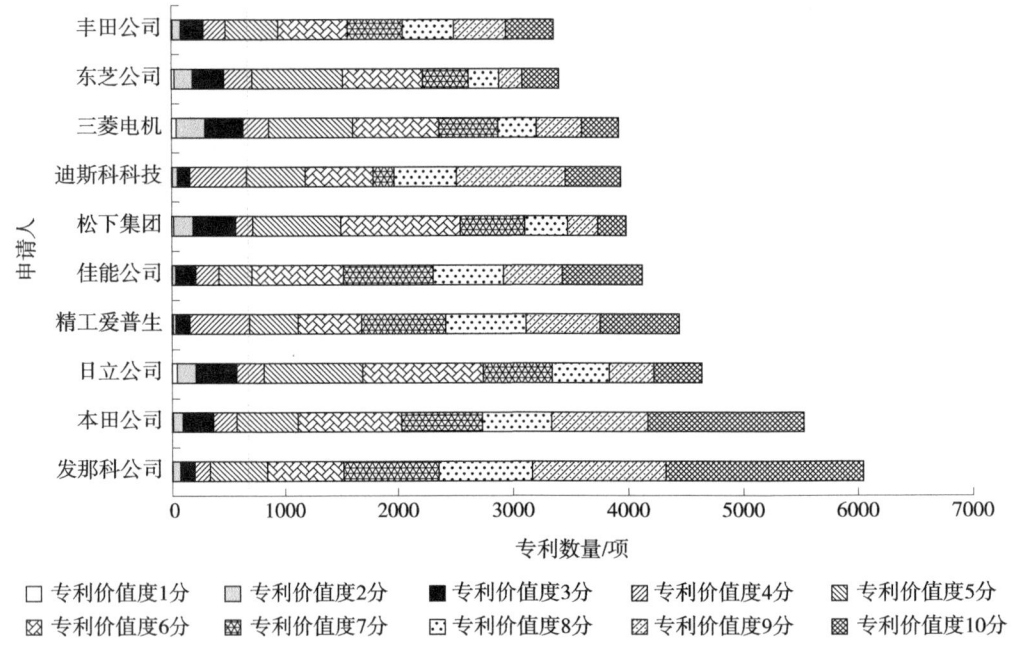

图3-13　1982—2022年工业机器人领域主要申请人专利价值度分布情况

第四节 全球工业机器人产业结构调整分析

一、全球应用领域调整情况

1983 年以来，工业机器人最大的应用场景一直在加工领域。图 3-14 通过不同时期在各应用场景的工业机器人专利布局变化揭示了全球工业机器人应用领域的调整趋势。整体来看，加工领域一直是工业机器人的重点应用领域，1983—2022 年，全球工业机器人加工领域的专利申请数量占全部应用领域专利申请总量的占比保持在 40% 以上；在 2013—2022 年，占比首次超过 50%，达到 54.41%，这表明 2013—2022 年是加工制造业飞速发展的十年。

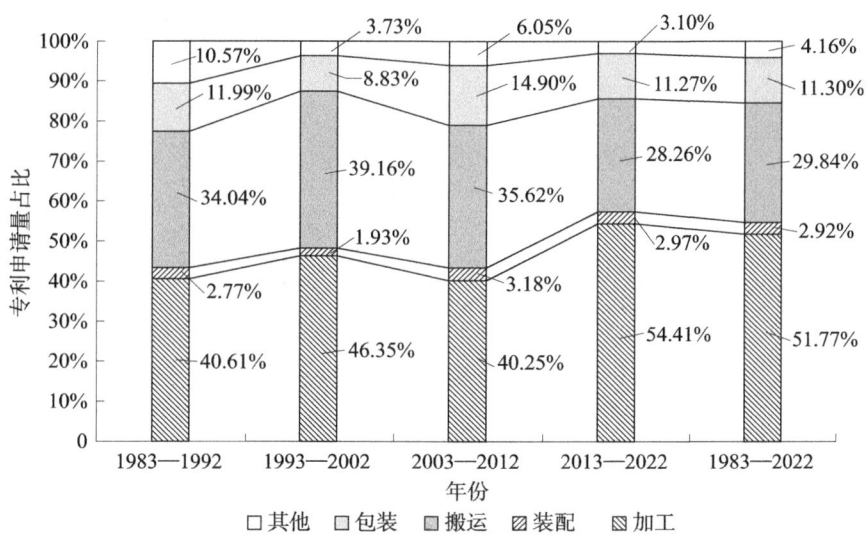

图 3-14 1983—2022 年全球工业机器人应用领域调整趋势

1983—2022 年，搬运领域为工业机器人第二大应用场景。随着社会的发展，各种集成化作业和高效运输需求日益增多，搬运机器人主要负责运输、码垛、机床上下料等作业。根据可移动性，搬运机器人可分为不可移动搬运机器人和自主移动搬运机器人。其中，不可移动搬运机器人更适用于工厂流水线作业，自主移动搬运机器人更适用于仓储和物流作业。对所有的产业来说，只要有仓储需求的企业就有对仓储物流机器人的需求，这也是自主移动搬运机器人获得迅速发展的原因。AGV、ACR 可以广泛应用于物流业、运输业以及各类制造业等。

1983—2022 年，包装机器人领域的专利申请占比位居第三位，且处于稳定状态。装配机器人领域的专利申请在 1983—2022 年的占比为 3% 左右，比例偏小。然而，在装配自动化水平较低，装配作业亟须提高自动化水平的背景下，装配机器人作为柔性自动化装配系统的核心设备，将是一个重点发展方向。

二、主要国家产业结构调整

中国与其他全球主要国家/地区在工业机器人应用领域的产业结构调整方向基本一致，重心一直集中在加工机器人和搬运机器人方向。图 3-15 ~ 图 3-18 分别展示了 1983—2022 年美国、日本、欧洲、韩国在工业机器人应用领域的专利申请趋势。

图 3-15 所示为 1983—2022 年美国工业机器人应用领域专利申请趋势。美国是最早实现工业机器人应用的国家，1983—1992 年美国在加工机器人方向的专利申请占比为 42.47%，搬运机器人方向的专利申请占比为 34.16%，装配机器人、包装机器人和其他类型应用方向的专利申请占比分别为 3.89%、13.86% 和 5.62%。2013—2022 年，美国在加工机器人方向的专利申请占比为 34.70%，搬运机器人方向的专利申请占比为 31.42%，装配机器人、包装机器人和其他类型应用方向的专利申请占比分别为 8.78%、15.37% 和 9.73%。这表明 2013—2022 年美国的产业结构调整对象主要为加工机器人，加工机器人方向的专利申请占比与上个十年相比，减少 10 余个百分点，而在装配、搬运、包装和其他新兴应用场景上均有增长。

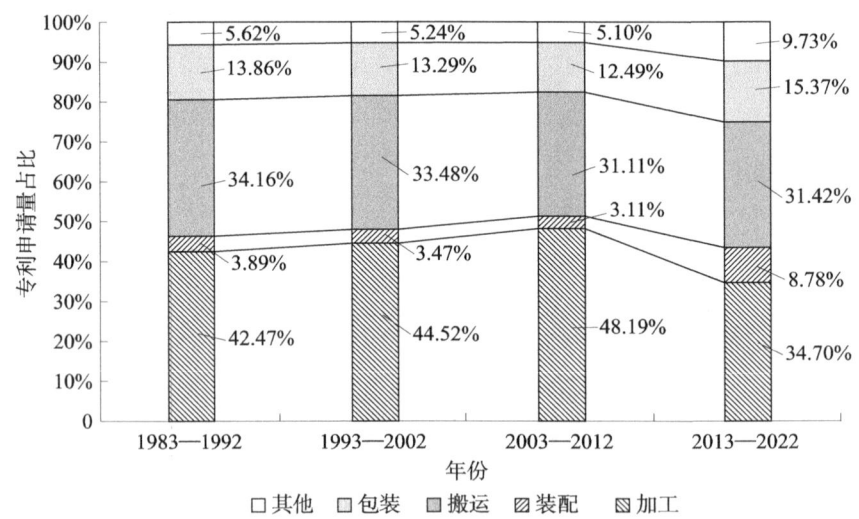

图 3-15　1983—2022 年美国工业机器人应用领域专利申请趋势

1983—2022 年，美国工业机器人的应用领域发生了一定的变化，但加工和搬运仍然是工业机器人的主要应用领域。随着技术的发展和应用的多样化，其他领域的应用比例逐渐增加，特别是在 2013—2022 年，其他应用领域的专利申请占比与 1983—1992 年相比，由 5.62% 增长至 9.73%。这表明工业机器人正在被应用于更广泛的行业和场景中，其功能和应用范围在不断扩大。

图3-16所示为1983—2022年日本工业机器人应用领域专利申请趋势。日本在1983—1992年的机器人主要应用方向为加工，占比为37.05%，其次为搬运应用方向，占比为31.26%，包装、装配及其他类型应用方向的专利申请占比分别为9.51%、2.73%和19.45%。1993—2002年，日本在加工机器人方向的专利申请有了进一步增加，占比达到40.28%，与此同时，搬运机器人方向的专利申请量占比也增长到39.04%，包装、装配及其他类型应用方向的专利申请量占比分别为11.75%、3.54%和5.38%。2003—2012年较上个十年，日本工业机器人在加工、装配、搬运、包装以及其他类型上的应用变化较小，加工方向的专利申请占比达41.95%，搬运方向的专利申请占比为39.85%，包装、装配及其他类型应用方向的专利申请占比分别为10.02%、2.74%和5.43%。

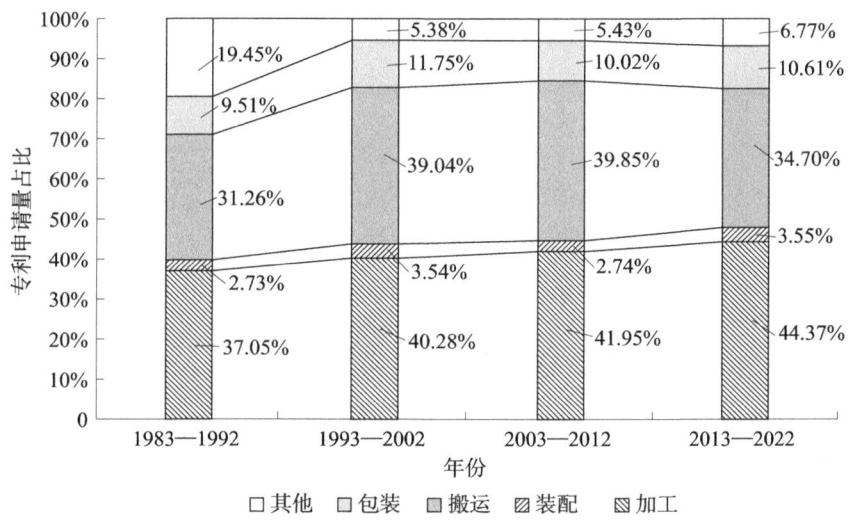

图3-16 1983—2022年日本工业机器人应用领域专利申请趋势

2013—2022年，日本在加工机器人方向的专利申请量进一步增长，占比高达44.37%；搬运机器人方向的专利申请量略有下降，占比为34.70%；装配和其他类型应用方向的专利申请占比略有提升。从1983年至2022年，日本工业机器人在加工领域的应用逐渐增加，专利申请占比从37.05%增长到44.37%，显示出加工领域对工业机器人的依赖度不断提高。

日本工业机器人应用领域的变化反映了制造业自动化程度的提高，特别是在加工领域。同时，搬运和包装作为机器人应用的传统领域，也保持了较高的应用比例。整体来看，日本工业机器人应用的变化趋势是朝着更高效率和更广泛的应用领域发展。

由图3-17可知，欧洲在1983—1992年加工方向的工业机器人专利申请量占比为38.77%，搬运方向的专利申请量占比为35.45%，包装方向的专利申请量占比为14.11%，装配方向的专利申请量占比为2.28%，其他类型应用方向的专利申请量占比为9.39%。

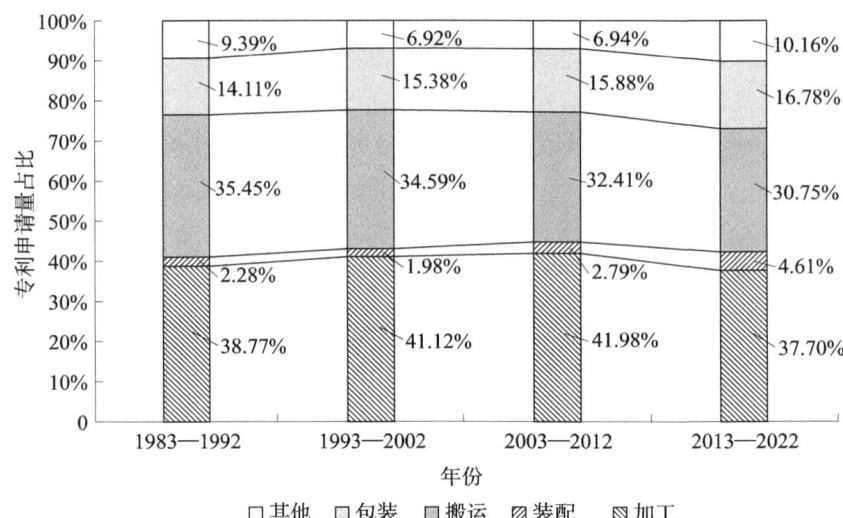

图 3-17　1983—2022 年欧洲工业机器人应用领域专利申请趋势

欧洲在 1993—2002 年加工方向的专利申请量占比为 41.12%，搬运方向的专利申请量占比为 34.59%，包装方向的专利申请量占比为 15.38%，装配方向的专利申请量占比为 1.98%，其他类型应用方向的专利申请量占比为 6.92%。

欧洲在 2003—2012 年加工方向的专利申请量占比为 41.98%，搬运方向的专利申请量占比为 32.41%，包装方向的专利申请量占比为 15.88%，装配方向的专利申请量占比为 2.79%，其他类型应用方向的专利申请量占比为 6.94%。

欧洲在 2013—2022 年加工方向的专利申请量占比为 37.70%，搬运方向的专利申请量占比为 30.75%，包装方向的专利申请量占比为 16.78%，装配方向的专利申请量占比为 4.61%，其他类型应用方向的专利申请量占比为 10.16%。

1983—2022 年，欧洲工业机器人应用领域的调整趋势显示，加工和搬运领域是工业机器人的主要应用领域。加工领域的工业机器人专利申请占比从 1983—1992 年的 38.77%，逐渐增加至 2003—2012 年的 41.98%，然后在 2013—2022 年下降至 37.70%。在搬运领域，工业机器人专利申请占比从 1983—1992 年的 35.45%，下降至 2013—2022 年的 30.75%。

装配和包装领域的工业机器人专利申请量占比相对较低。其中，包装领域的工业机器人专利申请量占比在 1983—2022 年期间有所上升，从 14.11% 增加到 16.78%；装配领域的工业机器人专利申请量占比在 2003—2012 年有所增加，随后在 2013—2022 年更是上升至 4.61%。其他领域的工业机器人专利申请量占比在 1993—2002 年为 6.92%，随后上升至 2013—2022 年的 10.16%。1983—2022 年欧洲工业机器人应用的变化显示了机器人应用在加工和搬运领域中的重要性，与美国和日本的情况是一致的，这两个领域的应用在大部分时间里都保持在较高水平。包装和其他领域的工业机器人专利申请量占比在 2013 年以后有所上升，这些变化反映了欧洲制造业自动化程度的提高，以及对机器人技术应用的不断优化和调整。

由图 3-18 可以看出，1983—1992 年，韩国工业机器人的应用主要集中在加工（47.45%）和搬运（30.55%）领域。1993—2002 年，加工（51.89%）仍然是主要应用领域，搬运领域的工业机器人专利申请占比（29.79%）有所下降。2003—2012 年，加工（55.03%）和搬运（26.79%）依然是主要应用领域，但可以看到其他领域的应用开始增长。2013—2022 年，包装领域较之前有了一定的增长（10.97%），但是增长幅度有限；其他类型的应用领域中，工业机器人专利申请量占比由 1983—1992 年的 8.98% 下降到 2013—2022 年的 5.53%。1983—2022 年，韩国工业机器人的应用领域发展稳定，加工和搬运为主要应用领域，两个领域的专利申请总占比约为 80%。

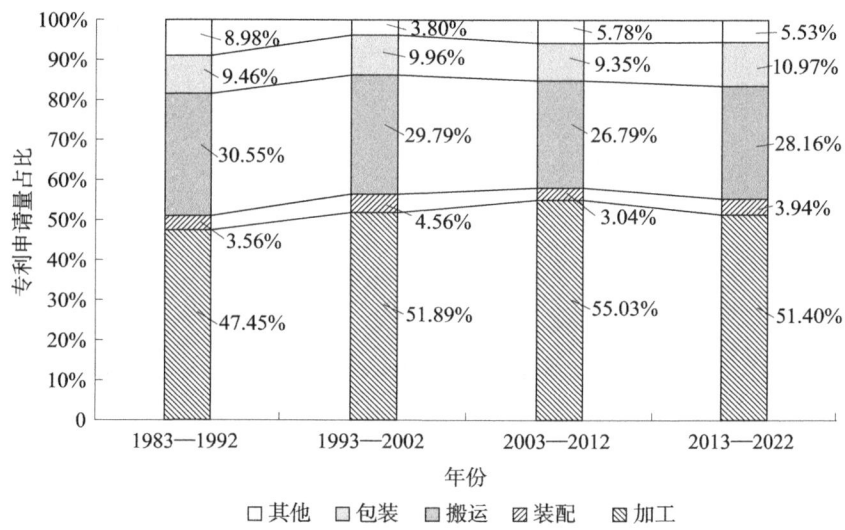

图 3-18　1983—2022 年韩国工业机器人应用领域专利申请趋势

三、主要企业产业结构调整

全球龙头企业在工业机器人应用场景或领域的产业结构调整方向基本一致，主要集中在加工和搬运方向，但在上述两个应用场景中，各龙头企业专利布局又各有侧重。

图 3-19～图 3-28 展示了龙头企业在工业机器人应用场景或领域的结构调整方向。具体来看，发那科公司、丰田公司、日立公司、三星集团、迪斯科科技、本田公司等国外龙头企业 1983—2022 年的重点研发方向主要为加工机器人。尤其是迪斯科科技，其加工机器人专利申请占比由 1983—1992 年的 84.38% 增长至 2013—2022 年的 92.73%。上述企业凭借在控制技术上积累的技术和经验，为各行各业提供了种类繁多的加工机器人，进一步推动了工业机器人与物联网平台的融合。

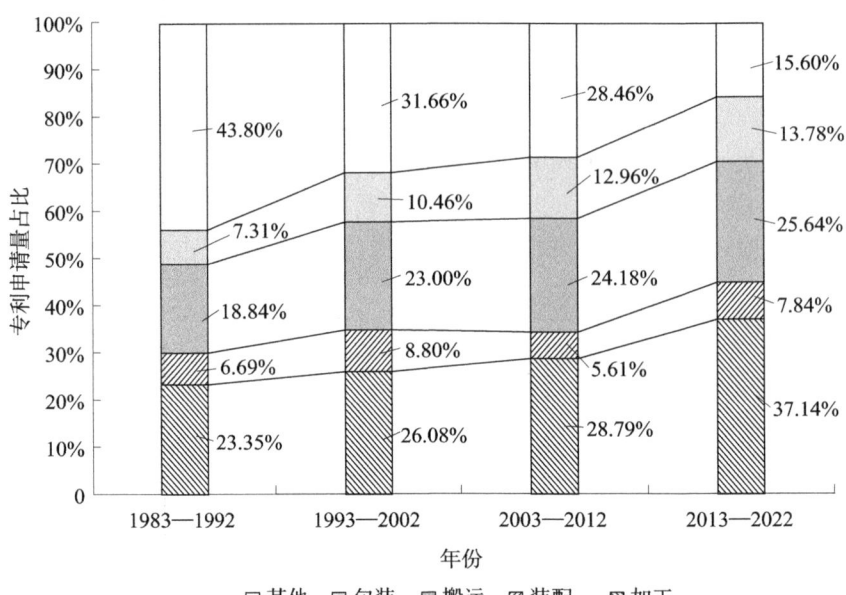

图 3-19　1983—2022 年发那科公司工业机器人应用领域专利申请趋势

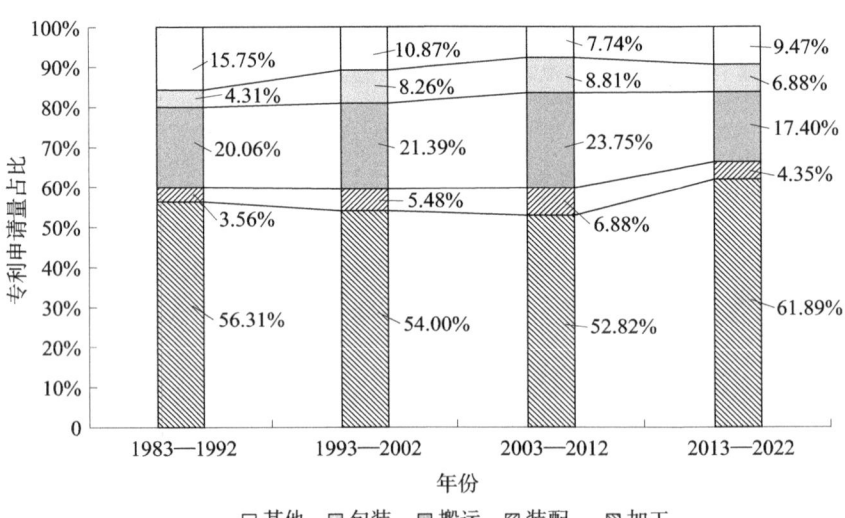

图 3-20　1983—2022 年丰田公司工业机器人应用领域专利申请趋势

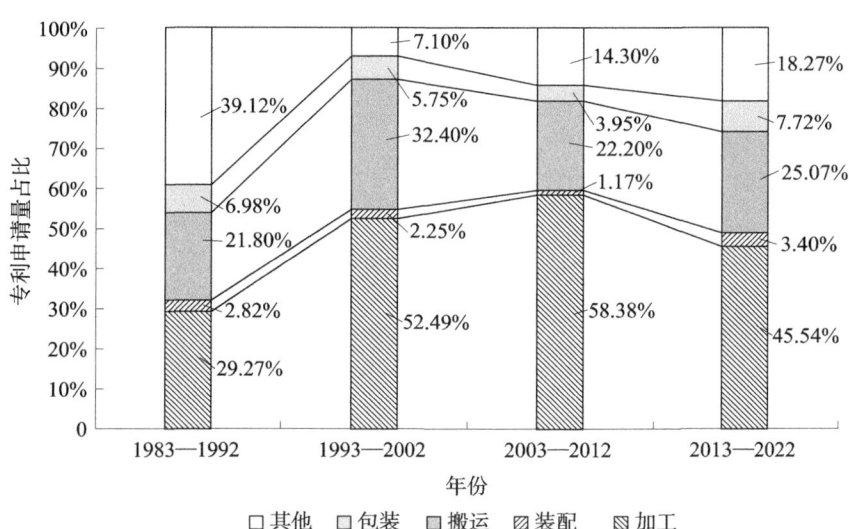

图 3-21　1983—2022 年日立公司工业机器人应用领域专利申请趋势

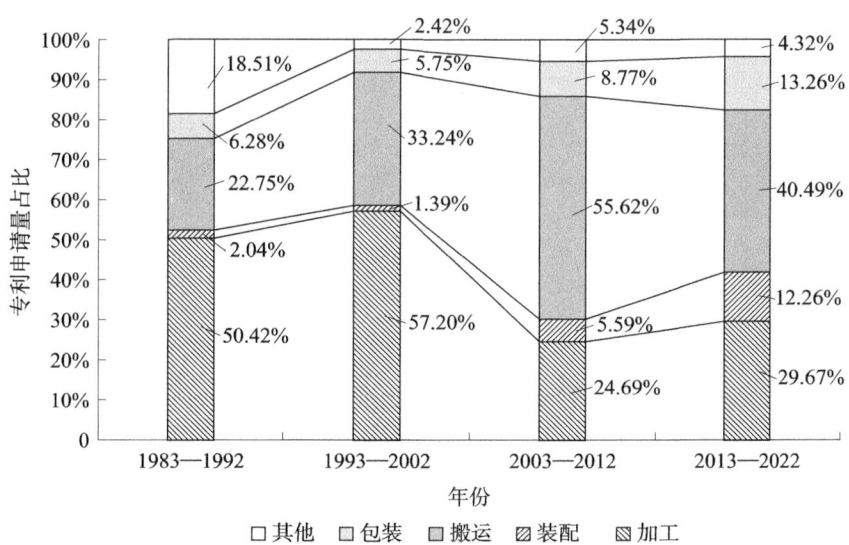

图 3-22　1983—2022 年精工爱普生工业机器人应用领域专利申请趋势

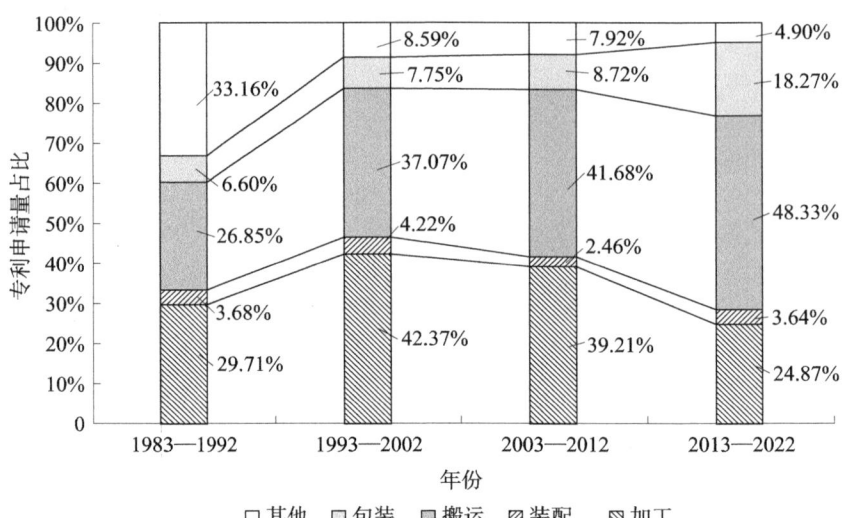

图3-23 1983—2022年东芝公司工业机器人应用领域专利申请趋势

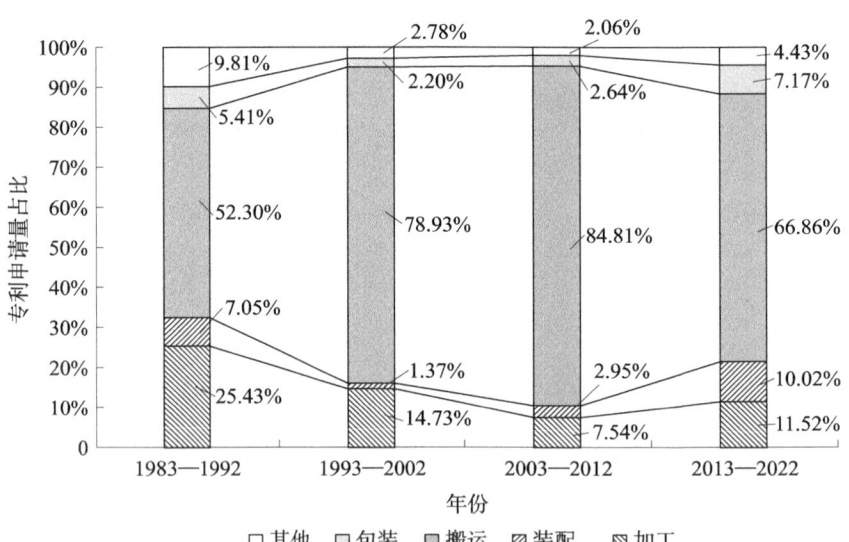

图3-24 1983—2022年佳能公司工业机器人应用领域专利申请趋势

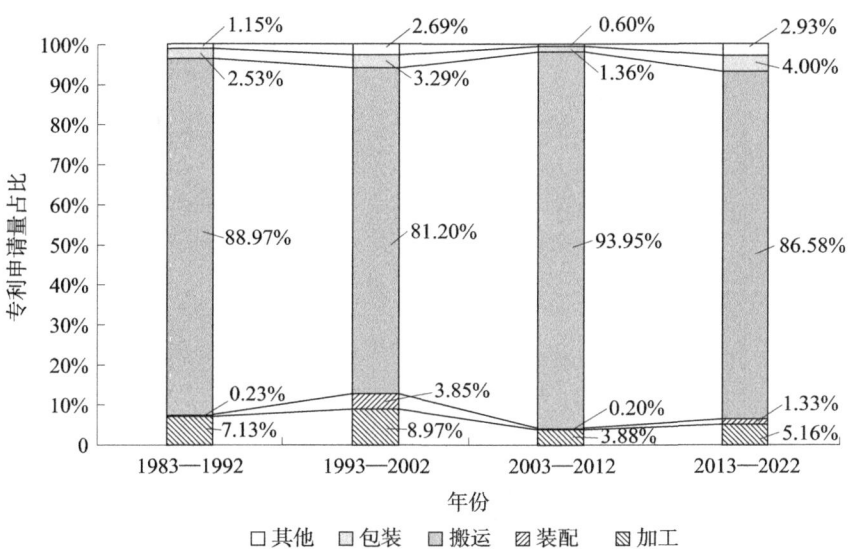

图 3-25 1983—2022 年理光公司工业机器人应用领域专利申请趋势

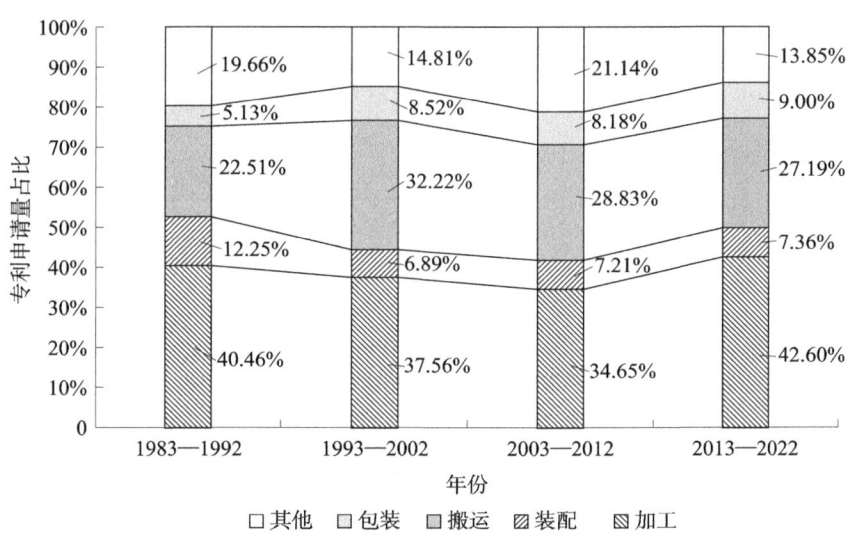

图 3-26 1983—2022 年三星集团工业机器人应用领域专利申请趋势

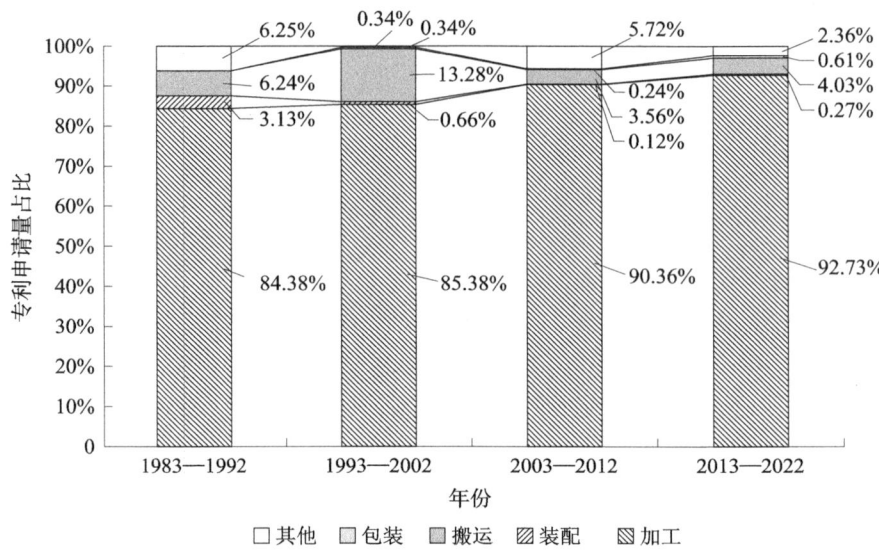

图 3-27　1983—2022 年迪斯科科技工业机器人应用领域专利申请趋势

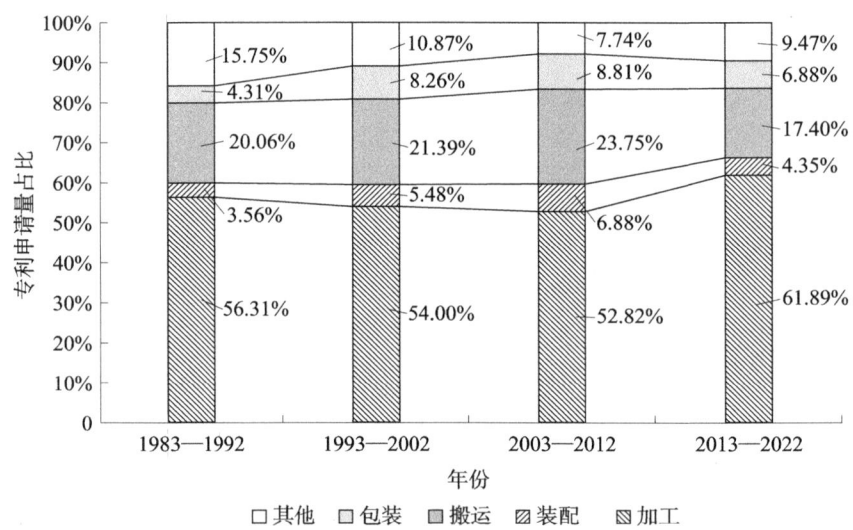

图 3-28　1983—2022 年本田公司工业机器人应用领域专利申请趋势

东芝公司、佳能公司、理光公司等龙头企业在 1983—2022 年的重点研发方向主要为搬运机器人。1983—2022 年，佳能公司的搬运机器人专利申请量占比一直保持在 50% 以上，2003—2012 年占比最高，达到 84.81%；理光公司的搬运机器人专利申请量占比一直保持在 80% 以上，2003—2012 年占比最高，达到 93.95%。上述企业通过研发提高货物分拣效率的自动搬运机器人，以进一步满足零部件组装、检查及搬运等高节拍自动化的需求。

第五节 小 结

全球工业机器人产业呈蓬勃发展态势，美国和日本起步较早，中国起步较晚，但中国在2013—2022年发展迅猛，已成为全球最大的专利市场国及技术贡献国；全球工业机器人产业的龙头企业主要来自日本、美国、中国、韩国、欧洲。

截止到检索日期，1982—2022年全球工业机器人产业专利申请总量为2173226项，中国专利申请总量为1272430项，在科技水平提升及人类社会发展深层次的需求下，世界各国对工业机器人产业的重视程度逐渐加大，特别是2012年以后，全球该产业专利年申请量呈急剧增长态势，增长率保持在10%以上，于2020年达到峰值23万项。

从专利技术来源来看，美国与日本的工业机器人产业起步较早，中国机器人产业于2008年左右开始慢慢发展起来，起步较晚，但随着时间的推移，中国在工业机器人产业已经具备一定的国际竞争优势，2009年以后，中国在该产业的年专利申请数量已经超过美国和日本，成为专利申请数量最多的国家，目前以1272430项专利申请总量位居全球首位。

专利市场方面，中国、日本、美国是全球创新主体较为关注的专利布局市场，专利布局量分别有1272430项、270302项和137374项。从市场随时间的变化上看，2011年以前，日本、美国是工业机器人产业最主要的专利市场，中国呈逐步壮大态势，市场份额在20%~30%；自2008年起，受汽车、电子工业、医疗等应用领域的需求刺激，中国取代日本和美国，成为全球最大的专利市场，市场份额达50%以上。

创新主体方面，1982—2022年全球创新主体排名中，日本有21家上榜，中国有2家，欧洲有5家，韩国有1家；从技术统治力与活跃度来看，中国、日本、韩国的龙头企业的创新实力整体偏强、偏活跃，特别是中国，在2018—2022年排名前20位的创新主体中有14家中国的创新主体，迸发出了极强的技术创新活力，电力机器人的龙头企业更是展现了绝对的实力。

在全球工业机器人应用场景方面，最大的应用场景一直是加工机器人，目前正逐步向装配机器人和其他新业态机器人方向转变；中国与全球主要国家在该领域的结构调整方向基本一致。

加工机器人一直是各国的研究重点，随着时间的推移，包装机器人和装配机器人应用明显增加，2013年以后，占比均有小幅增加，正逐步成为应用场景或领域新的发展方向。

美国、日本、韩国、欧洲均是工业机器人较早应用的国家或地区，加工机器人是主要研发方向，包装机器人和装配机器人的比重也基本稳定，并小幅增长。

中国在工业机器人的应用上起步较晚，在市场需求的扩张及我国政府的大力支持下，陆续开发出一系列工业机器人。2013年以后，我国工业机器人产业飞速发展，其中搬运机器人成为第二大应用领域。而装配机器人的发展较弱，专利布局占比呈下降态势，亟须加大装配机器人方向的技术创新力度。

# 第四章
中国工业机器人产业发展分析

本章将从专利申请量变化趋势、各国在华专利申请、国内省域竞争力、法律状态、主要申请人排名、申请人类型、申请人活跃度、申请人集中度、专利运营等方面对工业机器人领域的中国专利申请进行分析，了解中国专利申请的基本情况，为后续工业机器人技术的研究及应用提供参考。

第一节 中国工业机器人产业专利概况

一、技术发展概况

（一）申请趋势

根据图4-1所示的1985—2022年中国工业机器人领域专利申请趋势可知，中国工业机器人技术发展经历了萌芽期和快速增长期两个阶段。

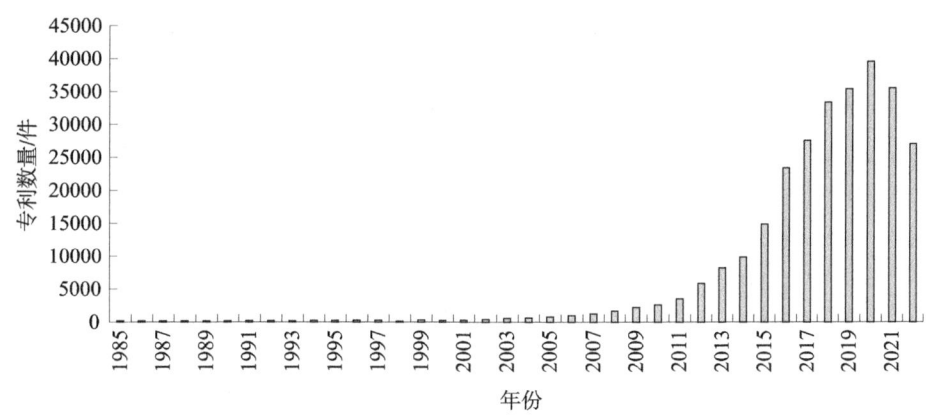

图4-1　1985—2022年中国工业机器人领域专利申请趋势

（1）萌芽期（1985—2007年）。

1985—2007年，工业机器人领域的中国专利申请量较少且增长缓慢，中国工业机器人技术处于萌芽期。

工业机器人领域的中国专利申请最早开始于1985年，这与中国专利法开始实施的时间是一致的。也就是说，在中国开始接受专利申请时，工业机器人领域就出现了专利申请。然而在1985—1999年，工业机器人领域的专利申请量增长缓慢，年均申请量在200件以下。2000—2006年，申请量开始稳步提升，每年增长上百件，到2007年，首次超过 1000 件。

中国工业机器人在该阶段的发展离不开改革开放的不断深入。20 世纪 80 年代后，中国工业机器人技术的开发与研究得到了政府的重视与支持，"七五"期间，国家投入资金，对工业机器人及其零部件技术进行攻关，完成了示教再现式工业机器人成套技术的开发，研制出了喷涂、点焊、弧焊和搬运机器人。1986 年，国家高技术研究发展计划（"863 计划"）开始实施，智能机器人技术跟踪世界机器人技术的前沿，取得了一大批科研成果。另外，从 20 世纪 90 年代初期起，中国的国民经济和社会发展进入实现"两个根本性转变"时期，掀起了新一轮的经济体制改革和技术进步热潮，工业机器人技术在实践中迈进一大步，先后研制出了点焊、弧焊、装配、喷涂、切割、搬运、包装、码垛等各种用途的工业机器人，并实施了一批机器人应用工程，形成了一批机器人产业化基地，为工业机器人产业的腾飞奠定了基础。进入 21 世纪后，尽管中国机器人技术的研发起步并不算晚，但由于当时中国处于工业化初期阶段，市场需求还不成熟，机器人产业化与应用进展缓慢。

根据以上分析可知，工业机器人领域的中国专利申请出现较早，但 1985—2010 年中国专利申请量较少且增长缓慢，在此期间中国的工业机器人技术处于萌芽期。

（2）快速增长期（2008 年以后）。

2008 年以后，工业机器人领域的中国专利申请量快速增长，中国工业机器人技术处于快速增长期。

"十二五"期间，中国开始大力推进战略性新兴产业的发展，智能制造装备列为高端装备的重要方向，全国工业机器人产业自此迎来发展高峰。这一时期，随着工业转型升级的推进，并受劳动力成本上涨等因素影响，中国工业机器人市场需求快速增长，工业机器人产业化进程加快，产品日趋多样化。2011 年，工业机器人领域的中国专利申请量为 3013 件，2012 年增长至 5158 件，同比增长 71.2%，之后每年的专利申请量快速增长。2015 年，国务院发布了《中国制造 2025》，明确提出将"高档数控机床和机器人"作为大力推动的重点领域之一，并提出大力促进机器人标准化、模块化发展，扩大市场应用。2015 年，工业机器人领域的中国专利申请量达到 13888 件，首次超过 10000 件，2016 年超过 20000 件，2018 年超过 30000 件，2020 年达到 38260 件。中国工业机器人技术不断突破，销量不断攀升，已连续多年保持全球第一，并成为全球最大的工业机器人生产、消费市场，其中 2021—2022 年数据的下降主要原因是大量申请未公开。

总体而言，中国工业机器人技术目前仍处于快速增长期，相关创新主体应抓住时机，在加大技术研发力度的同时提高专利保护意识，加强专利布局。

（二）主要国家/地区在华专利布局

通过分析各个国家/地区在中国的专利申请分布及趋势，可以了解各个国家/地区在中国的专利布局策略，为国内工业机器人领域的技术研发与专利布局提供一定参考。

图 4-2 展示了 1985—2022 年主要国家/地区工业机器人领域专利在华申请情况。

从图4-2可以看出，日本作为工业机器人领域的传统强国，其在中国的专利申请量为8293件，显示出其在中国市场的活跃度和技术布局的深度。日本企业如发那科公司、安川电机等在全球工业机器人领域占据重要地位，它们在中国的专利申请主要集中在其核心技术和产品上，以保护其在中国市场的竞争优势。欧洲企业在中国的专利申请量为3589件，位列第二。其中，仅德国的申请量就超过了2000件。美国在机器人技术领域同样具有强大的研发实力，其在中国的专利申请数量为1806件，其企业如波士顿动力等在全球市场具有显著影响力。韩国在中国的专利申请量较少。随着中国市场的进一步开放和增长，预计欧美企业也将进一步加强在中国的专利申请和市场布局。

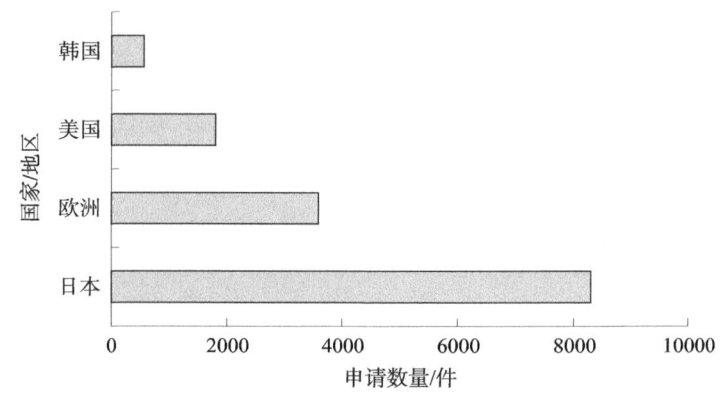

图4-2　1985—2022年主要国家/地区工业机器人领域在华专利申请情况

工业机器人领域国外企业在中国申请专利的原因主要有以下几点。

市场快速增长：中国工业机器人市场的快速增长为国外企业提供了巨大的市场机遇，随着中国制造业的转型升级和自动化需求的增加，工业机器人的市场需求持续扩大。

重视技术创新：中国政府高度重视技术创新和知识产权保护，为国外企业提供了公平竞争的市场环境，同时，这也促使国外企业加强在中国的专利申请和保护，以维护其技术优势和市场地位。

全球专利布局：领军企业在全球范围内进行专利布局，中国作为全球最大的工业机器人市场之一，自然成为其专利布局的重点区域，这不仅有助于提高企业在中国市场的竞争力，也有助于其全球市场的战略布局。

随着中国市场的进一步开放和成熟，预计未来一段时期内，外国申请人将加大在中国的专利布局力度，这将促进更多的技术创新和市场竞争。中国政府可能会继续出台相关政策，支持工业机器人产业的发展，鼓励国内外企业加大研发投入和技术创新，同时引导市场健康发展。另外，国外企业在中国的专利申请和市场布局，将促进国内外企业之间的合作与交流，共同推动工业机器人技术的进步和应用。

从图4-2和图4-3可以看出，1985年中国专利法刚开始实施，外国申请人就开始在中国开展专利布局。但在1985—2010年，外国申请人在中国的专利申请量一直不多，而这一时期中国工业机器人技术处于萌芽期，故国内申请人的专利申请量也处于较低水平。

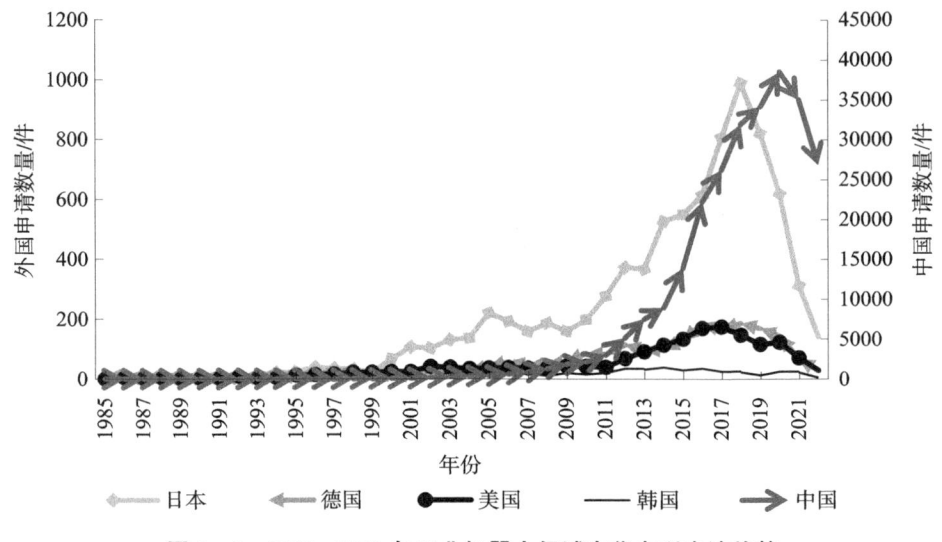

图 4-3　1985—2022 年工业机器人领域在华专利申请趋势

从 2011 年开始，国内申请人的专利申请量呈现出快速增长的趋势，这可能是由于随着经济技术的发展，中国制造业由劳动密集型逐渐向技术密集型转变，对产业智能化的需求增加，中国的知识产权保护意识也不断增强。由于中国经济快速发展引起国内和国际市场需求扩大，领军企业重视全球专利布局，许多国外企业更加重视在中国的专利布局，外国申请人在中国的专利申请量明显增加，主要集中在其核心技术和产品上，以保护其技术并在中国市场上获得竞争优势。另外，鉴于中国工业机器人市场的快速增长和对技术创新的重视，可以预期，在未来一段时期内，外国申请人可能加大在中国的专利布局力度，中国创新主体应当进一步增加知识产权保护意识，加快技术研发力度，做好专利布局，以在国内以及国际市场竞争中占据有利地位。

(三) 在华专利申请主要国家

从图 4-4 和图 4-5 可以看出，向中国提交的工业机器人专利申请中，绝大部分为中国申请人所申请，占比达到 95%，远远超过其他国家/地区在中国专利申请量的总和。这一方面说明工业机器人技术在中国得到了快速发展，在该领域，中国申请人占主导地位；另一方面也说明中国工业机器人领域创新主体的技术创新能力和知识产权保护意识明显增强，积极申请专利对技术成果予以保护，即中国的创新主体正积极推动工业机器人技术的发展，并通过专利保护其技术成果。

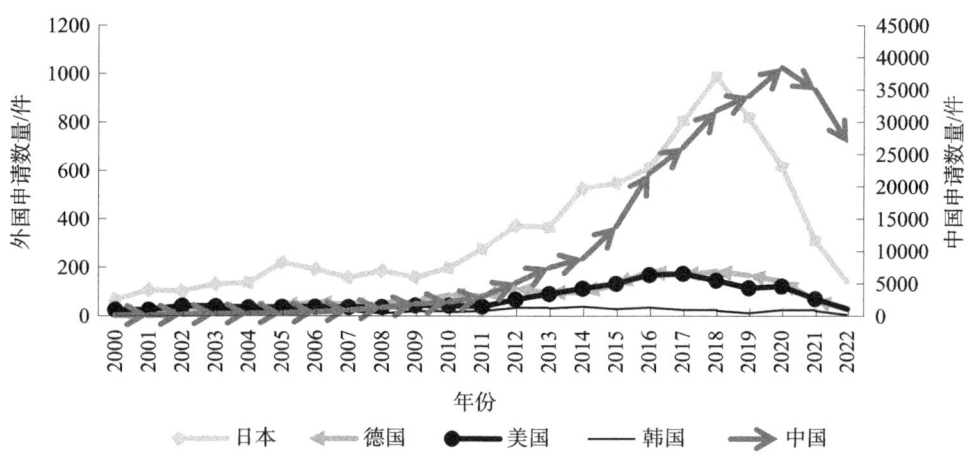

图 4-4 2000—2022 年主要国家的在华专利申请趋势

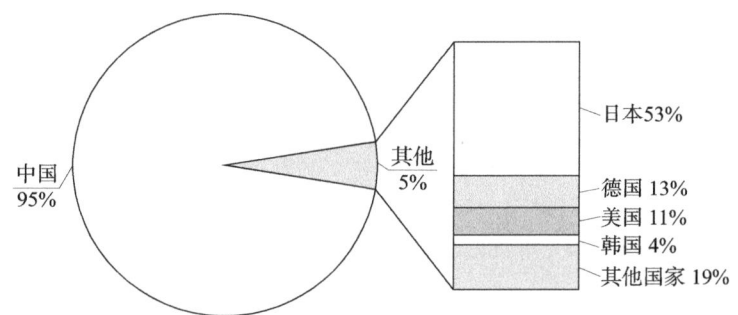

图 4-5 2000—2022 年主要国家的在华专利申请占比分布情况

其他国家/地区在中国的专利申请量总量占比 5%，其中申请量较多的为日本、德国、美国和韩国，在其他国家在华专利申请总量中的占比分别为 53%、13%、11% 和 4%。将机器人产业作为经济增长的重要支柱并具有强烈的专利保护意识的日本，很早就开始在中国进行严密的专利布局，由此来巩固其技术优势和市场地位。而德国和美国在中国的申请量虽然相对日本而言较少，但这两个国家的企业和研究机构在工业机器人领域的技术实力不容忽视。

概括地讲，工业机器人在华专利申请中，中国提交的专利申请占绝大多数；外国申请中，日本申请最多，其次是德国、美国，其他国家在中国的申请量均较少。国内创新主体应抓住时机，继续加强工业机器人的技术研发，提升自主创新能力，优化专利布局，加强核心技术研发和专利申请，以保护技术成果并增强市场竞争力，与国外企业在工业机器人领域加强技术交流和合作，共同推动技术进步和产业发展。

二、产业技术生命周期

图 4-6 展示了中国工业机器人专利申请的技术生命周期，从图中可以看出，

2012—2020年，工业机器人技术迅速成为科研和产业发展的焦点。继计算机和汽车产业之后，机器人产业被广泛认为是一个新兴的、具有巨大潜力的高科技领域，吸引了大量的投资和研发关注。从专利申请数量以及专利申请人数量来看，2012年以后，国内对工业机器人技术的研发热情和专利申请活动显著提升，这一增长趋势在2020年达到顶峰，专利申请人数量和专利申请量分别达到了17581位和39532件，凸显了该技术领域的快速发展和市场的高度认可，同时也反映了市场对这一技术的高度需求和期待。

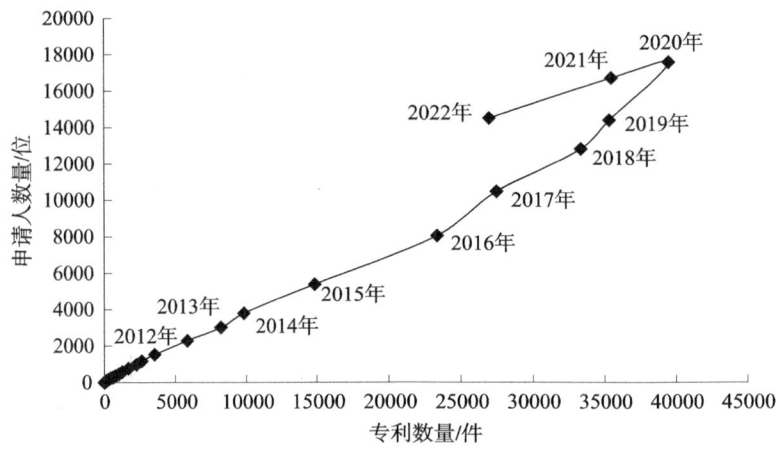

图4-6 中国工业机器人专利申请的技术生命周期

从图4-6中可以看出，2021—2022年，工业机器人领域的专利申请人数量和专利申请量均呈现下降的趋势，特别是在2022年，下降尤其明显。这种趋势可能由以下几个因素导致。

（1）2021—2022年，全球范围内的新冠疫情对工业机器人行业产生了不小的冲击，疫情可能导致供应链中断、研发活动延迟以及市场需求减少，从而影响了专利申请的数量。

（2）随着工业机器人关键技术的逐步成熟，一些发达国家的企业已经在关键零部件技术方面形成了垄断地位，这使得国内的研发机构和企业在追赶技术的过程中面临更多挑战。

（3）在经历了快速增长之后，工业机器人技术的研发进入一个更为成熟和精细化的发展阶段，企业和研究机构正在重新评估和调整创新策略，以适应市场和技术发展的新趋势。

（4）随着市场的逐渐饱和，工业机器人技术的增长速度自然放缓，企业和研究机构在寻求新的增长点或探索技术创新的新方向。

（5）2021年和2022年工业机器人领域的专利申请量有所下降，还可能是因为截止到检索日期时，这两年的大量专利申请尚未公开。

上述情况也反映了市场和技术发展的复杂性。随着疫情影响的逐步消退和新技术的不断涌现，预计工业机器人领域将继续保持其创新活力和发展潜力。但是也必须认识到，一些发达国家的企业已经在关键零部件技术方面形成了垄断地位，国内的工业机器人技术研发仍处于追赶阶段。

三、产业技术价值

法律状态在一定程度上可以反映专利申请的技术含量，以及专利技术在中国的活跃情况。从图4-7可以看出，在工业机器人领域专利的法律状态中，授权的专利占比最大，达到56%，这说明工业机器人领域的专利申请质量普遍较高，表明申请人在提交申请前进行了充分的技术准备和专利布局。较高的授权率反映了该领域积极的创新环境和研发活跃度，企业和研究机构致力于开发新技术并寻求知识产权保护。

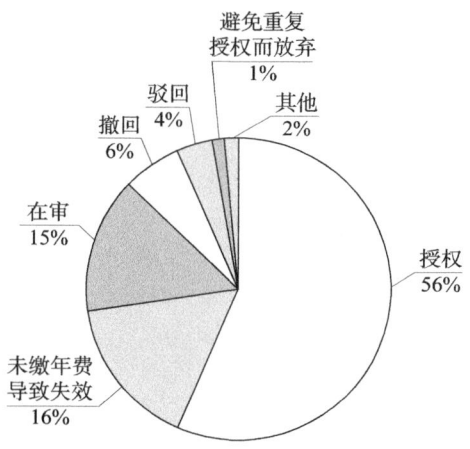

图4-7　1985—2022年中国工业机器人专利申请法律状态分布

占比排名第二的是未缴年费导致失效专利申请，为16%。一方面，可能是因为申请人对专利的市场价值重新进行评估，涉及的技术方案能够面向市场而进行产业化的可能性不高；另一方面可能由于产品更新换代较快，旧产品旧技术已被新产品新技术所取代，没有再保护的必要，这也说明了工业机器人技术处于快速发展期。

占比排名第三的为在审状态专利申请，包括已经公开但未进入实质审查阶段的专利申请以及已经进入实质审查阶段但尚未结案的专利申请，占比15%。在审状态的专利申请占比较大，表明2022年前后还有大量的专利申请公开后尚未结案，这也说明了工业机器人领域新申请的专利占比较高，相关技术处于快速发展期。

而驳回和撤回的专利申请占比之和为10%，这说明至少10%的专利申请由于不具备创造性或者由于撰写缺陷等原因而不能被授予专利权。这也表明专利审查机构在进行有效的质量控制，确保只有符合授权标准的发明创造获得授权。这一占比说明工业机器人领域专利申请过程中存在改进空间，如提高撰写质量、加强前期技术评估等。

此外，还有1%的专利申请因为同时申请了发明专利和实用新型专利，为了获取发明专利的授权而放弃实用新型专利，另有2%的专利申请因期限届满或其他原因处于失效状态，这也提醒申请人需要对专利维护给予足够重视。

　　根据以上分析可知，工业机器人领域的专利法律状态显示该技术正处于快速发展期，有大量的新申请和活跃的技术发展。同时，存在大量技术难题需要攻破，这要求行业持续投入研发资源，加强技术攻关。申请人应提高专利申请的质量，确保每项申请都具有明确的市场前景和技术优势；申请人应根据市场和技术发展情况，优化专利申请和维护策略，避免无效的专利维护成本。工业机器人领域的企业和研究机构应持续投入研发资源，不断推动技术创新和突破。另外，申请人应密切关注市场和技术发展动态，及时调整专利策略，确保专利布局与市场需求相匹配。

第二节 中国工业机器人产业分布

一、产业结构分布

图4-8和图4-9展示了中国工业机器人专利申请主要应用领域分布情况以及主要应用领域调整趋势，各应用领域专利申请量在2003—2012年、2013—2022年各个分区时间段中呈指数级增长，这表明在这两个阶段工业机器人技术快速发展且市场需求不断扩大。但可以看出，中国工业机器人专利申请主要集中在加工机器人领域，且在1983—1992年、1993—2002年、2003—2012年、2013—2022年各个分区时间段中，加工、装配、搬运、包装以及其他应用领域的专利申请比例大致保持一致。加工机器人专利在专利申请中始终占据主导地位，这反映了加工机器人在工业生产中的核心作用，尤其是在自动化和精密制造方面；同时也反映出制造业对于自动化和效率提升的持续需求。搬运工业机器人专利申请在所有应用领域中排名第二，并且在上述四个分区时间段中所占比例呈现增加的趋势。一方面，在电商和新零售行业的推动下，搬运机器人的增长趋势与物流行业的快速发展密切相关；另一方面，物流和仓储行业对自动化的需求持续扩大。装配机器人专利申请排名第三，且在四个时间段中所占比例呈现稍许减少的趋势，这可能是因为装配工作的复杂性和对灵活性的要求高，难以完全通过自动化实现。而包装机器人专利申请所占比例位列第四，并且在各个时间段中的占比基本保持一致，包装行业的稳定性和成熟度以及对自动化技术的稳定需求可能是产生这一现象的原因。

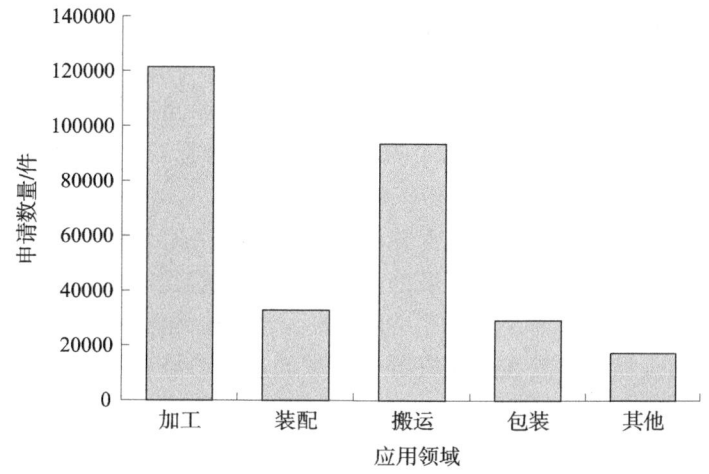

图4-8　1985—2022年中国工业机器人专利申请主要应用领域分布情况

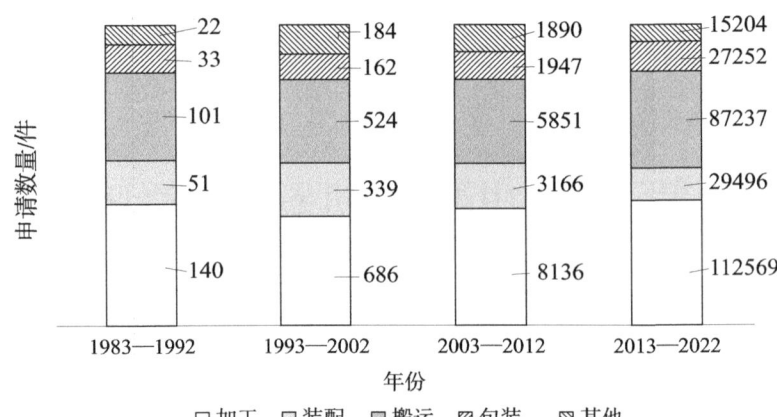

图 4 - 9　1983—2022 年中国工业机器人专利申请主要应用领域调整趋势

随着人工智能、机器视觉和机器人协作技术的进步，工业机器人将在更多领域得到应用。工业机器人技术与其他领域的融合，如物联网、大数据等，将进一步推动专利申请的增长。另外，随着市场对定制化产品的需求增加，工业机器人需要更加灵活和智能，以适应多变的生产需求。创新主体应对上述几方面进行关注，及时调整研发方向，研究市场、定位市场、适应市场、引领市场。此外，政府对智能制造和工业自动化的政策支持将继续推动工业机器人技术的发展和应用，创新主体也要及时关注政策的变化。

二、产业区域竞争

通过前面的分析可以看出，国内在工业机器人领域的专利申请主要集中在 2013—2022 年，因此主要针对 2013—2022 年国内各省域工业机器人技术竞争情况进行分析。

从图 4 - 10 和图 4 - 11 可以看出，专利申请量排名前三位的地区分别是广东省、江苏省、浙江省，占比分别为 21%、19%、11%。排名前三位的地区的专利申请量之和超过全国申请总量的二分之一，可以看出，工业机器人专利申请的地域集中度高，这些地区的经济实力和科技创新能力强。三个地区均为东部沿海地区。我国东部沿海地区经济发达、科技领先，广东省、江苏省以及浙江省是东部经济的引领者，雄厚的科研实力与充足的资金支撑，促使这三个省积极投入工业机器人的研发，推动了三省工业机器人技术的发展和专利申请。

排名第四位的山东省，工业机器人领域专利申请量占比为 6%，显示出该省在工业机器人领域具有一定的研发潜力和市场前景。排名第五位至第七位的上海市、北京市、安徽省，专利申请量占比均为 5%，一方面反映了这三个地区在科技创新方面有较好的活跃度，另一方面也显示出其在工业机器人领域的追赶态势和发展潜力。

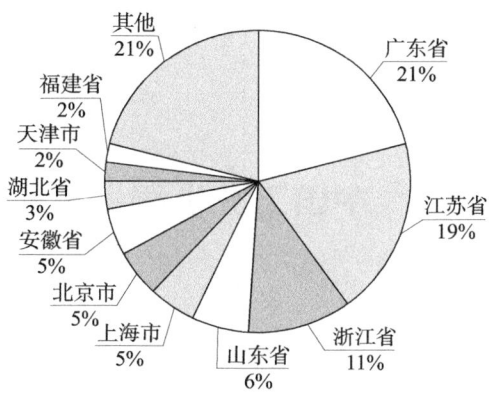

图 4-10 2013—2022 年中国申请人区域分布情况

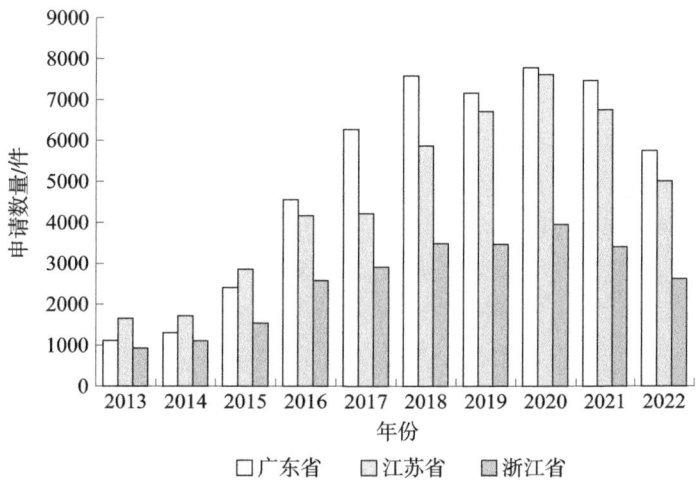

图 4-11 2013—2022 年排名前三地区的专利申请趋势

排名第七位以后的地区，工业机器人领域专利申请量占比相对较小，湖北省申请量占比为 3%，天津市和福建省的申请量占比均为 2%。

根据以上分析可以看出，我国沿海地区经济发达，科研水平高，对工业机器人领域的科研支撑力度大，研究比较积极，专利申请量较多；而内陆地区经济相对发展缓慢，科研实力相对较弱，对工业机器人领域的研究积极性相对较低，专利申请量较少。另外，沿海地区的政策支持和市场需求也是推动工业机器人专利申请的重要因素，而且经济发达地区通常能够吸引更多的高技能人才，为工业机器人的研发提供了人才动力。

沿海地区的工业机器人技术创新和专利申请将继续保持活跃，而随着政策支持和产业转移，内陆省份在工业机器人领域的专利申请也有望增加。国家层面，可能会加强区域间的协同发展，促进内陆省份在工业机器人领域的技术进步和产业升级。整体而言，随着技术创新的推动和区域协同发展，中国在工业机器人领域的专利申请将继续保持增长态势，内陆省份的潜力也将得到进一步挖掘。

第三节 中国工业机器人产业主体

一、产业主体分析

(一) 主要申请人

专利申请人的申请量排名是衡量一个领域内技术发展和市场活跃度的重要指标之一。在工业机器人领域，专利申请量的排名可以揭示出申请人在技术创新、市场策略和知识产权保护方面的活跃程度。

第一，专利申请数量可以作为衡量研发投入的一个指标。在工业机器人领域，拥有大量专利申请的申请人往往拥有强大的研发团队和充足的研发经费。这些申请人可能在新技术、新产品的研发上投入巨大，以保持其在行业中的领先地位。

第二，专利申请的积极性反映了申请人对市场机会的把握和对知识产权保护的重视。在竞争激烈的工业机器人市场，申请人通过积极申请专利，可以保护自身的技术成果，防止他人侵权，同时也可以在市场上建立起技术壁垒。

第三，专利申请量还与申请人对市场的重视程度有关。在工业机器人领域，市场对高效、智能、灵活的机器人的需求日益增长。申请人还可以通过专利布局来抢占市场先机，增强市场竞争力。

第四，专利申请策略也是申请人技术掌握情况的一个重要体现。申请人会针对其核心技术进行重点布局，申请一系列相互关联的专利，形成专利组合，以增强其技术保护的力度和广度。同时，申请人还通过申请国际专利来扩大其技术在全球范围内的影响力。

第五，对工业机器人领域中国专利申请人的专利申请量进行排名分析，可以为政策制定者、企业决策者以及研发人员提供有价值的参考信息。政策制定者可以据此了解国内工业机器人技术的发展状况，制定相应的支持政策；企业决策者可以根据专利申请情况来评估竞争对手的技术实力，制定自身的研发和市场策略；研发人员则可以通过分析专利申请趋势，寻找技术创新的方向和机会。

从表4-1可以看出1985—2022年中国工业机器人领域主要申请人的专利申请情况。珠海格力电器排名第一，专利申请量为1969件；发那科公司排名第二，专利申请量达到1200件；清华大学排名第三，申请量达到779件；华南理工大学和哈尔滨工业大学申请量比较接近，分别排名第四和第五。

表 4-1 1985—2022 年中国工业机器人领域专利申请人排名

序号	申请人	申请量/件
1	珠海格力电器	1969
2	发那科公司	1200
3	清华大学	779
4	华南理工大学	754
5	哈尔滨工业大学	748
6	优必选科技	716
7	浙江工业大学	656
8	广西大学	627
9	上海交通大学	625
10	精工爱普生	583
11	中国科学院沈阳自动化研究所	566
11	燕山大学	566
13	浙江大学	522
14	广东工业大学	487
15	天津大学	472
16	沈阳新松机器人自动化股份有限公司	462
17	安川电机	459
18	华中科技大学	451
19	国家电网有限公司	440
20	北京航空航天大学	419
21	北京理工大学	418
22	南京航空航天大学	408
23	浙江理工大学	385
24	南京理工大学	362
25	河北工业大学	357
26	川崎重工	353
27	江南大学	351
28	上海大学	350
29	北京工业大学	336
30	西北工业大学	332

专利申请量排名靠前的高校依次为清华大学、华南理工大学、哈尔滨工业大学、浙江工业大学、广西大学、上海交通大学等。高校申请人在前10名中占据了6席，由此可见，高校在工业机器人领域也投入了大量的研究。

表4-2给出了2018—2022年中国工业机器人领域主要申请人的专利申请情况，相比于1985—2022年的累计申请情况，申请人变化不大，说明主要的申请人均是在2018年后申请了大量工业机器人相关专利。

表6-2 2018—2022年中国工业机器人领域专利申请人排名

序号	申请人	申请量/件
1	珠海格力电器	1703
2	发那科公司	738
3	优必选科技	652
4	华南理工大学	499
5	浙江工业大学	434
6	哈尔滨工业大学	428
7	清华大学	403
8	广东工业大学	362
9	精工爱普生	344
10	华中科技大学	343
11	浙江大学	326
12	燕山大学	318
13	深圳市海柔创新科技有限公司	309
14	深圳市越疆科技有限公司	307
15	上海交通大学	302
16	中国科学院沈阳自动化研究所	301
17	南京航空航天大学	296
18	北京理工大学	266
19	南京理工大学	260
20	山东大学	258
21	天津大学	252
22	河北工业大学	249
23	大族激光科技产业集团股份有限公司	248
23	川崎重工	248
25	国家电网有限公司	246

续表

序号	申请人	申请量/件
26	沈阳新松机器人自动化股份有限公司	232
27	西北工业大学	222
28	广东博智林机器人有限公司	219
29	东莞理工学院	218
30	浙江理工大学	213

在专利申请量排名前30位的申请人中，外资企业，尤其是日本企业，在这一领域的表现尤为突出。发那科公司、精工爱普生等日资企业，凭借在工业机器人领域多年的深耕和研究积累，具有强大的技术实力和丰富的经验，其专利申请数量和质量在全球范围内都具有较高的影响力。然而，中国企业和高校在工业机器人领域的快速发展同样不容忽视。中国已经成为全球最大的工业机器人市场，并且专利申请量位居世界第一，约占全球总申请量的36.5%。这一成绩的取得，得益于中国政府在智能制造领域的大力支持和引导，以及企业和高校对技术创新和专利保护的高度重视。中国企业和高校在工业机器人领域的技术储备和专利申请方面取得了显著进展。除此以外，科研院所也在工业机器人的基础研究和应用开发方面发挥着重要作用。高校和科研院所通过与企业的紧密合作，加快技术成果的转化和产业化进程，为推动中国工业机器人产业的发展做出了重要贡献。

总的来说，虽然外资企业在工业机器人领域的专利申请量排名中占据了一定的位置，但中国企业和高校的发展势头同样强劲。随着中国在工业机器人领域的持续投入和创新，未来中国企业和高校在该领域的专利申请量将会进一步提升，在全球工业机器人产业中占据更加重要的地位。

(二) 申请人类型

图4-12展示了1985—2022年中国工业机器人领域专利申请人类型，国内申请人主要是企业，其专利申请量占比达75%，而高校和科研院所的专利申请量占比之和为18%，个人申请量占比为7%。由此可见，企业是创新的主体，在工业机器人领域做了大量的研究和开发。而高校也在工业机器人领域做了很多的研究和开发，是我国工业机器人技术发展中不可忽视的重要力量。工业机器人企业在技术储备中可以积极寻求与高校和科研院所的相关合作，加快发展速度。

企业通过持续的研发投入，不断推出新技术、新产品，以满足市场需求，增强自身的竞争力。大专院校和科研单位在基础研究和应用研究方面具有重要作用，他们的研究成果为工业机器人技术的发展提供了理论基础和技术支持。此外，大专院校和科研单位还培养了大量的专业人才，为工业机器人产业的发展提供了人才保障。个人发明者往往具有独特的创新思维和解决问题的能力，他们的参与有助于丰富工业机器人技术的多样性和创新性。

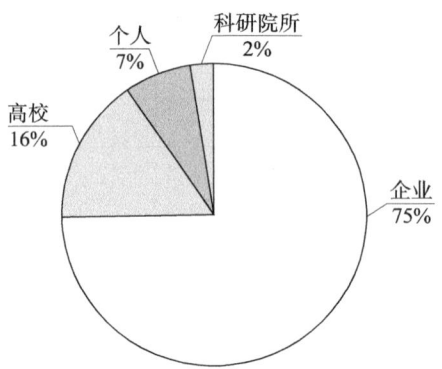

图 4-12　1985—2022 年中国工业机器人领域专利申请人类型

综合来看，中国工业机器人技术的专利申请人构成呈现出多元化的特点，企业、大专院校、科研单位和个人都在各自的领域内发挥着重要作用。根据上述分析，政府可以制定相关的政策，进一步优化中国工业机器人技术的专利申请人构成，推动产业的健康快速发展。

二、产业集中度分析

图 4-13 展示了 1985—2022 年中国工业机器人领域专利申请集中度情况，从该图可以看出，工业机器人领域专利申请量排名前 50 位的申请人的专利申请量约占该领域总申请量的 10%，排名前 500 位的申请人的专利申请量约占该领域总申请量的 25%。这表明专利申请在一定程度上呈现出集中趋势。然而，这种集中度相较于其他技术领域来说，并不算高，意味着该领域的专利申请还存在着较大的分散性。这种相对均衡的申请人集中度反映了工业机器人领域的创新活动具有广泛的参与性。许多企业、研究机构和个人都在积极投身于这一领域的技术研发和创新，推动整个行业的技术进步和产业升级。同时，这也表明市场尚未被少数专利巨头垄断，为新进入者提供了机会。

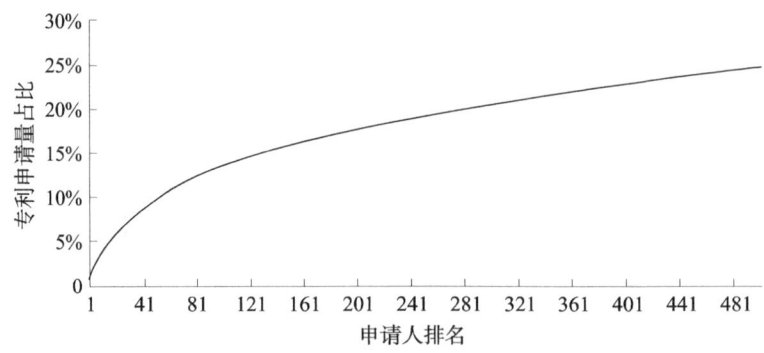

图 4-13　1985—2022 年中国工业机器人领域专利申请集中度

然而，随着行业的发展和竞争的加剧，主要申请人正在通过加强专利布局来构建自己的专利壁垒，以期在市场中获得竞争优势和更高的市场份额。这种策略不仅可以保护自身的技术不被侵权，还可以通过专利许可或转让获取收益，甚至可以通过专利诉讼来制约竞争对手的发展。

对于那些尚未开始专利布局或尚未形成系列专利布局的申请人来说，当前的申请人集中度尚未过高，应该抓住这一时机，尽早开展专利布局，通过申请高质量的专利来保护自己的创新成果。同时，也需要密切关注行业内的专利动态，避免重复研发和资源浪费，确保自己的专利布局能够与市场需求和技术发展趋势相匹配。

第四节　中国工业机器人产业技术流通情况

一、专利转让

图4-14展示了2001—2022年中国工业机器人领域专利的转让趋势，揭示了该领域专利转让活动随时间的演变情况。从图中可以明显看出，自2008年起，工业机器人领域的中国专利转让量开始呈现稳步增长的趋势；而在2015年之后，工业机器人领域中国专利的转让量呈现快速上升的趋势。

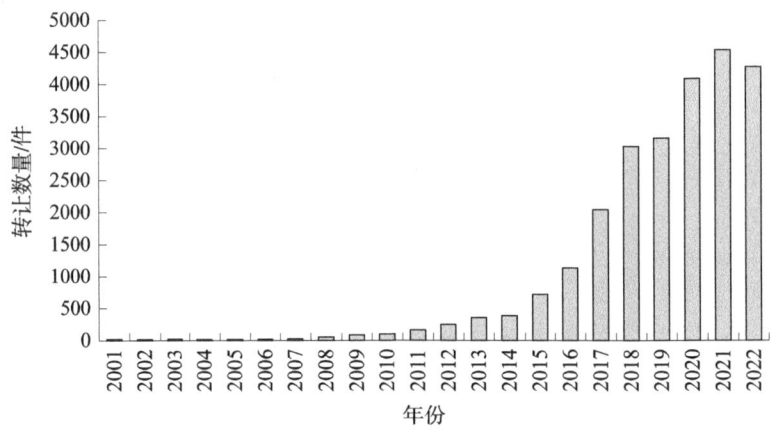

图4-14　2001—2022年中国工业机器人领域专利转让趋势

总体来看，工业机器人领域中国专利转让量的增长，反映了该领域技术创新活跃、市场需求旺盛、专利运营成熟以及政策环境优化等多方面的积极因素。未来，随着工业机器人技术的不断进步和应用领域的不断拓展，工业机器人领域的专利转让活动将继续保持活跃态势，为推动中国工业机器人产业的发展和国际竞争力的提升发挥更加重要的作用。

图4-15为2001—2022年中国工业机器人领域专利转让排名情况。可以看出，企业在工业机器人领域的专利转让活动中占据了主导地位，排名前三位的转让人均为企业，表明企业间的专利转让是工业机器人领域中国专利转让最主要的方向，这可能与企业在技术应用、产品开发和市场拓展方面的需求密切相关。企业间的专利转让有助于企业快速获取新技术，加速产品创新，增强市场竞争力。此外，企业间的专利转让还可能涉及战略性的知识产权布局，通过进行专利收购和整合，企业能够在特定技术

领域构建竞争优势，甚至形成市场垄断。

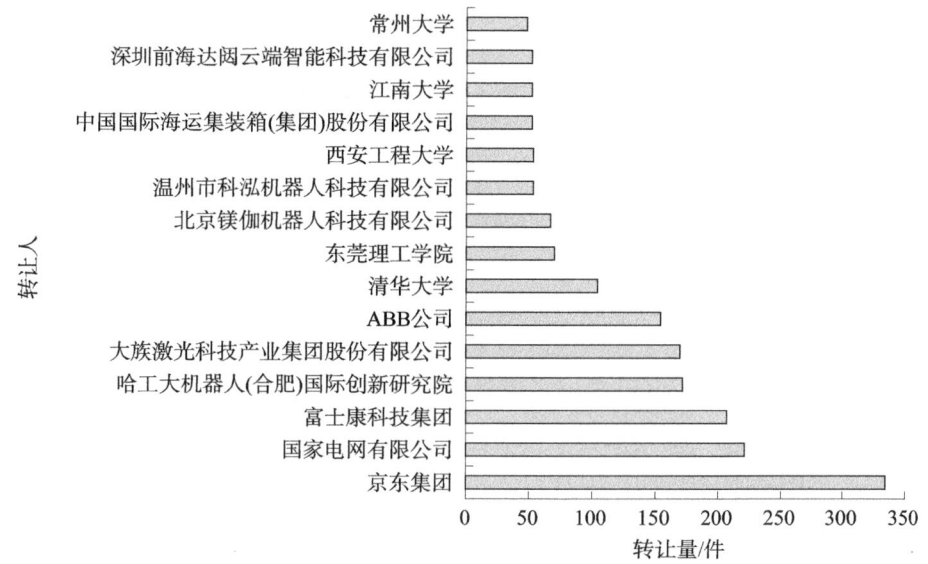

图4-15 2001—2022年中国工业机器人领域专利转让人排名

同时，图4-15中还显示，在排名前15位的专利转让人中，有6家是高校或科研院所。这一数据表明，高校和科研院所在工业机器人领域的专利转让中也扮演着重要角色。图4-16所揭示了2001—2022年中国工业机器人领域专利受让人排名情况。

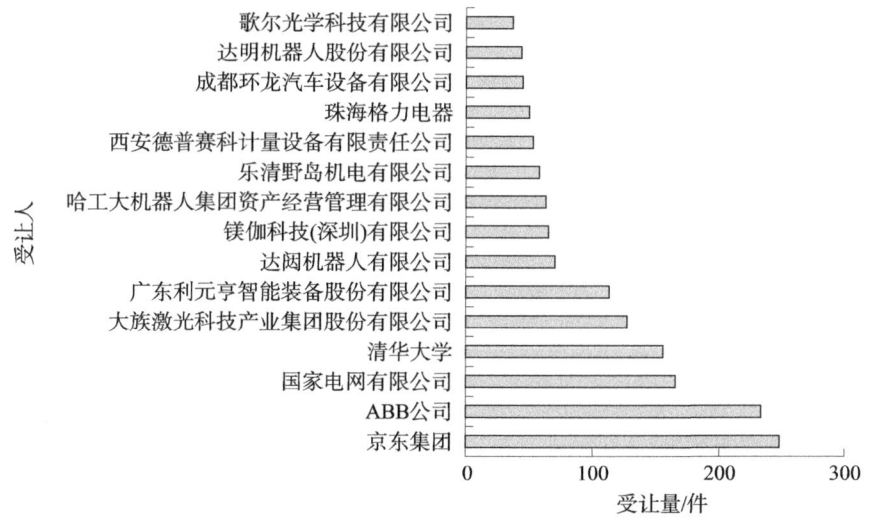

图4-16 2001—2022年中国工业机器人领域专利受让人排名

结合图4-15可以看出，工业机器人领域的中国专利转让人排名中，京东集团以334件的专利转让量高居榜首。这一显著成绩不仅凸显了京东集团在技术创新和知识产权管理方面的卓越表现，也反映出其在工业机器人技术应用和研发方面的深度投入。紧随其后的是国家电网有限公司、富士康科技集团、哈工大机器人（合肥）国际创新研究院、大族激光科技产业集团股份有限公司、ABB 公司以及清华大学，这些专利转让人的专利转让量均超过了百件，显示了它们在工业机器人领域的活跃参与和强大实力。专利转让活动不仅促进了工业机器人技术的创新和发展，也为整个行业技术的进步和应用提供了丰富的知识产权资源。

综合来看，这些数据揭示了中国在工业机器人领域的专利转让活动主要集中在一些领先的企业和技术实力雄厚的高校/科研院所。这些专利转让人在专利转让方面的活跃表现，不仅促进了工业机器人技术的创新和应用，也推动了相关技术的产业化和市场化，有助于提升整个行业的技术水平和国际竞争力。随着工业机器人技术的不断发展和市场需求的增加，未来这些专利转让人在专利转让方面还将继续保持活跃，为推动中国工业机器人产业的持续发展做出更大的贡献。

从图 4-15 和图 4-16 可以看出，企业在工业机器人领域中的专利转让占据了主导地位，这表明企业是推动该领域技术创新和知识产权交易的主要力量。受让量最多的同样也是京东集团，为 248 件。结合转让人排名和专利转让数量可以推测，京东集团存在大量的集团内部专利转让行为。存在同样情况的还有国家电网有限公司和大族激光科技产业集团股份有限公司。而受让量排名第二的为 ABB 公司，其受让量远大于其转让量，专利受让量比专利转让量多出 100 件左右，推测其在通过专利技术受让开展技术布局。同时，在排名前 15 位的受让人中仅有清华大学 1 家高校，相比于排名前 15 位的转让人中有 6 家高校/科研院所，明显有所减少，表明高校研究前沿技术，对转让技术的需求旺盛，而对于受让技术的需求较小。

二、专利许可

从图 4-17 中可看出，2007 年国内开始有许可专利，并在 2021 年许可数量突增，说明从 2007 年开始，国内工业机器人领域的技术合作、转化逐步加深。

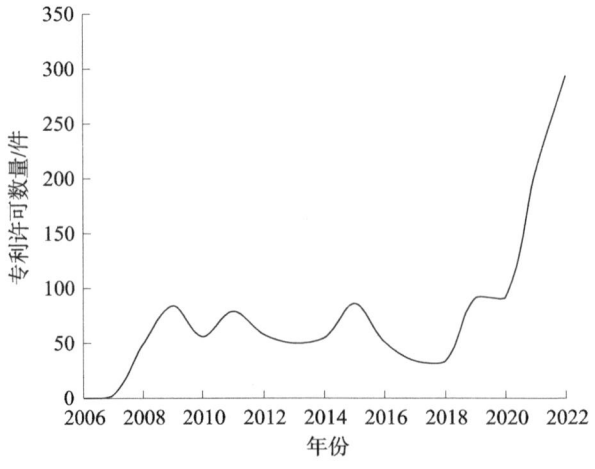

图 4-17　中国工业机器人专利许可趋势

通过专利许可，不同的创新主体能够共享技术成果，实现知识的交流和互补。专利许可数量增长，表明企业和研究机构对知识产权保护和创新成果商业化的重视程度不断提升，企业已经逐渐意识到通过专利许可可以获取经济收益，同时也能够扩大自身技术的影响力。工业机器人技术的市场需求不断扩大，特别是在制造业、物流等领域的自动化和智能化改造需求推动下，更多的企业开始寻求工业机器人技术解决方案，促进了专利许可数量的增长。中国政府在推动科技创新和产业发展方面出台了一系列政策，包括鼓励企业加大研发投入、支持产学研合作、提供知识产权保护等，这些政策为工业机器人领域的技术合作和专利许可提供了良好的外部环境。随着技术转移和成果转化机制的不断完善，企业和研究机构更加熟悉如何通过专利许可来实现技术转移，提高了专利许可的效率和成功率。在全球化的背景下，国际合作在工业机器人领域变得日益重要。许多国内企业和研究机构通过国际合作获取先进的工业机器人技术，并通过专利许可的方式进行本土化开发和应用。随着工业机器人行业标准化的推进，技术的通用性和兼容性得到了提升，这为技术合作和专利许可提供了便利条件，促进了专利许可数量的增长。资本市场对于工业机器人领域的关注和投资增加，为技术的研发和产业化提供了资金支持，进一步推动了专利许可数量的增长。

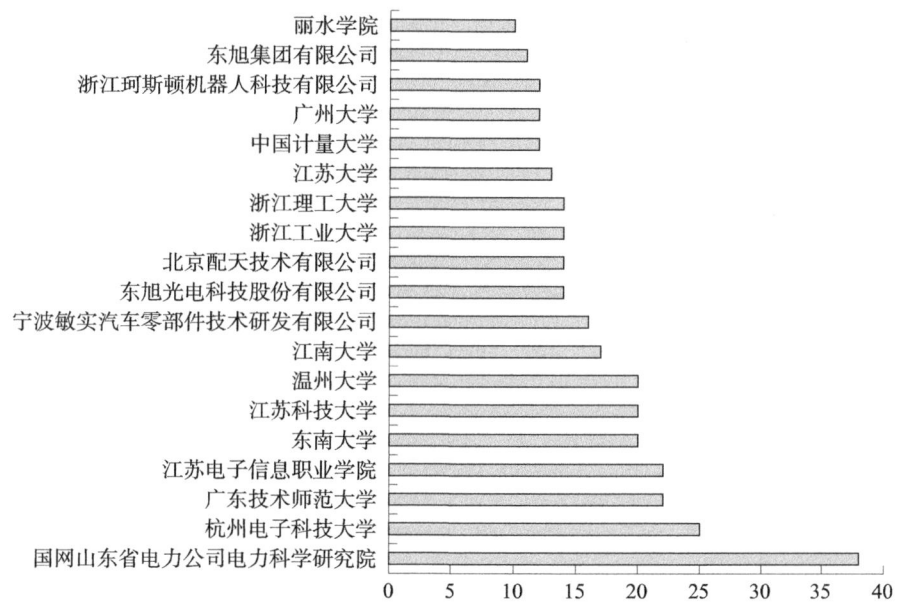

图4-18 中国工业机器人领域专利许可人排名情况

2021年，专利许可数量的突增可能是多种因素的叠加效应，包括技术积累到了一定阶段、市场需求爆发性增长、政策环境进一步优化等。这一显著增长也预示着工业机器人领域将迎来更多的技术突破和产业化应用，为未来的技术合作和创新发展奠定坚实的基础。随着工业机器人技术的不断进步和应用领域的不断拓展，预计未来该领域的技术合作和专利许可活动将继续保持活跃态势。

根据图4-18可知，中国工业机器人领域专利许可人大部分为高校和科研院所，排名前 10 位的许可人中高校和科研院所占比达到 80%，这一比例清楚地表明了这些创新主体在推动技术创新和知识产权商业化方面的活跃度和影响力。

国网山东省电力公司电力科学研究院在专利许可总量上排名第一，有 38 件专利许可，多数许可对象为国家电网有限公司其他子公司。而杭州电子科技大学在专利许可总量上排名第二，拥有 25 件专利许可，多数为对外部企业的许可，这不仅凸显了该校在工业机器人领域的研发实力，也反映了其在技术转移和行业合作方面的积极作为。

总体来看，在专利运营方面，中国工业机器人的转让总量呈现逐年增长趋势，尤其是公司之间的转让。这一趋势反映了企业在加强技术成果转让和应用方面的合作意愿，同时也显示了产研之间良性互动的加速。而专利许可较多的则为高校和科研院所。

高校和科研院所在工业机器人领域的专利许可中占据重要地位，这些创新主体在促进技术创新、技术转移和产业发展方面发挥积极作用。随着产学研合作的不断深化，未来高校和科研院所在专利许可和技术转移方面的贡献将会更加显著。

第五节　小　结

本章对工业机器人领域中国的专利申请趋势、专利申请流向、专利授权和保护等进行了分析,揭示了该行业在专利方面的多个关键动态和特点。

(1) 在专利申请量方面,工业机器人领域专利申请量总体呈增长趋势,这一趋势反映了该行业技术创新的活跃度和市场对自动化技术不断增长的需求。随着工业 4.0 的推进和智能制造的普及,工业机器人作为关键技术之一,其研发和应用受到越来越多的关注。

(2) 在各专利技术分支方面,自动化和精确控制是当前技术发展的重点。按照工业机器人应用领域划分,专利申请最多的是加工和装配领域;其次为搬运、码垛、上下料领域。推测未来一段时期内,加工制造仍然是很重要的一个分支。

(3) 在申请人方面,排名靠前的申请人中,国外和国内均为企业,这显示了企业在工业机器人领域的技术创新和专利布局中的主导作用。同时,这也表明专利申请偏向实际应用,企业通过专利保护其技术优势,以在市场上获得更好的竞争地位。

(4) 在中国专利申请方面,我国在工业机器人领域专利申请起步较晚,但是随着我国经济的发展,以及人工成本的增加,工业机器人领域专利申请总体呈快速增长趋势。这一转变凸显了中国在追赶全球工业机器人技术发展方面所做出的努力和取得的成效。

(5) 在中国专利运营方面,工业机器人技术的转让总量相对来说较大,转让量总体呈现增长趋势。可以预见,我国的工业机器人领域的专利运营会越来越活跃。随着技术成熟度的提高和市场需求的明确,更多的专利开始从研发阶段转向实际应用,促进了专利的交易和流动。

第五章

广东省工业机器人
产业发展分析

第一节 广东省工业机器人产业专利概况

一、技术发展概况

根据图5-1所示,2002—2022年广东省工业机器人领域专利申请趋势与全国的工业机器人技术的专利申请趋势相似。2002—2010年,广东省的工业机器人技术处于萌芽期,专利申请量较少,增长速度缓慢。从2011年开始,广东省的工业机器人技术进入快速发展阶段,专利申请量急剧增加,特别是2018年,专利申请突破7000件。2018—2021年,广东省的工业机器人技术进入稳定发展期。虽然在这期间专利申请量有所波动,但每年的申请量都超过了7000件,显示出广东省在工业机器人技术方面的持续发展和创新。2022年,受部分专利尚未公开等因素的影响,专利申请量有所下降。

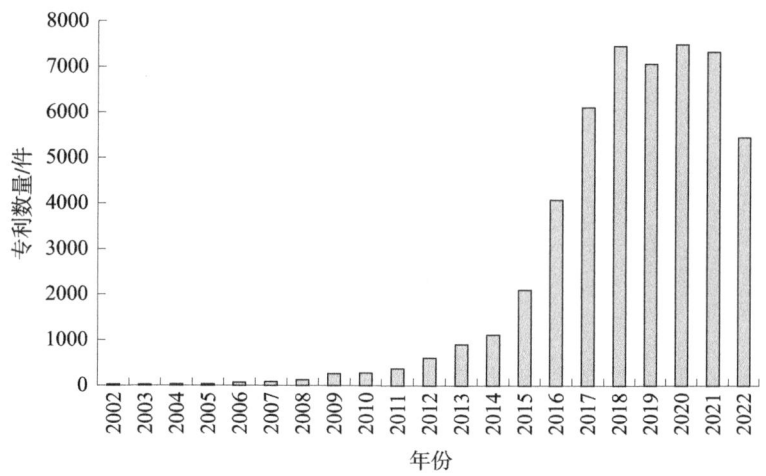

图5-1 2002—2022年广东省工业机器人领域专利申请趋势

二、产业发展解析

相关创新主体应当抓住这一宝贵时机,积极推动技术研发,提升自身的技术水平和创新能力。在此过程中,不仅要注重技术的突破和创新,还要提高专利保护意识,确保每一项创新成果都能得到充分的法律保护。

加强专利布局也是不可忽视的重要环节。通过科学合理的专利布局,可以在全球范围内建立起强大的专利壁垒，保护自身的技术优势，防止竞争对手的模仿和侵权行为。同时，完善的专利布局还可以为企业在未来的市场竞争中提供有力的支持，帮助企业在国际市场上占据有利位置。

此外，创新主体还应当关注专利的质量而不仅仅是数量，确保每一项专利都具有实际的应用价值和市场潜力。通过这一系列的努力，可以全面提升广东省工业机器人技术的整体水平和竞争力，为广东省在工业机器人领域的持续发展和壮大奠定坚实的基础。

第二节 广东省工业机器人产业主体

本节主要对广东省的创新主体在2003—2022年工业机器人技术的专利申请情况进行分析。

一、主要申请人

表5-1给出了2003—2022年广东省的工业机器人领域主要申请人及其专利申请量。其中值得注意的是,珠海格力电器、华南理工大学、优必选科技和广东工业大学等主要申请人的专利申请量处于较高水平。

表5-1 2003—2022年广东省工业机器人领域主要申请人专利申请情况

排名	申请人	申请量/件
1	珠海格力电器	1797
2	华南理工大学	777
3	优必选科技	722
4	广东工业大学	505
5	富士康科技集团	467
6	深圳市越疆科技有限公司	370
7	深圳市海柔创新科技有限公司	351
8	大族激光科技产业集团股份有限公司	282
9	广东利元亨智能装备股份有限公司	270
10	东莞理工学院	268
11	广东博智林机器人有限公司	220
12	广东拓斯达科技股份有限公司	181
13	广东利迅达机器人系统股份有限公司	162
14	深圳优地科技有限公司	146
15	哈尔滨工业大学(深圳)	144

续表

排名	申请人	申请量/件
16	中国科学院深圳先进技术研究院	143
16	佛山科学技术学院	143
16	广州视源电子科技股份有限公司	143
19	季华实验室	137
20	中山大学	120
21	南方科技大学	117
22	迅得机械（东莞）有限公司	116
23	深圳市普渡科技有限公司	115
24	广州大学	112
25	广州达意隆包装机械股份有限公司	109
26	伯朗特机器人股份有限公司	108
26	深圳市领略数控设备有限公司	108
28	五邑大学	97
28	深圳配天智能技术研究院有限公司	97
30	佛山隆深机器人有限公司	94

广东省的企业和高校在工业机器人技术方面的研发投入和创新能力显著提升，并且已经积累了一定的技术储备。珠海格力电器作为家电行业的领军企业，积极拓展工业机器人领域，显示出其多元化发展的战略布局。华南理工大学和广东工业大学作为本地知名高校，在工业机器人技术的前沿研究方面也取得了显著成果。优必选科技则作为新兴科技企业，凭借其创新能力在短时间内迅速崛起，成为推动行业发展的重要力量。

此外，这些主要申请人的专利申请量反映出广东省工业机器人领域的创新主体具有良好的产业专利保护意识。通过积极申请专利，这些企业和高校不仅保护了自身的技术创新成果，也为广东省工业机器人产业的持续发展提供了有力保障。总的来说，广东省在工业机器人技术研发和专利保护方面的快速发展，不仅提升了自身的技术竞争力，也为未来的产业升级和技术进步奠定了坚实基础。

表5-2给出了2018—2022年广东省工业机器人领域主要申请人专利申请情况，相比于2003—2022年的累计申请情况，申请人的排名情况变化不大，说明主要申请人均是在2018年后申请了大量工业机器人相关专利，这与全国申请人的申请情况类似。

表 5-2 2018—2022 年广东省工业机器人领域主要申请人专利申请情况

排名	申请人	申请量/件
1	珠海格力电器	1703
2	优必选科技	652
3	华南理工大学	499
4	广东工业大学	362
5	深圳市海柔创新科技有限公司	309
6	深圳市越疆科技有限公司	307
7	大族激光科技产业集团股份有限公司	248
8	广东博智林机器人有限公司	219
9	东莞理工学院	218
10	广东拓斯达科技股份有限公司	149
11	广东利迅达机器人系统股份有限公司	142
12	哈尔滨工业大学（深圳）	133
12	广州视源电子科技股份有限公司	133
14	深圳优地科技有限公司	132
15	广东利元亨智能装备股份有限公司	120
16	佛山科学技术学院	119
17	季华实验室	117
18	深圳市普渡科技有限公司	110
19	南方科技大学	106
20	中国科学院深圳先进技术研究院	99
20	伯朗特机器人股份有限公司	99
22	深圳市领略数控设备有限公司	96
23	中山大学	94
24	五邑大学	91
25	迅得机械（东莞）有限公司	89
26	深圳市丞辉威世智能科技有限公司	87
27	广东省科学院智能制造研究所	84
28	深圳蓝胖子机器智能有限公司	83
29	广东电网有限责任公司	82
30	广州大学	80

二、产业主体类型

图 5-2 给出了 2003—2022 年广东省工业机器人领域专利申请人类型情况。从图中可以看出，在广东省工业机器人技术的专利申请人类型中，企业的申请量占比高达 84%，高校和科研院所的申请量占比为 10%，个人申请量占比为 6%。这一数据表明，在广东省工业机器人技术的研究和应用中，企业是非常重要的创新主体，是推动广东省工业机器人技术发展的中坚力量。

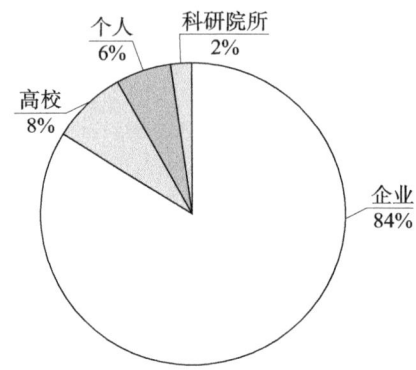

图 5-2　2003—2022 年广东省工业机器人领域专利申请人类型

企业的专利申请占比如此高，反映出它们在技术研发和创新方面的巨大投入和积极性。珠海格力电器、优必选科技等企业通过持续的研发投入和技术创新，显著提升了自身的技术竞争力和市场地位。

与此同时，高校和科研院所也在工业机器人技术上投入了大量的研发力量。例如，华南理工大学和广东工业大学等高校在工业机器人技术的前沿研究方面取得了显著成果，为广东省的技术储备提供了坚实的基础。

为了进一步提升技术研发效率和创新能力，相关企业可以积极寻求与高校和科研院所联合科研，采用产学研合作的方式，实现优势互补。通过这种合作模式，企业可以借助高校和科研院所的科研实力和创新资源，加速技术突破和成果转化。而高校和科研院所也可以通过与企业合作，了解市场需求，推动科研成果的实际应用。

总的来说，企业作为广东省工业机器人技术发展的重要力量，在专利申请中占据主导地位，而高校和科研院所的研发投入也不可忽视。通过加强产学研合作，广东省的工业机器人技术有望在未来取得更大的突破和发展。

三、产业集中度

图 5-3 展示了 2003—2022 年广东省工业机器人专利申请集中度情况，从图中可以看出，广东省工业机器人领域的专利申请在一定程度上呈现出集中的趋势。具体来看，

专利申请量排名前 50 位的申请人，其专利申请量约占该领域总申请量的 20%；而排名前 500 位的申请人，其专利申请量则占据了超过 40% 的比例。这表明目前广东省工业机器人领域的专利申请人分布相对分散，其他创新主体还可以投身于这一领域。

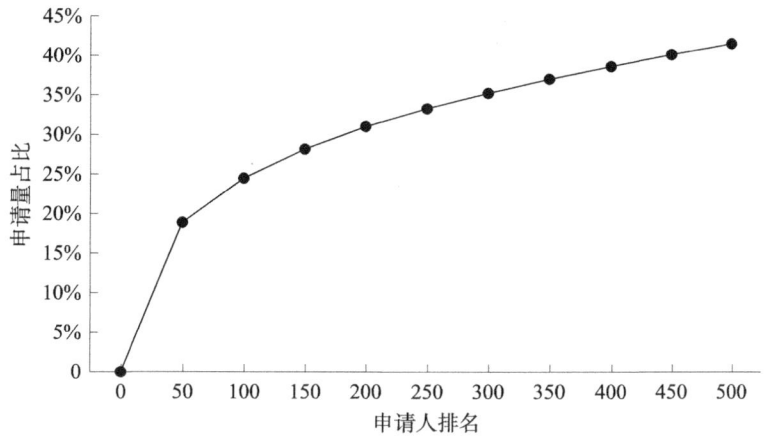

图 5-3　2003—2022 年广东省工业机器人专利申请集中度

广东省的企业、高校和科研院所在工业机器人技术专利申请和布局方面都表现得较为积极。各类创新主体不仅注重技术研发，还非常重视通过专利申请来保护自己的创新成果，形成了一定的技术壁垒。

对于尚未开始专利布局或尚未形成系列专利布局的申请人来说，目前是一个非常好的时机。由于当前专利申请人集中度尚未达到非常高的水平，这些申请人可以抓住这一机会，尽早开展并完善自己的专利布局。通过积极申请专利，可以在技术保护和市场竞争中占据有利位置，避免在未来专利壁垒建立后面临更大的挑战和困难。

广东省工业机器人领域的专利申请人在一定程度上呈现出集中的趋势，各类创新主体在专利申请和技术布局方面都表现出较高的积极性。未来，随着更多企业和科研院所等加入专利布局的行列中，广东省的工业机器人技术竞争力有望进一步提升，实现更大的技术突破和产业发展。

四、产业主体的技术应用情况

图 5-4 展示了 2003—2022 年珠海格力电器工业机器人应用领域的调整情况。从图中可以看出，珠海格力电器工业机器人技术的应用情况发生了显著变化。2013 年以前，珠海格力电器工业机器人技术应用主要集中在加工和搬运领域，占比分别为 60% 和 33%。2013—2022 年，其在装配和包装等领域的应用开始显著增加，特别是在装配方面的专利申请量占比达到 30%；与此同时，加工和搬运领域的应用占比有明显下降，分别下降至约 15%。

这一变化表明，珠海格力电器逐渐将工业机器人技术应用扩展到了装配等其他领域，并在这些新领域开展了相关的专利申请和布局。通过这种战略调整，珠海格力电器不仅提升了自身在工业机器人技术方面的多元化应用能力，还进一步加强了在新兴应用领域的技术储备和市场竞争力。

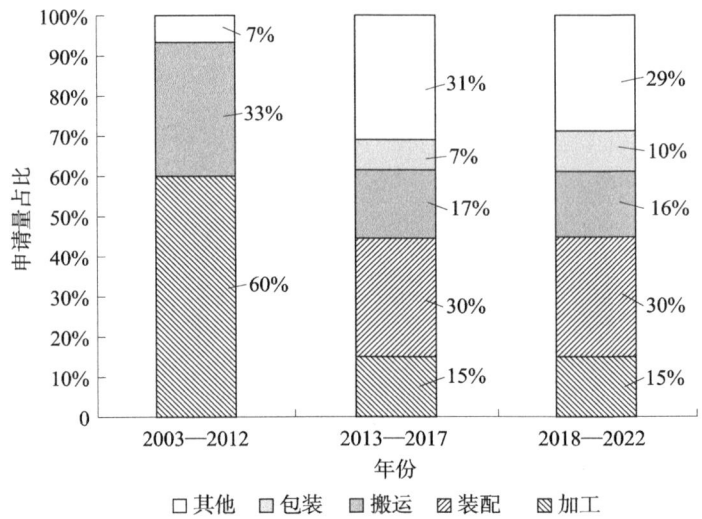

图 5-4　2003—2022 年珠海格力电器工业机器人应用领域的调整情况

图 5-5 展示了 2003—2022 年华南理工大学工业机器人应用领域的调整情况。从图中可以看出，华南理工大学的工业机器人技术应用情况具有广泛性和多样性。2013 年以前，该校的工业机器人技术应用研究较为分散，涵盖了加工、装配、搬运和包装等多个领域。其中，加工领域的专利占比为 28%，装配领域占比为 22%，搬运领域占比为 12%。

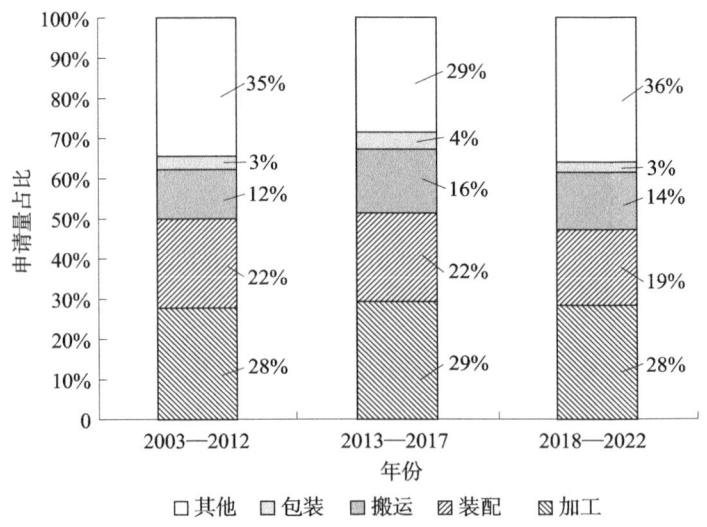

图 5-5　2003—2022 年华南理工大学工业机器人应用领域的调整情况

2018—2022 年，华南理工大学各应用研究方向的专利申请量占比变化较小，其对工业机器人技术各个应用领域的研究依然保持着较高的投入和关注度。

图 5-6 展示了 2013—2022 年优必选科技工业机器人应用领域的调整情况,其在工业机器人技术的应用领域研究呈现出逐步扩张的趋势。2013—2017 年,该公司在工业机器人加工、装配、搬运和包装等领域的专利占比总和不到 50%,表明这一阶段优必选科技在工业机器人技术的应用方面尚处于起步和探索阶段。

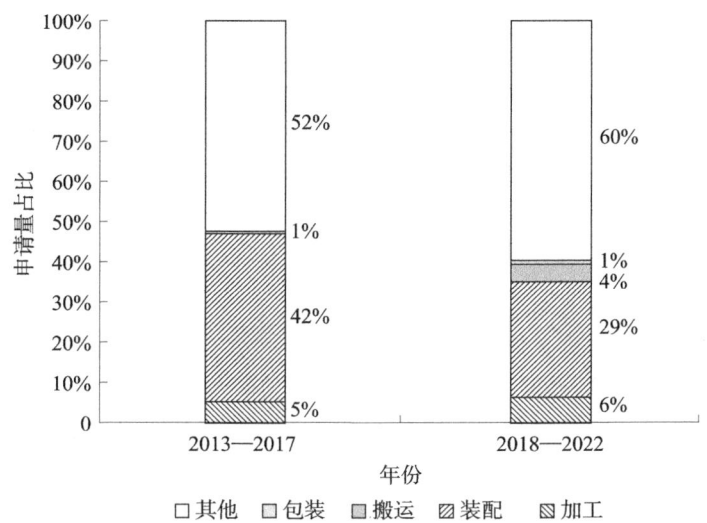

图 5-6 2013—2022 年优必选科技工业机器人应用领域的调整情况

2018—2022 年,优必选科技的应用领域分布有所变化。装配应用的专利申请量占比下降至 29%,这表明该公司在装配领域的研发投入有所减少,而在其他应用领域的研究有所增加。这种变化反映出优必选科技在工业机器人应用方面的研发较为分散,专利申请涉及多个应用领域。

图 5-7 展示了 2003—2022 年广东工业大学工业机器人应用领域的调整情况。从图中可以看出,广东工业大学在工业机器人技术的应用研究方面具有广泛性和深入性。多年来,该校在加工、装配、搬运和包装等多个领域均有所研究和开发。

广东工业大学的工业机器人技术应用领域的研究方向和专利申请量占比相对稳定。相比于 2013—2017 年,2018—2022 年加工领域的专利占比略微下降,搬运领域的专利占比有所下降。这些数据表明,广东工业大学对工业机器人技术各个应用领域的研究依然保持着较高的投入和关注度。

图 5-8 展示了 2013—2022 年越疆科技工业机器人应用领域的调整情况,越疆科技工业机器人技术的应用领域也呈现出逐步扩张的趋势。2013—2017 年,该公司开始在工业机器人技术上进行研究和投入,并在加工、装配、搬运和包装等多个领域均有所研究和开发。

2018—2022 年,越疆科技的工业机器人技术应用领域分布有所变化。加工领域的专利占比增长至 19%,装配领域的专利占比增长至 30%,而包装领域的专利占比则下降至 7%。这些数据表明,越疆科技在加工和装配领域的研发投入有所增加,而在包装领域的投入相对减少。

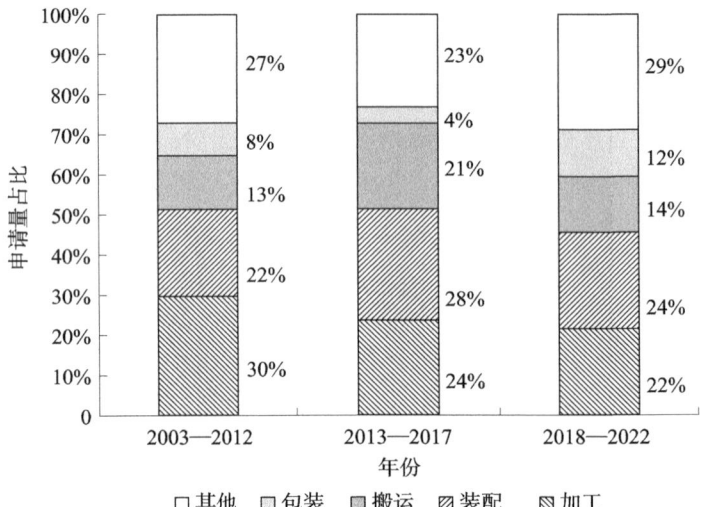

图 5-7　2003—2022 年广东工业大学工业机器人应用领域的调整情况

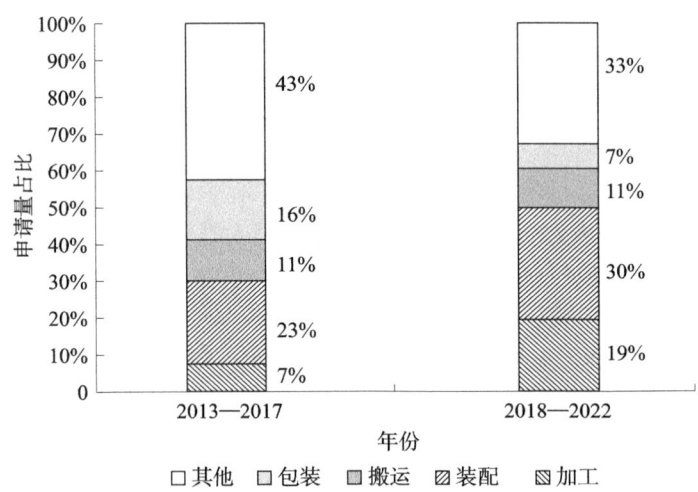

图 5-8　2013—2022 年越疆科技工业机器人应用领域的调整情况

第三节 广东省工业机器人产业技术流通

本节主要对广东省工业机器人专利技术的流通情况进行分析。

一、专利转让

图 5-9 展示了 1985—2022 年广东省主要地市工业机器人专利转让情况。从图中可以看出，广东省主要地市的专利转让情况呈现出明显的差异性和层次性。

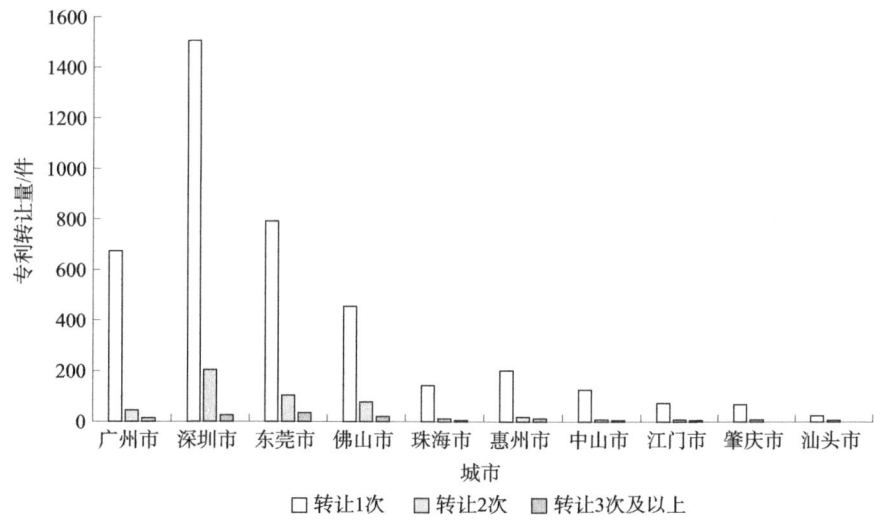

图 5-9　1985—2022 年广东省主要地市工业机器人专利转让情况

深圳市在专利转让数量上遥遥领先，超过 1700 件，名列第一。这一数据充分显示了深圳市在科技创新和知识产权交易方面的强大实力。作为中国的科技创新中心，深圳集聚了大量的高科技企业和科研机构，其专利转让活动也因此极为活跃。这不仅反映了深圳市在技术创新和研发投入上的领先地位，也体现了其在推动科技成果转化和商业化方面的卓越表现。

东莞市位列第二，专利转让数量紧随深圳市之后。作为广东省的重要制造业基地，东莞市自 2013 年以来大力推动产业升级和技术创新，专利转让数量的增加正是这一努力的体现。东莞市的专利转让活动主要集中在制造业领域，这显示出其在推动传统制造业向高科技、高附加值方向转型方面的积极成果。

广州市位列第三，专利转让数量超过 700 件。值得注意的是，广州市的专利转让主要集中在一次性转让，多次转让的占比较低。这表明广州市的专利交易更多以一次性交易为主，较少涉及多次转让或复杂的专利交易模式。广州市作为广东省的省会城市，拥有丰富的高校和科研机构资源，其专利转让活动涉及多个技术领域，显示出其在多元化技术创新方面的优势。

佛山市位列第四，尽管专利转让数量相对较少，但也展现出了一定的竞争力。佛山市作为广东省的工业基地，其专利转让活动主要集中在工业技术领域。这表明佛山市在推动工业技术创新和专利交易方面具有一定的活跃度，反映出其在工业技术创新和产业升级方面的努力和成效。

从整体情况来看，深圳市在专利转让数量上遥遥领先，反映出其在科技创新和知识产权交易方面的强大实力。东莞市和广州市紧随其后，显示出其在制造业和多元化技术创新方面的优势。佛山市虽然排名第四，但其专利转让数量也显示出佛山市具有一定的竞争力。这种专利转让的活跃度不仅反映了各地市对技术创新和知识产权保护的重视程度，也体现了广东省在推动科技成果转化和产业升级方面的努力和成效。未来，随着各地市在科技创新和专利管理方面的进一步提升，广东省的专利转让活动有望更加活跃，为区域经济发展注入新的动力。

二、专利许可

图 5-10 给出了 1985—2022 年广东省主要地市的专利许可情况。从图中可以看出，广东省主要地市的专利许可情况表现各异，展现了不同城市在知识产权运营和技术转移方面的活跃度与特点。

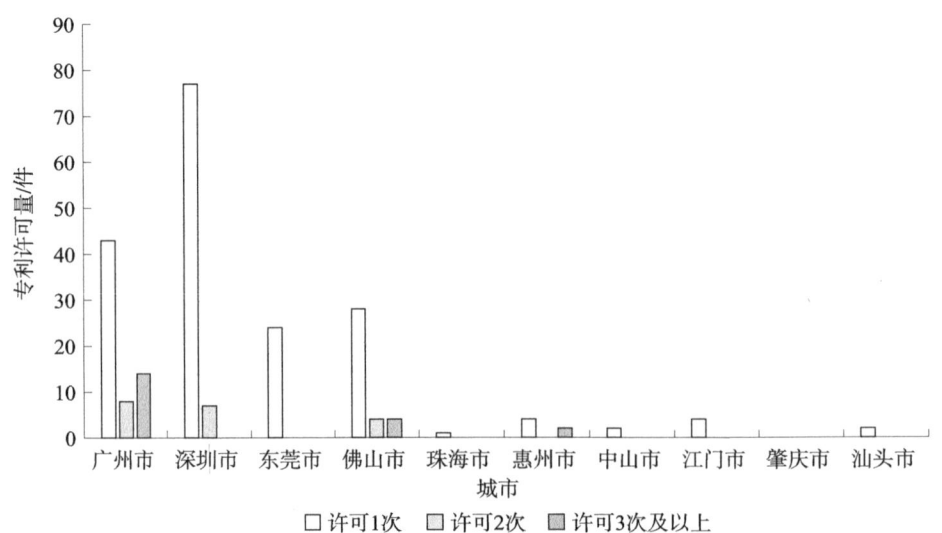

图 5-10 1985—2022 年广东省主要地市的专利许可情况

深圳市在专利许可数量上遥遥领先，超过 80 件，名列第一。这一数据充分显示了深圳市在科技创新和知识产权运营方面的强大实力。深圳市汇聚了大量的高科技企业和科研机构,其专利许可活动也因此极为活跃。这不仅反映了深圳市在技术创新和研发投入上的领先地位,也体现了其在推动科技成果转化和商业化方面的卓越表现。深圳市的专利许可活动多样化,涵盖了多个高新技术领域,在推动技术扩散和产业升级方面成效显著。

广州市排名第二,专利许可数量超过60件,紧随深圳市之后。广州市的专利许可主要集中在一次性许可,多次许可的占比约为30%。这表明广州的专利许可交易更多的是以一次性交易为主,但也有一定比例的多次许可,反映出其在知识产权运营方面的多元化策略。广州市作为广东省的省会城市,拥有丰富的高校和科研机构资源,其专利许可活动涉及多个技术领域,显示出其在多元化技术创新和知识产权运营方面的优势。

从整体情况来看,深圳市在专利许可数量上遥遥领先,反映出其在科技创新和知识产权运营方面的强大实力。广州市紧随其后,显示出其在多元化技术创新和知识产权运营方面的优势。随着广东省各地市在科技创新和专利管理方面的进一步提升,专利许可活动有望更加活跃,为区域经济发展注入新的动力。

三、专利质押

图5-11展示了1985—2022年广东省主要地市专利质押情况。从图中可以看出,广东省主要地市的专利质押情况呈现出明显的差异性和层次性,反映了各城市在知识产权融资和专利运营方面的积极探索与实践。

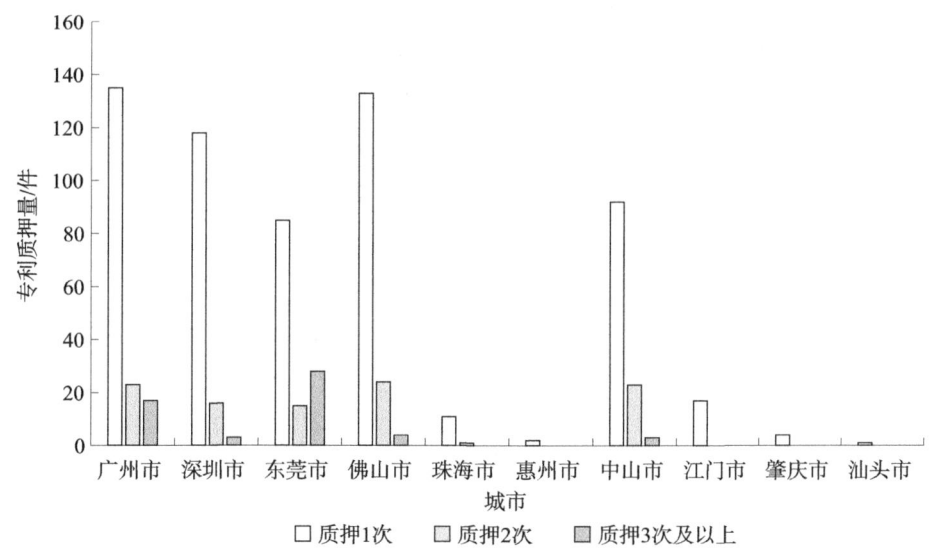

图5-11　1985—2022年广东省主要地市专利质押情况

广州市在专利质押数量上位居第一,超过170件,显示出其在知识产权融资方面的显著活跃度。广州市的专利质押主要集中在一次性质押,这表明企业和科研机构更倾向于通过单次质押获取融资，以满足短期资金需求。这一趋势反映了广州在推动科技创新和产业发展的过程中，积极利用专利质押这一金融工具，为企业提供了有力的资金支持，促进了技术成果的转化和商业化。

佛山市在专利质押数量上也表现不俗，位居前列。佛山市的专利质押同样主要集中在一次性质押，显示出其在知识产权融资方面的积极探索。作为广东省的重要工业基地，佛山市通过专利质押为企业提供融资支持，助力工业技术创新和产业升级。这一举措不仅缓解了企业的资金压力，也推动了专利技术的市场化应用，提升了区域经济的竞争力。

深圳市作为科技创新的先锋城市，其专利质押数量也较为可观。深圳市的专利质押主要集中在一次性质押，表明企业在利用专利质押获取融资方面具有较高的需求。深圳市通过专利质押为高科技企业提供资金支持，促进了科技成果的转化和应用，加速了新技术、新产品的市场化进程，进一步巩固了其在科技创新领域的领先地位。

中山市的专利质押数量也较为可观，显示出其在知识产权融资方面的积极性。中山市的专利质押同样主要集中在一次性质押，反映出企业在利用专利质押获取资金支持方面的需求。通过专利质押，中山市为企业提供了重要的融资渠道，助力企业在技术创新和市场拓展方面取得更大进展。

从整体情况来看，广州市在专利质押数量上遥遥领先，反映出其在知识产权融资和专利运营方面的强大实力。佛山市、深圳市紧随其后，显示出其在利用专利质押这一金融工具支持科技创新和产业发展的积极性和成效。

第四节 小 结

本章对广东省工业机器人技术的专利申请量、申请主体和技术流通等方面进行了详细分析，从中可以看出以下几个关键点。

广东省工业机器人技术的专利申请量呈现出快速增长的趋势，显示出在这一领域的技术投入和研发始终维持在较高水平。申请人具有良好的产业专利保护意识，这表明企业和研究机构在技术创新过程中高度重视知识产权的保护和运用。

在申请人类型方面，企业是广东省工业机器人技术发展的主要创新主体，体现了企业在技术研发和应用方面的主导地位。同时，高校在工业机器人技术上也有较高的投入和研究，显示出学术界在推动技术进步方面的重要作用。在申请人集中度方面，专利申请人整体分布相对分散，这意味着技术创新的源头多样化，有利于形成多元化的技术生态系统。

在工业机器人应用方面，专利申请主要集中在加工和搬运领域，这两个领域的技术需求和市场潜力较大。此外，在装配和包装等领域也有较高的申请量，显示出工业机器人技术在各个领域的广泛应用和发展。这些领域的专利申请量维持在相对稳定的状态，反映了各应用领域对工业机器人技术的持续需求和关注。

在产业技术流通方面，广东省主要地市的专利转让、许可和质押活动主要集中在深圳市、广州市、东莞市和佛山市等城市。这些城市经济和产业发达，研发水平高，成为技术流通的主要地区。其中，专利转让量较高，显示出企业和研究机构在技术交易和成果转化方面的积极性。而专利许可和质押还处于较低水平，但可以预见，随着技术流通和专利运营机制的不断完善，这些活动将会越来越活跃，进一步促进技术创新和产业升级。

综上所述，广东省在工业机器人领域的专利申请量快速增长，企业和高校是主要的创新主体，专利申请人分布相对分散，技术应用广泛且持续稳定。主要地市在专利转让、许可和质押方面的活动集中在经济和产业发达的城市，技术流通和专利运营有望在未来更加活跃，为广东省工业机器人技术的发展和产业升级提供有力支持。

第六章
广州市工业机器人产业发展及技术定位

本章从创新能力、创新主体、创新人才、协同创新、专利运营、产业技术与应用分布等角度分析了广州市工业机器人产业发展现状，通过与国内以及省内重点城市进行对比，确定广州市工业机器人产业的发展定位，为广州市工业机器人产业发展路径规划提供有力支撑。

第一节 广州市工业机器人创新综合实力定位

一、创新能力

广东省在工业机器人产业的专利申请数量位居全国首位。

图 6-1 展示了 1985—2022 年中国部分地区的工业机器人专利申请情况。从图中可以看出，申请量排名前 5 位的地区分别是广东省、江苏省、浙江省、山东省以及上海市。这五个地区的专利申请量之和超过全国申请总量的一半，显示出高度的地域集中性。这些地区均位于东部和南部沿海，经济发达，科技水平高，成为我国工业机器人产业发展的核心区域。图 6-2 展示了 1985—2022 年广东省内主要城市的工业机器人专利申请情况，广州市排名第三。

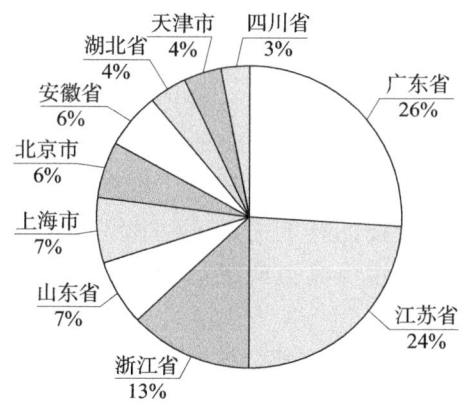

图 6-1　1985—2022 年中国部分地区的工业机器人专利申请情况

1985—2022 年，广东省在全国工业机器人产业的专利申请占比为 26%，超过全国总量的四分之一，位居全国首位。广东省是国内工业机器人产业的主要聚集区之一，吸引了众多国内外机器人企业，工业机器人产业创新实力在国内处于领先地位。

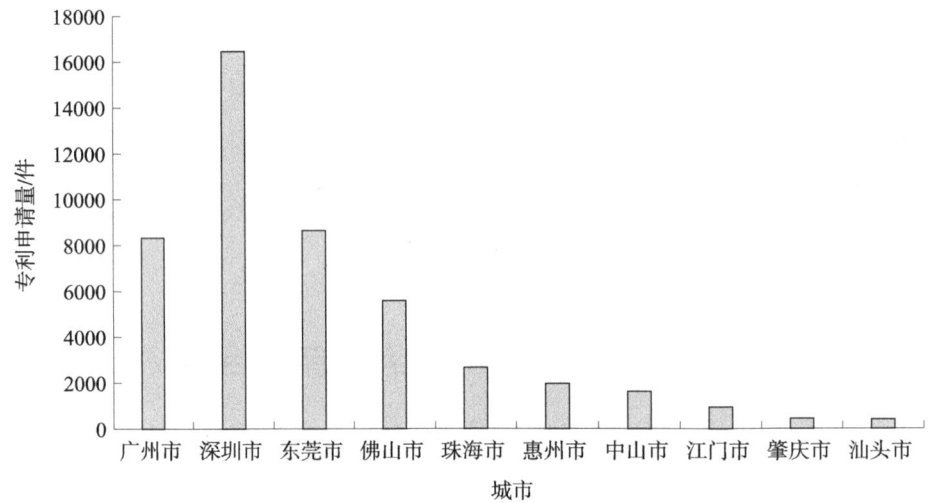

图 6-2　1985—2022 年广东省主要城市的工业机器人专利申请情况

江苏省的工业机器人产业专利申请占比为 24%，略少于广东省，排名全国第二。江苏省是国内工业机器人产业创新发展的重要基地之一，产业技术创新活跃。在长三角地区，江苏省形成了具有一定规模的工业机器人产业集聚区，尤其在工业机器人本体、驱动系统、控制系统等技术领域取得了显著突破。工业机器人产业已经成为江苏省的发展重点。

浙江省的工业机器人产业专利申请占比为 13%，位居全国第三。山东省、上海市、北京市、安徽省、湖北省、天津市、四川省等地也布局了工业机器人产业，但与前三名的地区相比，申请量占比较小，均未超过 10%。

通过以上分析可以看出，我国沿海经济发达地区在工业机器人领域的研究和专利申请方面表现积极，专利申请量较多。这些地区的经济和科研实力为工业机器人产业的发展提供了坚实的基础。反之，内陆地区的经济相对发展缓慢，科研实力相对较弱，对工业机器人领域的研究积极性较低，专利申请量较少。这种地域差异反映了国内各地区经济水平和科技创新能力的不均衡，也提示了未来在推动工业机器人产业发展过程中，需要更加注重区域间的协调发展，提升内陆地区的科研实力和经济活力。

图 6-3 展示了 1985—2022 年国内部分城市的工业机器人专利申请情况，广州市名列第六。

苏州市位居全国首位，工业机器人专利申请数量超过 19000 件。紧随其后的是深圳市，专利申请量约为 16000 件。排名第三位的城市是上海市，专利申请量超过 13000 件。排名第四位的为北京市，专利申请量超过 11000 件。排名第五位和第六位的城市分别是东莞市和广州市，这两个城市的专利申请量均超过 8000 件。杭州市、天津市、南京市以及佛山市的专利申请量相差不大，为 5000~7000 件。

值得注意的是，专利申请量排名前十的城市中，广东省占据四个席位，分别是深圳市、东莞市、广州市和佛山市；江苏省占据两个席位，分别是苏州市和南京市。这与前面提到的专利申请量排名前二的地区——广东省和江苏省——的情况相一致，进一步验证了这两个地区在工业机器人产业中的强大创新能力和领先地位。

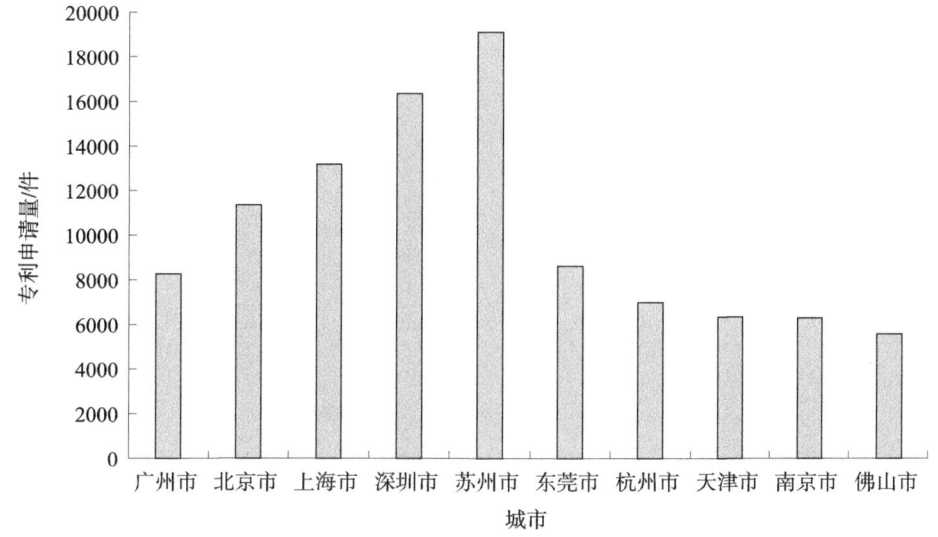

图6-3　1985—2022年中国部分城市的工业机器人专利申请情况

广州市作为广东省的重要城市之一，在工业机器人领域的专利申请数量名列前茅，显示了其在该领域强劲的创新能力和活跃的技术研发氛围。广州市的企业和科研机构在工业机器人技术的研发和应用方面表现出色，推动其工业机器人产业快速发展。

总体来看，国内主要城市的工业机器人产业专利申请情况显示出明显的地域集中趋势，东部和南部沿海地区的城市在专利申请数量上占据绝对优势。这些城市经济发达，科技水平高，拥有雄厚的科研实力和充足的资金支持，能够积极投入到工业机器人技术的研发中，并申请大量的专利。未来，这些城市将继续在工业机器人产业中发挥重要作用，推动我国工业机器人技术不断进步和产业持续发展。

图6-4展示了2002—2022年中国部分城市的工业机器人专利申请类型。从图中可以看出，专利申请量排名前3位的城市是苏州市、深圳市和北京市。发明专利申请量占比最高的是苏州市，为63%；其次是深圳市，为60%；上海市为56%，广州市为55%，北京市最低，为48%。

发明专利的申请需要经过实质审查，因此发明专利申请量的占比在一定程度上反映了该城市工业机器人专利申请质量。苏州市的发明专利申请量占比最高，这表明其工业机器人专利申请质量最高。深圳市紧随其后，也显示出其较高的专利质量水平。

广州市的发明专利申请量占比为55%，与上海市接近，其工业机器人专利申请质量也相对较高。广州市在工业机器人领域的研发和创新能力得到了充分体现，专利申请质量也得到了较高的认可。

总体来看，发明专利申请量占比排名前三的城市——苏州市、深圳市、上海市——其工业机器人专利申请质量表现出色，这些城市的企业和科研机构在技术研发和创新方面具有较强的实力。广州市虽然排名第四，但其55%的发明专利申请量占比也显示出较高的专利质量水平，反映了该市较高的工业机器人技术水平。

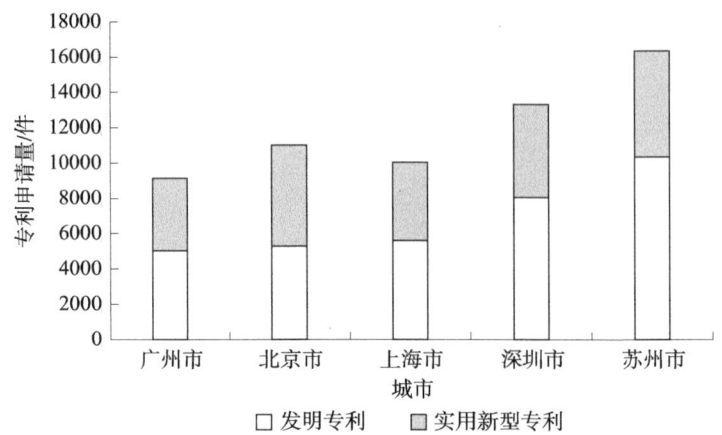

图 6-4 2002—2022 年中国部分城市的工业机器人专利申请类型

这些数据说明，国内部分城市的工业机器人专利申请不仅在数量上具有优势，质量上也表现出色。发明专利占比高进一步凸显了这些城市在工业机器人技术研发中的领先地位和创新能力。未来，这些城市将继续在工业机器人产业中发挥重要作用。

二、创新主体

创新主体的专利申请量排名可以反映某一领域内创新主体的专利技术掌握情况及其专利布局策略。一般来说，专利申请数量可以反映创新主体的研发投入情况、专利申请积极性和对市场的重视程度。

从表 6-1 可以看出，按照 1985—2022 年累计专利量排名，珠海格力电器排名第一，专利申请量为 1969 件；发那科公司排名第二，专利申请量为 1200 件；清华大学排名第三，专利申请量为 779 件；华南理工大学排名第四，专利申请量为 754 件；哈尔滨工业大学排名第五，专利申请量为 748 件。而广州市的广东工业大学排名第十四，专利申请量为 487 件。在排名前 30 位的专利申请人中，广州市仅有 2 家高校入选，这在一定程度上说明广州市在工业机器人领域缺乏领军企业。

表 6-1 1985—2022 年中国工业机器人领域专利申请人排名

序号	申请人	申请量/件
1	珠海格力电器	1969
2	发那科公司	1200
3	清华大学	779

续表

序号	申请人	申请量/件
4	华南理工大学	754
5	哈尔滨工业大学	748
6	优必选科技	716
7	浙江工业大学	656
8	广西大学	627
9	上海交通大学	625
10	精工爱普生	583
11	中国科学院沈阳自动化研究所	566
11	燕山大学	566
13	浙江大学	522
14	广东工业大学	487
15	天津大学	472
16	沈阳新松机器人自动化股份有限公司	462
17	安川电机	459
18	华中科技大学	451
19	国家电网有限公司	440
20	北京航空航天大学	419
21	北京理工大学	418
22	南京航空航天大学	408
23	浙江理工大学	385
24	南京理工大学	362
25	河北工业大学	357
26	川崎重工	353
27	江南大学	351
28	上海大学	350
29	北京工业大学	336
30	西北工业大学	332

表 6-2 给出了 2018—2022 年中国工业机器人领域专利申请人排名情况。可以看出，在排名前 30 位的专利申请人中广州市有 3 位，较表 6-1 增加了 1 位，但新增的申请人仍然为高校。

表6-2　2018—2022年中国工业机器人领域专利申请人排名

序号	申请人	申请量/件
1	珠海格力电器	1703
2	发那科公司	738
3	优必选科技	652
4	华南理工大学	499
5	浙江工业大学	434
6	哈尔滨工业大学	428
7	清华大学	403
8	广东工业大学	362
9	精工爱普生	344
10	华中科技大学	343
11	浙江大学	326
12	燕山大学	318
13	深圳市海柔创新科技有限公司	309
14	深圳市越疆科技有限公司	307
15	上海交通大学	302
16	中国科学院沈阳自动化研究所	301
17	南京航空航天大学	296
18	北京理工大学	266
19	南京理工大学	260
20	山东大学	258
21	天津大学	252
22	河北工业大学	249
23	大族激光科技产业集团股份有限公司	248
23	川崎重工	248
25	国家电网有限公司	246
26	沈阳新松机器人自动化股份有限公司	232
27	西北工业大学	222
28	广东博智林机器人有限公司	219
29	东莞理工学院	218
30	浙江理工大学	213

从表 6-2 来看，珠海格力电器、发那科公司、华南理工大学、浙江工业大学、哈尔滨工业大学的工业机器人技术发展快，专利申请数量领先。珠海格力电器在 1985—2022 年的累计专利申请量以及 2018—2022 年专利申请量均位于首位，可见，其工业机器人产业技术投入大，且多为新近提交的专利申请。发那科公司的累计专利申请量、2018—2022 年专利申请量紧随珠海格力电器，位居第二位。华南理工大学的累计专利申请量、2018—2022 年专利申请量排名均为第四名。哈尔滨工业大学的累计专利申请量、2018—2022 年专利申请量排名分别为第五名、第六名，其实力较为雄厚、发展速度较快。

在 1985—2022 年专利申请量排名前 10 位的申请人中，有 6 个是高校，这表明我国的高校在工业机器人领域的科研和创新方面占据了重要地位。然而，与此同时，我国涉及工业机器人的企业数量虽多，但在专利数量上达到一定规模的企业却相对较少。究其原因，主要有以下几点。

首先，科研经费与科研人员投入不足是一个重要因素。许多企业在工业机器人领域的研发投入相对有限，导致其在技术创新和专利申请方面的表现不够突出。相比之下，高校通常能够获得更多的科研经费支持，并且拥有专门从事研究的科研团队，从而在专利数量和质量上占据优势。

其次，大部分企业更多的是直接应用现有技术，而非自主研发。许多企业在生产和应用过程中，主要依赖于现有的工业机器人技术，缺乏自主创新的动力和能力。这种情况下，企业更倾向于购买现成的技术和设备，而不是投入大量资源进行基础研究和技术开发，从而导致其专利数量相对较少。

此外，对专利重视程度不够也是一个关键原因。部分企业在知识产权保护方面的意识较为薄弱，没有形成系统的专利布局策略。这种情况下，即便企业在某些技术领域有所创新，也可能由于缺乏专利保护意识而未能及时申请专利，导致技术成果无法得到有效保护和利用。

图 6-5 给出了 1985—2022 年广州市工业机器人领域申请人排名情况。从图可以看出，专利申请量排名前两位的均是高校，而且它们的申请量远远高于其他申请人。

表 6-3 至表 6-6 展示了 1985—2022 年苏州市、深圳市、上海市和北京市工业机器人领域专利申请人的排名情况，表中均未对申请人进行归一化处理，以如实反映不同分公司的申请情况。从表 6-3 中可以看出，苏州市工业机器人领域 1985—2022 年专利申请量超过 100 件的申请人是博众精工科技股份有限公司、苏州大学、苏州富强科技有限公司以及江苏捷帝机器人股份有限公司。

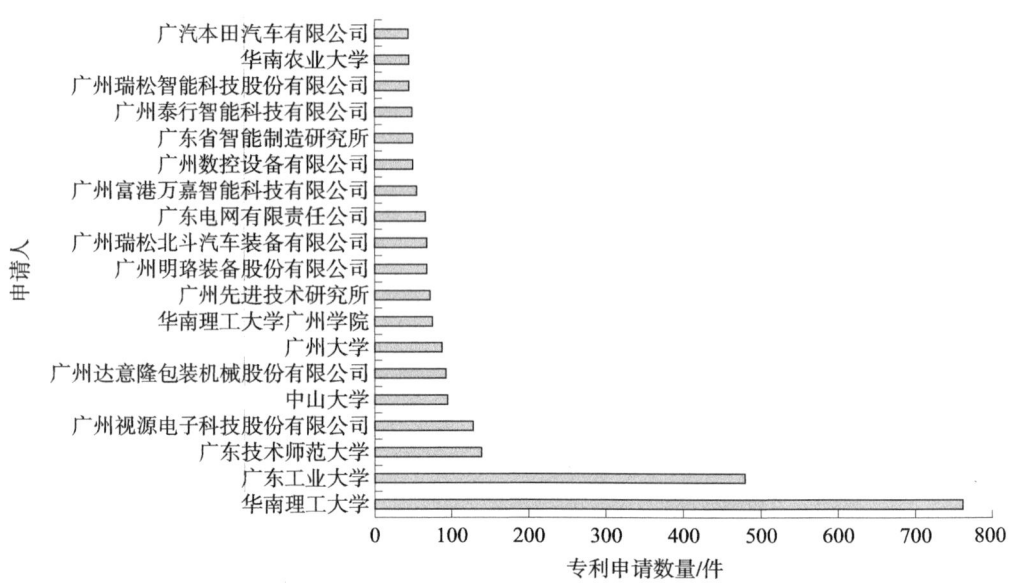

图 6-5　1985—2022 年广州市工业机器人领域专利申请人排名情况

表 6-3　1985—2022 年苏州市工业机器人领域专利申请人排名

序号	申请人	申请量/件
1	博众精工科技股份有限公司	278
2	苏州大学	177
3	苏州富强科技有限公司	155
4	江苏捷帝机器人股份有限公司	116
5	苏州领裕电子科技有限公司	96
6	苏州艾利特机器人有限公司	89
7	江苏比微曼智能科技有限公司	85
8	苏州高通机械科技有限公司	82
9	苏州市吴中区木渎华利模具加工店	77
10	苏州神运机器人有限公司	74
11	吴中区木渎蒴斌模具加工厂	72
12	苏州冠浩斯精密机械有限公司	71
13	苏州精濑光电有限公司	67
14	苏州工业职业技术学院	65
15	苏州工业园区职业技术学院	64
16	苏州石丸英合精密机械有限公司	61

续表

序号	申请人	申请量/件
17	苏州驱指自动化科技有限公司	60
18	江苏新美星包装机械股份有限公司	56
18	苏州澳昆智能机器人技术有限公司	56
20	江苏汇博机器人技术股份有限公司	50

表6-4 1985—2022年深圳市工业机器人领域专利申请人排名

序号	申请人	申请量/件
1	深圳市优必选科技股份有限公司	716
2	深圳市越疆科技有限公司	307
3	大族激光科技产业集团股份有限公司	248
4	鸿富锦精密工业（深圳）有限公司	203
5	哈尔滨工业大学（深圳）	112
6	深圳市领略数控设备有限公司	81
7	深圳蓝胖子机器人有限公司	71
8	哈尔滨工业大学深圳研究生院	70
8	深圳配天智能技术研究院有限公司	70
10	南方科技大学	65
11	清华大学深圳研究生院	58
12	乐聚（深圳）机器人技术有限公司	56
13	艾斯特国际安全技术（深圳）有限公司	55
14	慧灵科技（深圳）有限公司	49
15	深圳大宇精雕科技有限公司	47
15	深圳市创世纪机械有限公司	47
17	中国科学院深圳先进技术研究院	46
17	深圳市普渡科技有限公司	46
19	深圳优地科技有限公司	45
19	深圳市大疆创新科技有限公司	45

表6-5 1985—2022年上海市工业机器人领域专利申请人排名

序号	申请人	申请量/件
1	上海交通大学	625
2	上海大学	350
3	上海发那科机器人有限公司	173
4	上海工程技术大学	169
5	同济大学	128
6	中科新松有限公司	123
7	上海理工大学	111
8	上海非夕机器人科技有限公司	95
9	上海电机学院	94
10	上海新时达机器人有限公司	88
11	东华大学	68
12	上海君屹工业自动化股份有限公司	67
13	上海未来伙伴机器人有限公司	65
14	宝山钢铁股份有限公司	62
15	上海节卡机器人科技有限公司	59
16	中建材凯盛机器人（上海）有限公司	56
17	上海宇航系统工程研究所	54
18	上海有个机器人有限公司	51
19	中国建材国际工程集团有限公司	49
20	上海微电子装备（集团）股份有限公司	48

表6-6 1985—2022年北京市工业机器人领域专利申请人排名

序号	申请人	申请量/件
1	清华大学	779
2	国家电网有限公司	440
3	北京航空航天大学	419
4	北京理工大学	418
5	北京工业大学	336
6	中国科学院自动化研究所	205
7	京东集团	174
8	北京云迹科技有限公司	133

续表

序号	申请人	申请量/件
9	北京邮电大学	108
10	北京精密机电控制设备研究所	103
11	北京海益同展信息科技有限公司	92
12	北京交通大学	90
13	北京猎户星空科技有限公司	89
14	北京配天技术有限公司	64
15	北京机械设备研究所	58
15	北京镁伽机器人科技有限公司	58
17	北京空间飞行器总体设计部	56
18	珞石（北京）科技有限公司	55
18	遨博（北京）智能科技有限公司	55
20	京东方科技集团股份有限公司	51

通过分析可知，在1985—2022年，专利申请量排名前20位的苏州市申请人中，高校和科研机构仅占据了三个席位，分别是苏州大学、苏州工业职业技术学院以及苏州工业园区职业技术学院。其中，苏州大学的专利申请量最多，共计177件。这一数据表明，在苏州市内的工业机器人领域，专利申请主要集中在企业，而高校和科研院所的申请量相对较少。具体来看，苏州大学作为苏州市内专利申请量最多的高校，以177件的申请量位居榜首，显示出其在工业机器人领域的科研实力和创新能力。然而，其他高校和科研机构的专利申请量相对较少，反映出高校和科研机构在专利布局和技术创新方面的参与度不高。这种情况反映了苏州市内工业机器人领域的专利申请主要由企业主导的现状。企业在技术研发和创新方面投入了大量资源，积极进行专利布局，以保护其技术成果和市场竞争力。相比之下，高校和科研机构的专利申请量较少，可能是由于其科研成果转化为专利的机制不完善，或者在专利申请方面的投入不足。

从表6-4可以看出，深圳市工业机器人领域1985—2022年专利申请量超过200件的申请人是深圳市优必选科技股份有限公司、深圳市越疆科技有限公司、大族激光科技产业集团股份有限公司、鸿富锦精密工业（深圳）有限公司。

与此同时，高校和科研机构虽然在专利申请量上不及企业，但它们在基础研究和前沿技术探索方面发挥了重要作用。哈尔滨工业大学（深圳）、哈尔滨工业大学深圳研究生院、南方科技大学和清华大学深圳研究生院等高校和科研机构，通过与企业的合作，积极参与到工业机器人技术的研发和应用中，为产业的发展提供了坚实的理论基础和技术支持。未来，随着工业机器人技术的不断发展和应用场景的不断拓展，高校和科研机构与企业之间的合作将更加紧密。高校和科研机构可以通过产学研合作，将自身的科研成果转化为实际应用，推动产业技术进步；企业则可以通过与高校和科研机构的合作，获取更多的前沿技术和创新资源，提升自身的技术水平和市场竞争力。

从表 6-5 和表 6-6 可以看出，北京和上海作为国内重要的国家中心城市和科技、教育创新中心，汇聚了众多知名的科研机构和工业机器人企业，这使得北京和上海在工业机器人技术的研究和产业布局方面处于全国领先地位。

在北京市，工业机器人领域的专利申请方面，清华大学以 779 件专利申请量排名第一，显示出其在该领域的强大科研实力和创新能力。紧随其后的是国家电网有限公司，专利申请量为 440 件，位居第二。北京航空航天大学，则以 419 件专利申请量排名第三。排名第四到第六的专利申请人分别是北京理工大学、北京工业大学和中国科学院自动化研究院。国家电网有限公司通过在工业机器人技术上的投入，提升了电力行业的自动化水平和运营效率。高校在工业机器人技术研究方面表现出色，推动了北京市在该领域的技术进步。企业在工业机器人领域也有着显著的贡献，其研究成果广泛应用于各个行业。

上海同样是工业机器人技术的重要集聚地。作为国际化大都市，上海拥有丰富的科研资源和强大的产业基础。众多知名企业在上海设立研发中心和生产基地，推动了工业机器人技术的快速发展。上海的高校和科研机构也积极参与到这一领域的研究中，为产业的发展提供了强有力的技术支持。上海市在工业机器人领域的专利申请情况体现了该市在科技创新和产业布局方面的显著成就。具体来看，上海交通大学以 625 件专利申请量排名第一，显示出其在工业机器人技术研究方面的强大实力。紧随其后的是上海大学，专利申请量为 350 件，位居第二。上海发那科机器人有限公司则以 173 件专利申请量排名第三，展现了企业在该领域的创新能力和市场竞争力。排名第四到第六的专利申请人分别是上海工程技术大学、同济大学和中科新松有限公司。这些高校和企业在工业机器人技术的研发方面也有着显著的贡献。上海工程技术大学和同济大学作为上海市的重要高等院校，在工业机器人技术的研发和应用方面具有深厚的积累和丰富的经验。中科新松有限公司则通过在工业机器人技术上的持续投入，提升了自身的技术水平和市场竞争力。由此可见，科研机构在工业机器人技术方面的研发迅速，已经具备了一定的技术储备，成为工业机器人技术专利申请的重要创新主体。高校和科研机构通过不断地技术创新和科研成果转化，为产业的发展提供了强有力的技术支持。与此同时，相关企业也可以积极寻求与科研机构的联合开发，实现优势互补，提高研发效率。企业通过与高校和科研机构的合作，可以获取更多的前沿技术和创新资源，提升自身的技术水平和市场竞争力。高校和科研机构则可以通过与企业的合作，将科研成果转化为实际应用，推动技术的产业化和市场化。

三、协同创新

对工业机器人领域中国专利申请的创新主体类型进行分析，可以了解我国工业机器人技术的研究人员构成情况，为相关政策制定提供参考。

图 6-6 展示了 1985—2022 年全国范围内专利申请量排名前 10 位的城市,以及相应的申请人类型情况。通过对图表的分析,可以清晰地看出,在工业机器人专利申请量排名前 10 位的城市中,企业都是最主要的创新主体。

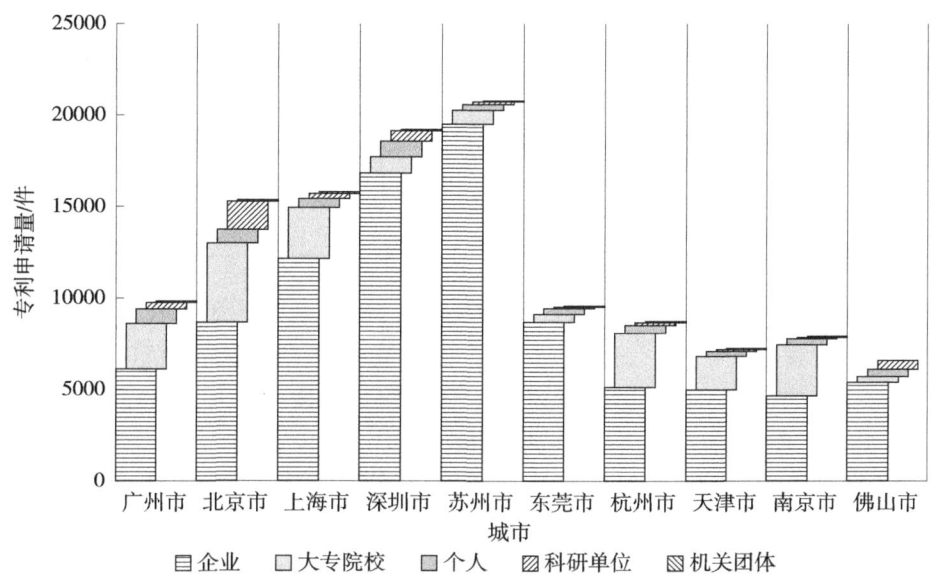

图 6-6　1985—2022 年中国主要城市工业机器人领域不同专利申请人类型情况

在这些城市中,企业在专利申请量上占据了绝对优势,显示出企业在工业机器人技术研发和创新中的主导地位。企业作为市场的主要参与者,拥有雄厚的资金和技术资源,能够大规模投入研发,推动技术进步和应用落地。

大专院校的专利申请量也相当可观。上海市、北京市、广州市、杭州市和南京市等地的大专院校在工业机器人领域的创新活动非常活跃。这与我国高等院校的地域分布密切相关。这些城市不仅经济发达,也是教育和科研的高地,拥有众多知名大专院校和科研机构。这些大专院校在机器人技术研究方面有着深厚的积累和显著的成果。

高等院校在工业机器人领域的专利申请量较高,反映了学术界在基础研究和前沿技术探索中的重要作用。大专院校和科研机构通过理论研究和实验验证,为工业机器人技术的发展提供了坚实的理论基础和技术支持。同时,许多大专院校与企业建立了紧密的合作关系,通过产学研结合,促进了科研成果的转化和应用。

此外,这些城市的创新生态系统也非常完善。政府通过政策支持、资金投入和创新平台建设,营造了良好的创新环境,激发了各类创新主体的活力。企业、高校和科研机构之间的协同创新,形成了强大的创新合力,推动了工业机器人技术的快速发展。

综上所述,在全国专利申请量排名前 10 位的城市中,企业是工业机器人专利申请的主要创新主体,而大专院校在这些城市中的创新活动也非常活跃。这些城市不仅经济和科技发达,也是工业机器人技术创新的重要基地。通过企业与大专院校、科研机构的紧密合作,形成了强大的创新生态系统,为我国工业机器人技术的发展提供了有力的支持和保障。

表6-7展示了1985—2022年广东省和广州市校企协同申请专利的情况。从表不难看出，广东省校企协同专利申请量非常少，仅占广东省专利申请总量的1%。相比之下，1985—2022年广州市的校企协同创新专利申请占比为2%，是广东省平均水平的两倍。这一数据表明，广州市在工业机器人产业中的校企协同创新表现更加出色。

表6-7　1985—2022年广东省校企协同申请专利的情况

地域	申请量占比
广东省	1%
广州市	2%

广州市作为广东省的高等教育资源的聚集地，拥有众多知名院校。这些院校与企业之间建立了紧密的联系，形成了多个产学研合作基地，为协同创新提供了坚实的基础。院校与企业合作，不仅能够将科研成果快速转化为实际应用，还能根据企业的实际需求开展针对性的研究，提升技术创新的效率和质量。

尽管广州市在协同创新方面表现突出，但总体来看，我国工业机器人领域的高校与企业合作仍然较为有限，大多数研发工作仍然由企业和高校分别进行，缺乏跨界合作的深度和广度。这种情况限制了资源的优化配置和优势互补，影响了整体研发效率的提升。

为了进一步推动我国工业机器人技术的发展，可以考虑从以下几个方面加强校企合作。首先，通过政策引导和资金支持，鼓励院校与企业建立紧密的合作关系，开展联合研发项目，实现学术界和工业界的跨界合作。其次，促进院校之间的合作，通过强强联合，整合各自的优势资源，共同攻克技术难题。最后，推广和深化产学研合作模式，建立更多的技术合作基地和创新平台，推动科研成果的产业化应用。

院校与企业紧密合作，不仅能够推动工业机器人技术的快速发展，还能培养一批具有实践经验和创新能力的高素质人才，为行业的持续发展提供强有力的支撑。

综上所述，尽管广东省校企协同申请专利的数量较少，但相对而言，广州市在这一方面表现出色，显示出一定的协同创新能力。

四、专利运营

专利运营是一种以专利为核心，通过市场化运作手段，将专利的创造、布局、运筹和经营深度嵌入企业的产业链、价值链和创新链的过程中，从而促进企业创新资源的整合和资源配置结构的优化，最终实现专利市场经济价值最大化的行为。它不仅是企业提升竞争力的重要手段，也是推动技术转化和产业化应用的关键环节。

图6-7展示了1985—2022年部分城市工业机器人领域专利转让情况。从图中可以清晰地看出，就专利转让数量而言，排名前六位的城市分别是深圳市、苏州市、北京市、上海市、东莞市和广州市。这一排名，一方面显示了广州市的工业机器人专利转

让取得较好的成效,另一方面也显示出与其他排名前五的城市有一定的差距,因此有进一步提升的空间。

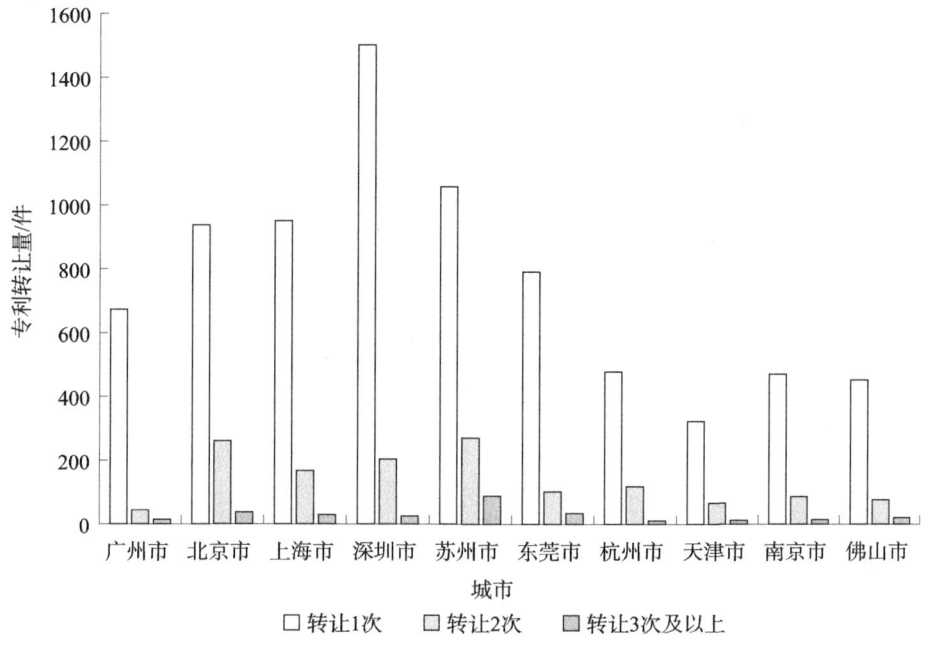

图 6-7 1985—2022 年部分城市工业机器人领域专利转让情况

图 6-8 展示了 1985—2022 年部分城市工业机器人领域专利许可情况。从图中不难看出,杭州市在专利许可数量上位居前列,超过 100 件,广州市仅 40 余件,专利许可有明显的进步空间。

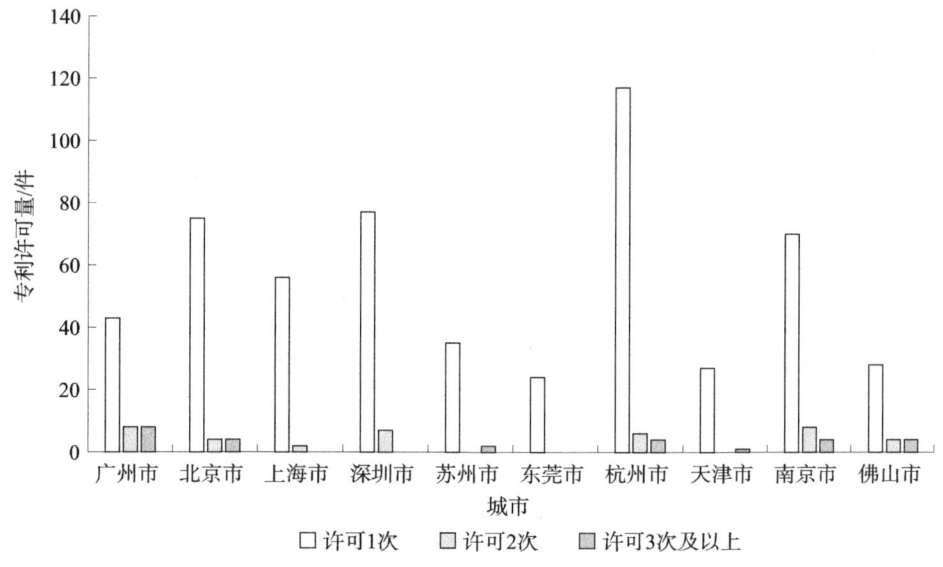

图 6-8 1985—2022 年部分城市工业机器人领域专利许可情况

图6-9展示了1985—2022年部分城市工业机器人领域专利质押情况。从图中可以清晰地看出，就专利质押数量而言，排名前三位的城市分别是广州市、佛山市和深圳市，广州市的专利质押工作表现优秀，广州市在专利质押数量上位居第一，超过160件。

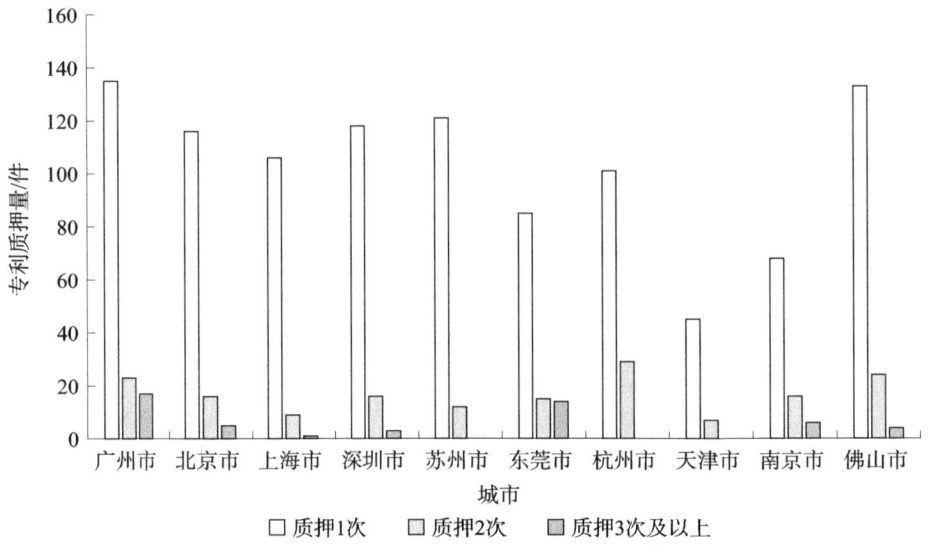

图6-9 1985—2022年部分城市工业机器人领域专利质押情况

第二节　广州市工业机器人产业技术与应用分布

图 6-10 和图 6-11 展示了 1985—2022 年广东省和广州市各工业机器人应用领域的专利申请情况。从图中可以看出，广东省与广州市在工业机器人应用场景上的专利占比基本相同，反映了其在工业机器人领域的发展趋势基本相同。

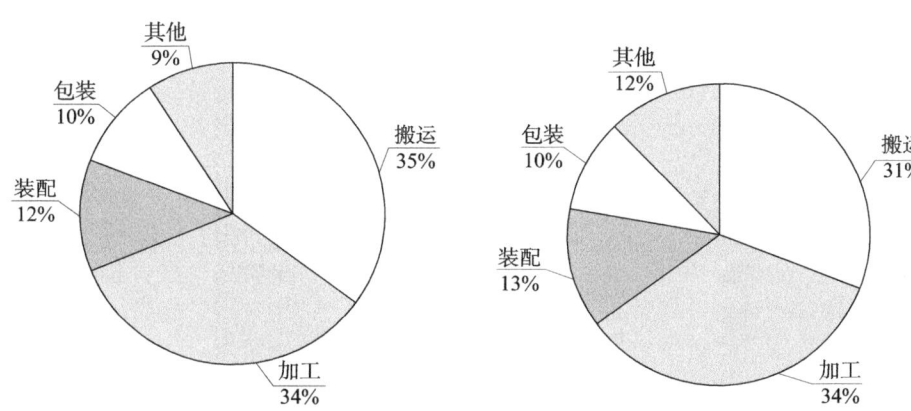

图 6-10　1985—2022 年广东省工业
机器人应用领域专利申请情况

图 6-11　1985—2022 年广州市工业
机器人应用领域专利申请情况

搬运和加工为工业机器人最主要的应用场景，这两个应用领域的专利申请占比均超过了 30%。搬运机器人在物流和仓储中的广泛应用，使得货物的搬运和分拣更加高效和精准，极大地提升了物流行业的自动化水平。而在加工领域，工业机器人在焊接、切割、打磨等工序中的应用，不仅提高了生产效率，还显著提升了产品的加工质量，减少了人为操作的误差和安全隐患。

此外，包装和装配也是工业机器人应用的重要领域，虽然相关专利申请占比相对较低，但仍然具有显著的应用价值。这两个应用领域的专利申请占比均为 10% 左右。在包装环节，工业机器人能够高效完成产品的分拣、包装和码垛等任务，减少了人力成本，提高了包装效率。在装配线上，机器人则能够精准地完成零部件的装配，提高生产线的自动化程度和生产效率。

可以看出，搬运和加工领域的工业机器人应用不仅占据了主要地位，还在不断推动相关产业的转型升级。随着技术的不断进步和产业需求的变化，工业机器人在各个应用场景中的作用将愈发重要，推动各行业向智能化、自动化方向迈进。未来，随着技术的进一步发展和应用场景的不断拓展，工业机器人将在包装、装配等领域发挥更大的作用。

图 6-12 展示了 1985—2022 年部分城市工业机器人应用领域的专利申请情况。从图中可以看出，加工和搬运是工业机器人的主要应用场景，其次是装配和包装。在加工领域，工业机器人广泛应用于焊接、金属加工等工序；在搬运领域，机器人则主要用于物流输送等任务。这些应用场景不仅是传统产业的需求，也涵盖了一些新兴产业，如汽车制造业和智能物流产业。

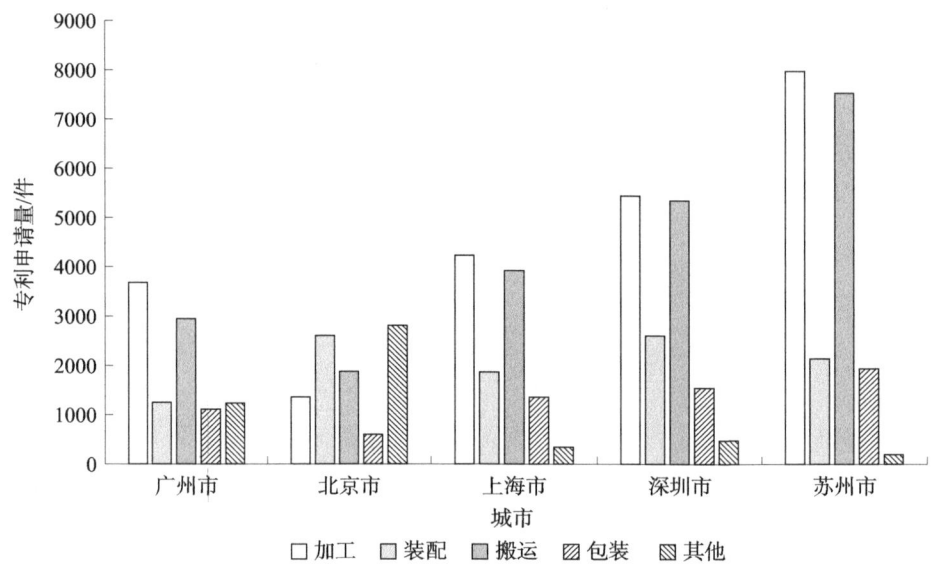

图 6-12　1985—2022 年部分城市工业机器人应用领域专利申请情况

工业机器人在加工领域的应用，尤其是焊接和金属加工，显著提升了生产效率和产品质量，减少了人工操作的误差和安全风险。在汽车制造业中，焊接机器人已成为生产线上的重要组成部分，极大地提高了生产速度和精度。

在搬运领域，工业机器人在物流输送中的应用日益广泛，推动了智能物流产业的发展。自动化仓储系统和无人搬运车（AGV）等技术的应用，使得物流运输更加高效和智能化。在电商和快递行业快速发展的背景下，智能物流系统的需求不断增加，工业机器人在这一领域的应用前景广阔。

装配和包装也是工业机器人应用的重要领域。在装配线上，机器人能够精准地完成零部件的安装，提高生产线的自动化程度和生产效率。而在包装环节，机器人则能够高效地完成产品的分拣、包装和码垛等任务，减少了人力成本，提高了包装效率。

总体而言，工业机器人在加工、搬运、装配和包装等领域的广泛应用，充分体现了其在提升生产效率、降低成本和提高产品质量方面的重要作用。未来，随着技术的进一步发展和应用场景的不断拓展，工业机器人将为更多行业带来深远的变革和发展机遇。

第三节 广州市工业机器人技术定位

本节全面分析广州市工业机器人技术构成,以便了解工业机器人的技术定位,为广州市工业机器人技术的发展方向提供指引。

图6-13展示了1985—2022年广州市工业机器人技术构成。其中,机器人本体技术占据主要地位,专利申请占比高达62%,超过工业机器人技术专利申请总量的一半;其次是控制系统技术,专利申请占比达到35%,而核心零部件专利申请仅占比3%。

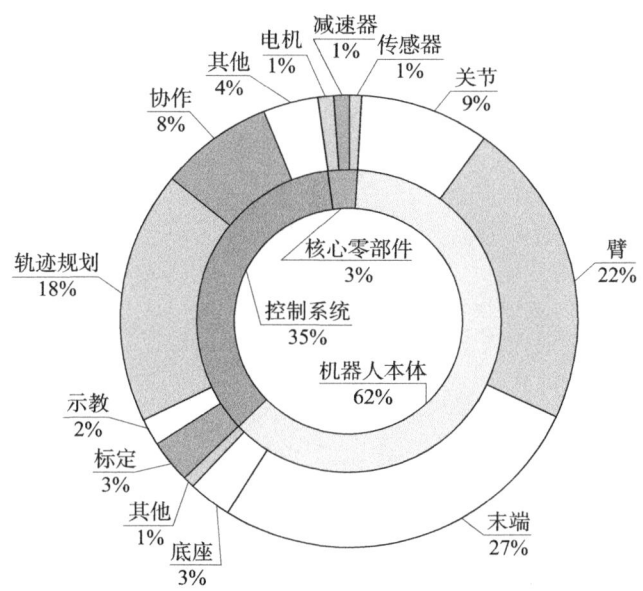

图6-13 1985—2022年广州市工业机器人技术构成

在工业机器人本体技术方面,涉及机器人末端和臂技术的专利申请分别占比27%和22%,合计占申请总量的近一半。此外,涉及工业机器人关节的专利申请占比为9%。这表明,在机器人本体技术中,研发人员更多地聚焦于工业机器人末端、机械臂和关节等部件的研究和开发,实现机器人在不同领域、场景、加工工艺或工件类型中的应用。

在工业机器人控制系统技术方面,涉及机器人轨迹规划的专利申请占比18%,超过机器人控制系统技术专利申请总量的一半;其次是涉及机器人协作技术的专利申请,占比8%;其他还包括示教、标定等方面的专利申请。由此可见,目前在工业机器人控制系统技术方面,研发人员更多地聚焦于机器人轨迹规划和机器人协作等技术的开发。

在工业机器人核心零部件方面，相关的专利申请主要涉及机器人减速器、电机和传感器三个方向，各自的占比均为1%。这表明在工业机器人核心零部件领域，广州市的专利申请数量相对较少，技术储备薄弱。

综上可以看出，在广州市的工业机器人相关专利申请中，机器人本体和控制系统是当前研发的技术重点和热点，机器人核心零部件的研发较少，技术储备较弱。为此，高等院校、科研院所和企业应持续关注全球工业机器人产业的前沿发展趋势，加强产学研合作，提升技术创新能力，特别是在核心零部件上的创新，填补专利布局的空白点，从而增强广州市在工业机器人领域的综合竞争力。

第四节　小　结

广州市作为广东省工业机器人产业的重要集聚区,已经形成了坚实的产业基础。1985—2022年,广州市的工业机器人专利申请数量超8000件,与第二名东莞市不相上下,在广东省内属于第二梯队。这一数据表明,广州市在工业机器人领域的技术创新和专利积累方面具有较强的竞争力。

广州市的创新人才实力雄厚,有10余位发明人的专利数量在50件以上。这些高水平的发明人推动了广州市在工业机器人领域的技术创新和专利积累,进一步提升了广州市在该领域的竞争力。然而,广州市的协同创新能力在国内主要城市中表现较为一般,整体实力有待加强。这意味着广州市在产业链协同、资源整合和创新生态系统建设方面还有提升空间。

在工业机器人应用分布方面,广州市与广东省的分布基本保持一致,显示出广州市在工业机器人应用领域的广泛覆盖和深入渗透。值得一提的是,广州市在工业机器人技术流通方面表现尤为突出,特别是在专利质押方面,广州市排在首位,其专利质押水平在全国主要城市中处于领先地位。这表明广州市在专利质押融资方面具有较强的能力和优势。尽管如此,广州市在专利转让和专利许可方面的表现在全国主要城市中处于中等水平,在专利技术的商业化和市场化方面还有进一步提升的空间。

总体来看,广州市在工业机器人产业方面具有坚实的基础和较强的创新能力,但在协同创新和专利技术的商业化方面仍有提升空间。通过进一步加强协同创新能力和推动专利技术的市场化应用,广州市工业机器人产业有望在未来取得更大的发展和突破。

# 第七章
广州市工业机器人末端执行器技术分析

第一节 工业机器人末端执行器概述

工业机器人末端执行器，即机器人的手部，是连接在工业机器人手臂末端的装置，负责直接与工件或其他工作对象进行交互，执行诸如抓取、搬运、装配、焊接等任务。机器人的手部，可以像人类手部那样有手指，也可以是进行专业作业的工具，像装在机器人手腕上的喷漆枪、焊接工具等。应用领域不同，机器人末端执行器就会不同。这些执行器可以细分为多种类别，如夹爪型、磁力型、吸盘型等，每一种都适用于特定的应用场景。例如，夹爪型适合抓取各种形状和尺寸的物体，磁力型适用于吸附磁性材料，吸盘型则适用于平面或光滑表面的吸附。

一、夹爪型末端执行器

夹爪型末端执行器是最常见的类型之一，通过夹爪的开合动作实现对物体的抓取和放置。这种执行器具有较强的抓取能力和灵活性，适用于物体抓取、装配、搬运等场景，如专利 CN109760099A 中提到的图 7-1 所示的夹爪型末端执行器。夹爪型末端执行器可以具有类似人手的手指，例如三指或五指产品，也可以是不具备手指的平行夹子。夹爪型末端执行器的驱动方式可以是液压驱动、气压驱动或电力驱动。液压驱动的调速方便，但系统成本高且维护较麻烦。气压驱动末端执行器因为成本较低、产品型号丰富而成为工业领域中使用最广泛的末端执行器，但气源气压的不稳定输出可能导致夹持力不足。除了常规的刚性夹爪，还有气动的柔性夹爪。柔性夹爪由柔性材料制成，具有通用性强、无需频繁更换的特点，夹持力度可调，适用于抓取易损易碎的产品，不会对产品造成损伤或留下划痕。柔性夹爪能够自适应地包覆目标物体，无需预先知道其准确的形状和尺寸，适用于食品、药品以及 3C 产品分拣等场景，并在未来有非常大的发展潜力。

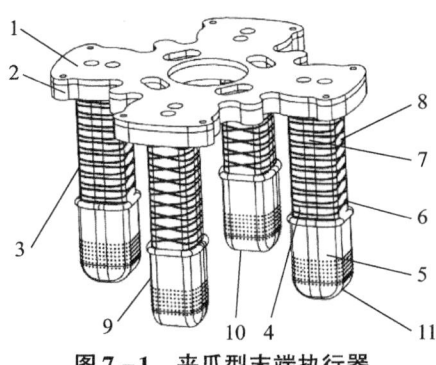

图 7-1 夹爪型末端执行器

二、吸盘型末端执行器

吸盘型末端执行器利用负压原理产生的吸力吸附物体，适用于平面或光滑表面、易碎或形状不规则物体的抓取，如玻璃板、金属板、纸张、塑料薄膜等。吸盘型末端执行器通常由吸盘、真空泵和气路控制系统组成，且吸盘数量通常有一个或多个，如专利 CN207509251U 中提到的图 7-2 所示的吸盘型末端执行器。这些吸盘通过真空泵或压缩空气来产生吸力，当吸盘与物体表面接触时，空气被排出，形成低压区，从而产生吸附力。

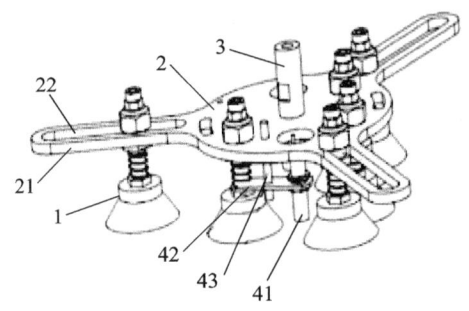

图 7-2 吸盘型末端执行器

三、磁力型末端执行器

磁力型末端执行器是一种利用磁力来抓取和搬运磁性材料的工业机器人末端执行器，适用于需要固定或悬挂导磁性工件的场合，如钢铁、机械加工等领域。磁力型末端执行器具有较大的吸附力和稳定性。磁力型末端执行器通常包含一个或多个电磁铁，通过电流的通断来控制磁场的产生和消失。当电流通过电磁铁时，产生磁场，吸引铁磁性物体；断开电流时，磁场消失，释放物体。

四、专用型末端执行器

专用型末端执行器是指为特定应用或特定类型的任务而设计的工业机器人末端执行器。与通用型末端执行器相比，专用型末端执行器具有更多的定制化特性，以满足特定工业应用的精确需求。

五、仿生多指灵巧手

仿生多指灵巧手是一种模仿人类手部结构和功能的高级工业机器人末端执行器，如专利 CN107471203A 给出的图 7-3 所示的仿生多指灵巧手。20 世纪 70 年代，日本电子技术实验室研制了 Okada 灵巧手，具有 3 个手指和一个手掌，采用电机驱动和肌腱传动方式。20 世纪 80 年代，美国斯坦福大学与 JPL 联合研制的 Stanford/JPL 灵巧手、麻省理工学院和犹他大学联合研制的 Utah/MIT 灵巧手，均有多个自由度和腱驱动系统。20 世纪末，随着嵌入式硬件的发展，多指灵巧手的研究向着高系统集成度和丰富的感知能力的方向发展。美国国家航空航天局研制了 Robonaut hand，德国宇航中心研制了 DLR-Ⅰ和 DLR-Ⅱ 灵巧手，意大利理工学院研制了 iCub 手，这些仿生多指灵巧手集成了多种传感器，提升了灵活性和感知能力。它们都具有多个自由度和类似人手的复杂结构，旨在实现精细的操作和灵巧的抓握。

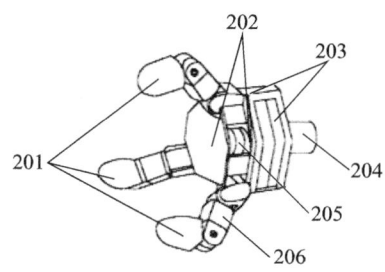

图 7-3 仿生多指灵巧手

仿生多指灵巧手在自动化装配、精密制造、医疗手术、服务机器人等领域具有广泛的应用前景。随着技术的进步，这些灵巧手的性能将不断提高，应用范围也将进一步扩大。

工业机器人通过安装不同的末端执行器可以实现对圆盘类、长轴类、不规则形状、金属板类等各种工件的搬运、自动上料/下料、工件翻转、工件转序等工作步骤。它看似不起眼，却举足轻重，作为与环境相互作用的最后环节与执行部件，对提高工业机器人的柔性程度和易用性有着重要的作用，其性能的优劣在很大程度上决定了整个机器人的工作性能。

第二节　专利申请态势分析

一、专利申请趋势

图7-4展示了2013—2022年广州市工业机器人末端技术专利申请趋势，自2014年以后专利申请量稳步增加，于2020年达到最高点的162件。2021年和2022年的申请量呈下降趋势，主要是由于部分专利还未公开。

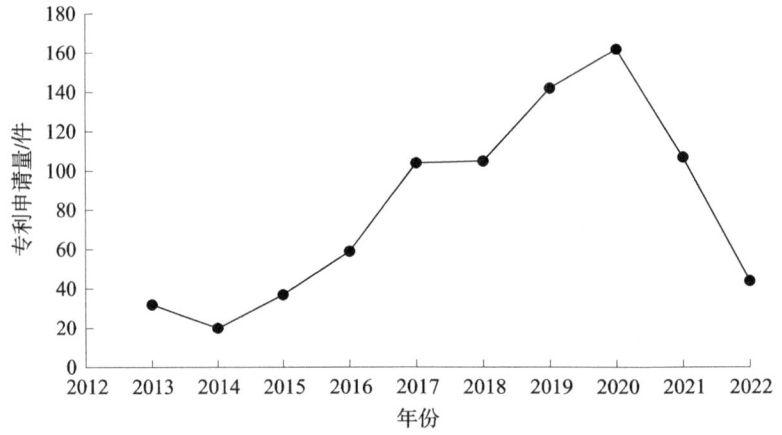

图7-4　2013—2022年广州市工业机器人末端技术专利申请趋势

二、主要申请人分析

专利申请人的申请量排名可以反映某一领域内专利申请人的技术掌握情况及其专利布局策略。一般来说，专利申请量可以反映申请人的研发投入情况、专利申请积极性和对市场的重视程度。

图7-5展示了2013—2022年广州市工业机器人末端技术主要申请人专利申请情况，可以看出，华南理工大学排名第一，专利申请量为85件；广东工业大学排名第二，专利申请量为51件；广州富港万嘉智能科技有限公司排名第三，专利申请量为34件。从专利申请量排名可以看出，高校或科研机构的申请量较大。申请专利的企业数量较多，包括广州富港万嘉智能科技有限公司、广州瑞松北斗汽车装备有限公司、广州明珞装备股份有限公司、广州达意隆包装机械股份有限公司、广东电网有限责任公

司、广州数控设备有限公司等工业机器人企业。

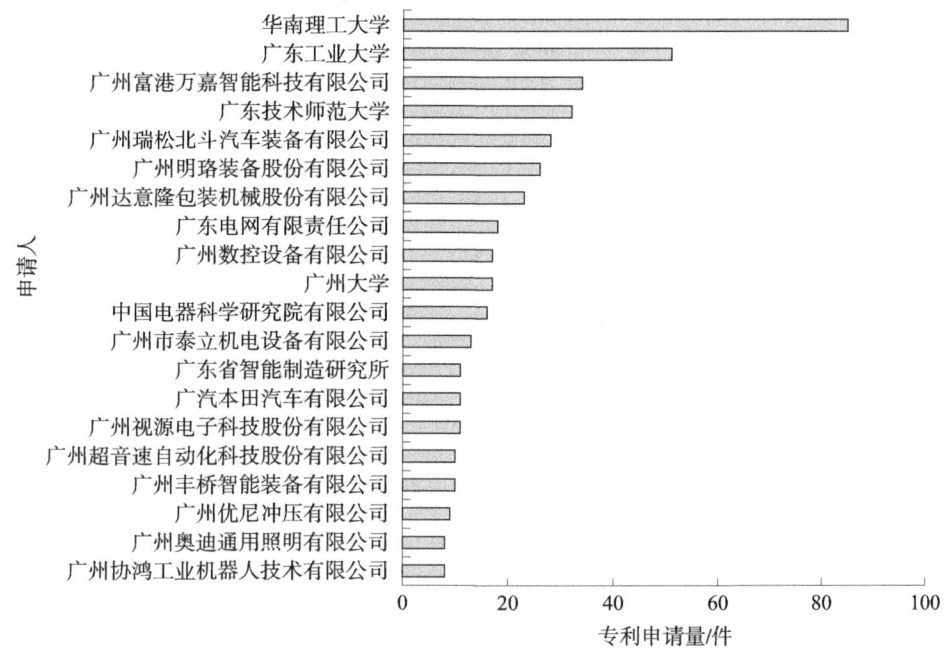

图7-5 2013—2022年广州市工业机器人末端技术主要申请人专利申请情况

表7-1展示了2013—2022年广州市工业机器人末端技术专利联合申请情况，其中联合申请为77件，占比约9.5%。其中，企业与企业联合申请为53件，企业与高等院校（研究院）联合申请为24件。由此可见，广州市工业机器人末端的研究形式还倾向于单独研究，合作研究较少，并且企业与高等院校（研究院）的联合研究也处于较低的水平。因此，可以通过高等院校与企业开展学术界和工业界的跨界合作，或者通过高等院校之间的合作联合研发，或者采用产学研合作的形式，优化资源配置，实现优势互补，提高研发效率。

表7-1 2013—2022年广州市工业机器人末端技术专利联合申请情况

申请形式		申请量/件
独立申请		735
联合申请	企业与企业联合申请	53
	企业与高等院校（研究院）联合申请	24

三、申请类型及法律状态

表7-2展示了2013—2022年广州市工业机器人末端技术专利申请类型及法律状态。其中，发明专利占比43%，实用新型专利占比57%；已授权专利占比56%，已失

效专利占比21%，处于实质审查阶段的发明专利占比23%，包括已经公开但未进入实质审查阶段的专利申请以及已经进入实质审查阶段但尚未结案的专利申请。在审状态的发明专利占比较大，说明大量的专利是2022年前后申请的，该部分专利已公开但尚未结案。

表7-2 2013—2022年广州市工业机器人末端技术专利申请类型及法律状态

申请类型	法律状态	申请量占比
实用新型专利	授权	44%
	失效	13%
发明专利	授权	12%
	失效	8%
	审中	23%

图7-6展示了2013—2022年广州市工业机器人末端技术失效专利数量变化趋势，2016年失效专利达到29件，为最高值，2016年以后呈现递减趋势，而2021年和2022年的失效专利均只有1件。失效专利多为在授权后未继续缴纳年费而失效，一方面，说明申请人可能认为这些专利局限在其特定的技术领域和产品，市场价值不大，将其做成产品推向市场的可能性较小；另一方面，可能由于申请人同时申请了发明专利和实用新型专利，为了获取发明专利的授权而放弃了实用新型专利的专利权。

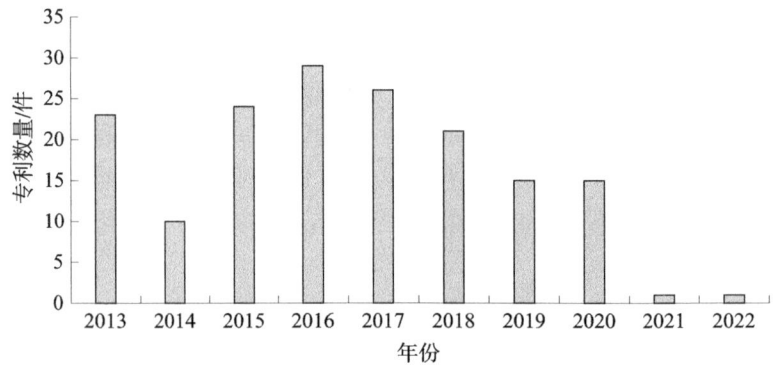

图7-6 2013—2022年广州市工业机器人末端技术失效专利

第三节 重点专利分析

一、重点专利

通过分析广州市工业机器人末端技术的专利文件的引证和被引证情况，结合申请人和相关技术情况，本节梳理出 2013—2022 年广州市工业机器人末端技术的重点专利，如表 7-3 所示。

二、典型专利引证分析

在对工业机器人末端技术重点专利的分析中发现，一些基础性重要专利的引证频率非常高，对后续专利申请及技术发展具有重要影响，如下选取一件具有代表性意义的专利进行重点分析。

1. 案例分析

申请人：中国电器科学研究院有限公司；申请日：2013 年 9 月 18 日；申请号：CN201320578506；公开日：2014 年 4 月 23 日；公开号：CN203557396U；发明名称：一种机械手爪。

现有技术中用于夹持圆形工件的机械手需要采用多个气缸来控制抓手，结构相对复杂，制造成本也较高，且较多应用在小型工件的抓取上。为了解决背景技术中提及的技术问题，该专利申请的机械手爪包括固定板 1、气缸 2 和用于抓取工件的机械手指 6，固定板 1 呈簸箕状，气缸 2 安装在固定板 1 簸箕槽的上表面，机械手指 6 安装在簸箕状的固定板 1 底部，固定板 1 底部还安装有固定座 3，固定座 3 通过自攻螺钉 15 固定在固定板 1 上，机械手指 6 的上端铰接在固定板 1 的底部的固定座 3 上，第一 "Π" 形安装座 4 通过紧固螺钉 14 固定在固定座 3 上，机械手指 6 上端通过第一销轴 17 铰接在第一 "Π" 形安装座 4 的 U 形槽部位上，气缸 2 的输出轴穿过固定板 1 后连接导向柱 10，机械手指 6 和导向柱 10 之间连接能使机械手指 6 张开、松开工件或收紧抓取工件的连杆 5；机械手指 6 为三个均布的爪指，导向柱 10 的下端装设有三爪环盘 11，三爪环盘 11 圆周上均布三个 T 形座 16，连杆 5 为两端均开设有孔的长条板，通过第三销轴 13 所述连杆 5 的两端分别铰接在 T 形座 16 和机械手指 6 上，导向柱 10 的下端设有外螺纹，三爪环盘 11 套设在导向柱 10 上后用螺母 12 固定；机械手指 6 下端装设有第二 "Π" 形安装座 7 及夹头块 8，夹头块 8 安装在第二 "Π" 形安装座 7 上，夹头块 8

表 7-3 2013—2022 年广州市工业机器人末端技术重点专利

公开（公告）号	附图	标题	摘要
CN103144119A		机器人搬运夹手机构	利用第一气缸作伸缩运动而驱动两个带座轴承旋转，从而实现两个爪子在抓取状态与释放状态之间切换，当抓取堆垛类工件时，所有第二气缸活塞杆向下运动从而迫使压板压紧两个机械手之间的堆垛
CN103358312A		一种末端执行器及其应用	夹持机构包括静夹持块（41）、动夹持块（42）、动力机构（43）和导向杆（44），动力机构为液压缸或气缸，动夹持块与静夹持块的夹持面上设置有定位槽（432）、定位块（433）和保护软垫
CN103433930A		可更换夹持爪的舵机齿轮式夹持器	舵机通过输出盘输出力矩，带动主U形夹持臂旋转，继而驱动从U形夹持臂同时旋转，根据夹持爪的形状配合，实现对物件的夹持

续表

公开（公告）号	附图	标题	摘要
CN103448070A		一种多用型机械手的末端结构	包括平行四边形连杆机构的夹持型机械手基本架构(43)、末端指节凸台(44)、末端指节钩状末端(45)、前驱动自适应弯曲结构(46)、前臂(47)、机械手腕(48)和末端指节凹槽(49)，末端指节凸台、末端指节钩状末端均衍生于第一、第二末端活动指节、自适应弯曲结构内嵌于基本架构手指中，近端活动指节和末端活动指节通过轮齿啮合，末端指节凹槽设于第一、第二末端指节
CN103507077A		一种用于家电压缩机上下料的机器人手爪	将机械手指固定安装在三爪型气爪的活动爪上，通过三爪型气爪控制机械手指的张开或闭合，进而实现机械手手爪抓取或放开压缩机
CN103640024A		一种用于机器人末端的平行夹持装置及方法	在平行夹紧机构两侧对称设置两组末端夹持机构，并采用两端均为铰接的调整杆进行连接，配合旋转座的使用，使驱动气缸动作时可以带动两组末端夹持机构同步运行，实现对工件的夹紧或松开

续表

公开（公告）号	附图	标题	摘要
CN103722559A	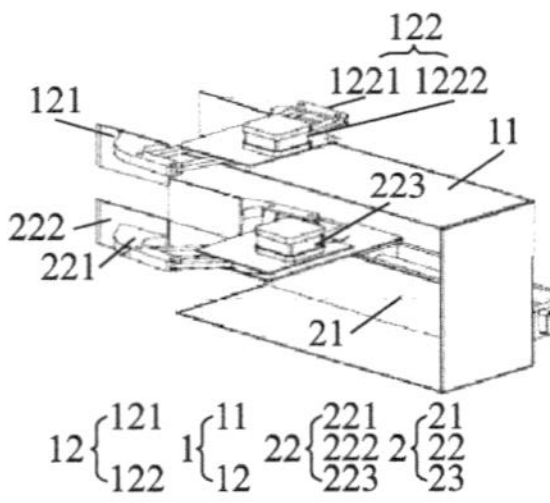	一种图书抓取装置	包括分书机构，抓书机构以及控制部。分书机构包括纵向悬梁和分书器，分书器固定于纵向悬梁一端，用于张开取放图书的空间；抓书机构包括：引书导轨，与纵向悬梁同向，用于在分书器张开抓书器沿引书导轨移动；抓书器，用于推动图书；推杆电机，用于推动分书机构和抓书机构动作，完成控制部，用于分别控制分书机构和抓书机构动作的抓取或放下图书的动作
CN103817703A	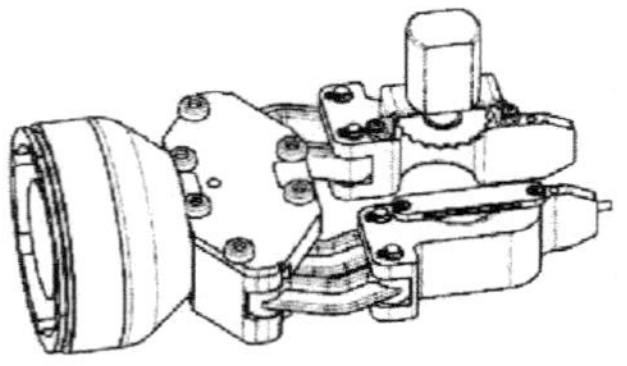	一种用于高空作业的机器人多功能末端执行器	驱动电机通过谐波减速器组件驱动蜗杆机构带动夹子实现夹持器的开合动作，切削作业电机驱动圆形锯片高速旋转，在车刀槽的配合下切割挂物
CN103831823A	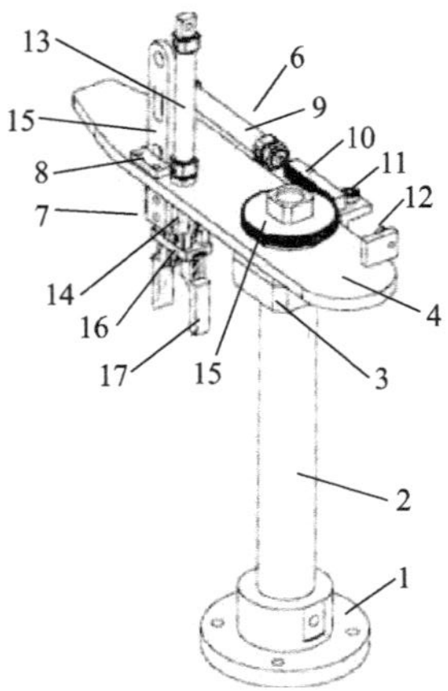	一种新型机械手	包括底座、立柱、支撑座、臂体、齿轮、运动机构和夹持机构；立柱竖直安装在底座上；支撑座安装在立柱上；臂体安装在支撑座上；齿轮与立柱上端刚性连接；运动机构安装在臂体上

续表

公开（公告）号	附图	标题	摘要
CN103950037A		一种机械手夹具及具有该机械手夹具的机械人	通过压抵落销杆移动带动两个感应升降，升降至预设距离后，两个所述感应测器对位感应，以触发感应盘发出信号以启动夹持机构动作
CN104400404A		一种多功能装配手爪及其用于装配零件的方法	橡胶吸嘴吸取底座并将其移动至指定位置，第一吸合上的两组金属吸头吸取不同直径尺寸的环形薄片，U形叉对待抓取的两组旋紧块完成抓取，并带动压紧条压紧薄块，将旋紧块放至指定装配位，松开压紧条并利用U形叉对旋紧块进行拧紧，拧紧到预定扭矩后停止动作，从而完成装配动作
CN104444403A		压缩机码垛用夹具及码垛机器人	通过调节滑动的压缩机夹持组件的相对位置，能同时实现对多个压缩机进行抓取与码垛，安装板相对设置有两个包材对夹持件，能同时实现的底面侧部相对设置有两个包材对夹持件，能同时实现对包材的夹取，且不会干涉对压缩机码垛

续表

公开（公告）号	附图	标题	摘要
CN106217022A		自动送钉机构及机器人拧紧系统	夹紧机构将螺钉夹住，再由伸缩旋转机构驱动夹紧机构运动，将螺钉送至套筒的正下方，然后套筒驱动装置驱动反筒下降，使套筒罩住螺钉，然后套筒利用拧紧轴进行反转认帽操作，同时套筒内的磁铁对螺钉进行吸附，然后夹紧机构松开螺钉并复位
CN106272507A		一种机器人专用的机械夹具	机器人末端轴的动力传递到第一阶梯轴上，并通过半齿锥齿轮、第二阶梯轴，第三阶梯轴动力传递到凸轮上，然后凸轮交替180°旋转实现抓板的张开与闭合，从而实现夹取工件的动作需求

续表

公开（公告）号	附图	标题	摘要
CN106378790A		一种机器人吸盘装置	包括吸盘组件，套接在吸盘组件里的定位导套以及一端固定在吸盘组件里定位导套连接的吸盘；吸盘组件包括带有通孔的气路接头，以及套接在定位导套上的外壳；气路接头螺纹连接有吸盘接头
CN106514690A		一种机器人端拾器	驱动系统驱动三个抓手在垂直于中心线的一个平面上用绕中心线径向运动而收拢或展开以抓取或释放工件
CN106671120A		一种普适模块化的气吸式机器人手爪	包括吸管、负压气腔、连通气管和排气管，吸管的下端具有球关节的吸盘

续表

公开（公告）号	附图	标题	摘要
CN106944820A		一种发动机凸轮轴盖全自动装配线	抓手包括两个对称设置的夹块31和驱动两个夹块31开合的第五驱动机构，夹块31包括连接部312和设置在连接部311端部的夹持部312，连接部311与夹持部312相互垂直，夹持部312的内侧面设有捅头313
CN209970751U		一种等变距取放装置	滑动板上设有若干倾斜度不一且同一方向上间距相等的滑槽，而沿支撑板上的滑块移动的滑块上则装有沿滑槽移动的导向块，所有导向块的连线方向与滑槽上等间距的工作方向一致，能够满足产品取放前后的间距要求不一的要求，也可以用于不同规格产品的各种间距取放要求
CN106952663A		汽车部件视觉引导抓手	工件抓取机构4包括与第一视觉装置21对应的第一抓取单元以及与第二视觉装置22对应的第二抓取单元，第一抓取单元和第二抓取单元均包括方向相反的前夹持组件41和后夹持组件42，前夹持组件41设置在支架1前侧相对两端，后夹持组件42设置在支架1后侧相对两端；第一定位单元、第一抓取单元组成第一抓取部，第二定位单元、第二抓取单元组成第二抓取部；所述前夹持组件和后夹持组件均包括固定夹指和活动夹指，以及用于驱动活动夹指与固定夹指啮合的夹持气缸

续表

公开（公告）号	附图	标题	摘要
CN107042522A		一种舵机驱动的机器人末端夹持模块	包括可向外输出动力的驱动舵机，驱动舵机的动力输出端与舵机输出盘相连，舵机输出盘的另一端与设置于上基座内的蜗杆一端铰接并驱动蜗杆正向或反向旋转，上基座内部还铰接有左右对称设置的一对主动夹持臂，蜗杆与主动夹持臂啮合传动使主动夹持臂与上基座的铰接中心摆动，主动夹持臂的夹持端可相互合拢或分离
CN107187870A		一种适应不同材质汽车内饰件的上料抓手	包括直线导轨运动副和若干抓料臂，若干所述抓料臂间隔设置在直线导轨运动副上，各抓料臂上均设有真空吸料机构和/或插针抓料机构；若干抓料臂中任一个或任多个在直线导轨运动副上的位置可调
CN107471203A		一种具有收料堆叠功能的机械手	多功能手爪2由爪子201、磁板202、传感器203、连杆204、轮轴205、伸缩臂206组成

续表

公开（公告）号	附图	标题	摘要
CN107718021A		一种气动软体抓手	气动手指单元1包括橡胶外壳3，橡胶外壳3内沿长度方向均匀间隔地设置有若干形变气室5，各个形变气室5的下端通过密封的导气室6与中央导气块2对应的导气孔相连通，硬质橡胶层4设置在橡胶外壳3充气变形时的内凹面
CN107962547A		一种全自动多轴上料机械手装置	上料机械手组件5包括水平设置的滑轨9，滑轨9固接在纵向线性模组4的滑动座上，滑轨9上连接有第二连接底座10，第二连接底座10滑动连接在滑轨9上，且第二连接底座10通过压紧螺栓固紧在滑轨9上，可以调整上料机械手组件5与工位的距离
CN108327573A		移动自充电装置	智能机械手臂102的一端设置有图像采集装置104，电动抓取部以及第一充电插头111，电动机械手臂102的一端活动连接

续表

公开（公告）号	附图	标题	摘要
CN108453697A		一种玻璃多维安装机器人	多维度安装机头包括上下滑动机组、左右转动机组、翻转机组、旋转机组和平移机组，通过上下滑动机组、左右转动机组和平移机组实现吸盘架竖直上下方向、左右侧转、360°回转和左右平移的运动，至少可以实现8个方向的运动
CN109591042A		一种机械爪	通过推动机构带动移动块下降，拉动上弹簧，打开；移动块上升，拉动下弹簧，使机械爪合拢抓取物体，推动机构采用电机，机械爪合上通过控制单个电机的旋转来实现丝杆和丝杆螺母的张开和收紧，可以简化机械爪结构，降低操作难度的同时提高夹取的精确度
CN109760099A		一种软硬混合约束纯二维双向弯曲的气动软体夹持器	包括4个纯双向弯曲指形模块以及用于固定指形模块的压盖与压座

续表

公开（公告）号	附图	标题	摘要
CN111015708A		一种适用于抓取多种零件的机械手爪	包括机械手连接部、真空吸盘机构和平行气爪机构、三点式气爪机构和平行气爪机构，真空吸盘机构、三点式气爪机构和平行气爪机构分别设于机械手连接部上不同方向的外侧面上，该机械手爪使用灵活，可同时适用多种类别零件的抓取或夹持
CN111216149A		一种工业机器人抓手	通过第一电机带动螺杆转动，通过螺杆转动带动左滑块和右滑块相向运动，通过左滑块和右滑块相向运动两个连杆的底部相向运动带动两个连杆上下移动，通过升降板上下移动带动机械手机构上下移动，有利于调节抓取的高度；通过气缸带动两个夹柄左右转动，通过推拉块上下移动带动机械手推拉块左右转动，有利于对工作进行抓取；通过回转轴机构带动安装板第二转轴转动，通过第二转轴转动带动安装板转动带动机械手机构转动，有利于实现循环抓取，提高工作效率

续表

公开（公告）号	附图	标题	摘要
CN111230920A		一种气动软体夹持装置	通过第一舵机控制气动软体手指的缩放，能够适应不同大小的物体，第二舵机的旋转带动气动软体手指转动来改变与物体的接触面，能够适应不同形状的物体，气动软体手指用超弹性材料制成，能够适应不同的刚度
CN111283710A		一种多功能工业机器人机械手爪	夹持组件的上部连接有用于调节夹持组件间距的间距调节组件
CN111633641A		一种用于工业零件检测的机器人	该夹持机构采用较为柔性的夹持方式，避免了刚性夹持造成工件表面的划伤

续表

公开（公告）号	附图	标题	摘要
CN111703888A		一种自适应吸盘装置	供电机构、吸取机构、显示机构，控制机构之间的相互作用，使得吸盘可以适应不同高度、不同平面度的工件，完成机器人的工件抓取动作
CN203173512U		一种码垛机器人	包括升降装置，摆动装置，抓取装置，检测装置，以及对各部件进行控制的伺服控制系统，伺服控制系统的运行指令之间可进行快速的无缝切换，使得设备运动过程中没有任何停顿，运行顺畅，高速，准确
CN203557396U		一种机械手爪	在机械手指和导向柱之间连接有连杆，使得气缸在进气或出气时，气缸的输出轴经导向柱带动连杆带动机械手指在下或在上运动，再由连杆带动机械手指下端绕机械手指上端的铰接部位转动，实现机械手指张开/松开工件或收紧抓取工件

续表

公开（公告）号	附图	标题	摘要
CN203728185U		一种机械翻转手	该机械翻转手能够完成工件产品在不同工作站之间的搬运，即使工作站或流水线的高低位置不同，也能迅速完成搬运操作
CN203993055U		一种高速柔性双轴拧紧机	通过竖直升降机构和水平跟踪机构，实现大行程拧紧轴在竖直方向和水平方向的移动，使大行程拧紧轴能拧紧不同型号规格的汽车电机前后端盖的螺钉，能实现汽车电机的柔性生产
CN204053663U		一种卧式平面磨床机械手	该机械手包括机架，在机架上设有的产品送料台，在产品送料台一侧设有的自动检测装置，在自动检测装置上设有的翻转装置，在翻转装置一侧设有的清洗装置，以及在产品送料台上方的机架上设有的抓取机械手

续表

公开（公告）号	附图	标题	摘要
CN204471393U		一种多用途机器人抓取装置	包括固定座、吸盘座和多个吸盘，吸盘座后端固定在固定座的底面上，多个吸盘前端面平齐形成吸取面，吸盘座顶面与固定座连接面，固定座与吸盘座平行，两者间隔一定距离，固定座与吸盘座凸出于吸盘座，抓取装置还包括驱动装置，竖向上固定座的两端相对设置，上端分别铰接在固定座的两端，下端位于吸盘座下方，驱动装置与手爪相连，驱动两个手爪绕各自的铰接处反向旋转，完成展开放下或收拢抓取的动作
CN204473893U		一种柔性机器人码垛夹具	利用伺服电机根据实际产品的规格尺寸调节夹板间距，将产品从两侧夹住，同时可移动的夹爪将产品托住，使安装在机器人上的码垛夹具在快速移动的过程中，保证产品不会从夹具上跌落，同时在断气或断电的情况下产品不会掉落

续表

公开（公告）号	附图	标题	摘要
CN204604355U		一种装卸机械手	该结构形式兼具货物的自动装卸，货物信息读取并且根据扫描的数据来实现货物智能配重的功能，从而适用于未来快速行业无人机的自动投递平台
CN205415670U		抓纸箱夹手	辅助对纸箱类的产品进行堆码，提高了工作效率的同时还降低了劳动强度，准确和快速地对左夹板和右夹板进行调整，调整精度可以精确到毫米
CN205415671U		抓包夹手	包括夹手机架，抓手以及抓手调节机构，夹手机架上具有调节滑槽，抓手调节架锁定于夹手机架上的调节架连接轴以及可将调节架连接轴连接到调节槽上，轴承安装在轴承上的锁紧螺杆，轴承连接轴连接到调节架上，所述抓手安装到调节架上，锁紧螺杆连接在调节架上

续表

公开（公告）号	附图	标题	摘要
CN205616223U		一种电梯层门板导靴装配系统	多功能抓手6包括机架、机械臂安装座62、螺母抓手63、导靴抓手64和导靴码垛盘抓手65
CN205703645U		一种机器人打磨装置	复合抓手34上安装有第一力传感器36，第一力传感器36检测被复合抓手34所抓取到的工件的受力信息，将该工件的受力信息输送给控制系统；控制系统根据该工件的受力信息调节第一电磁吸盘35的输入电流，以改变第一电磁吸盘35的电磁吸力，满足复合抓手34抓取不同重量的工件的作业要求
CN205870513U		一种智能移动机械手	抓手3包括执行器31和设在执行器31上的夹片32，抓手3中各元器件的排布依据待夹产品的尺寸形状、拿取位置和路径以及机床中夹具特性等进行排布

续表

公开（公告）号	附图	标题	摘要
CN206123689U		一种多功能抓手	利用吸取部和小吸头部采用真空进气的方式对多种多款式物料进行吸取，切换头部通过主盘和工具盘的分离进行自动切换或者整个快速拆下换成其他抓手
CN206561327U		浮动打磨机构及机器人	打磨工具的磨头与工件表面接触产生的正压力方向与第一压缩弹簧的受力方向及第二压缩弹簧和工具和工件之间的刚性行或近似平行，进而能避免打磨工具的受力方向与平行碰撞，并通过示教离线编辑生成运动轨迹，实现柔性加工，提高打磨工件的成品率

续表

公开（公告）号	附图	标题	摘要
CN206633039U		一种柔性平行夹	步进电机控制驱动一体器 25 驱动步进电机 23 旋转，步进电机 23 通过带动蜗轮蜗杆减速器 21 后控制由摇杆 36、左连杆 38a、右连杆 38b、左导轨滑块 33a 和右导轨滑块 33b 组成的曲柄滑块机构动作，从而控制左夹块 34a 和右夹块 34b 直线运动来夹持工件
CN206703051U		一种堆码机器人	两侧的丝杠驱动电机 8 同时转动，驱动各侧的推动丝杠 3 转动，使两侧的夹持板 2 同时向内移动，两侧的传动带 14 与箱子接触，两侧的传动带驱动电机 16 同时转动，带动两侧的传动带 14 与箱子接触的一面同时向上移动，将箱子抬起，抬起到指定位置后，支撑板驱动电机 12 再转动，同时驱动的支撑辊 11 紧密接触的支撑板 4 在滑槽 10 内向相对的方向移动，使与驱动转辊 4 在滑槽 10 内向相对的方向移动，将箱子能刚好落到支撑板 4 上
CN206927263U		吸盘夹具	利用滑动梁 5 在横梁 2 的底部滑动，缩小或扩大滑动梁 5 与固定梁 4 之间的距离，用于调节整个吸盘夹具吸附面的大小，以适用夹持各种规格的工件；同时将两个固定梁固定在支撑架的底部，可以使固定梁上的吸嘴受力更均匀，方便吸附工件

续表

公开（公告）号	附图	标题	摘要
CN207359093U		一种可识别压力的自动伸缩夹具	控制器通过压力传感器5实时对夹持装置4的施加作用力进行检测。当施加的作用力达到设定值，控制器控制第二驱动装置3停止工作，使作用力保持在稳定的值，保证施加的作用力能合适而不超过被抓取的物品的抗压能力，从而防止被抓取的物品被损坏，整个过程自动检测和控制，可根据被抓取物品的特性而选择相应的夹持力
CN207509251U		一种手爪装置	在吸取工件时能极大地减少吸盘对工件的损毁，并且能提供较大的吸力和适用于不同尺寸与重量的工件，大大提高了生产效率
CN209411270U		一种用于物料搬运的龙门式机械手	多个能够独立抓取的吸盘单元，既能够实现对板材等大型物料的抓取，也能够实现对零散物料的抓取

夹取工件的表面为 V 形结构，第二"∏"形安装座 7 的 U 形槽部分通过第二销轴 18 套设并铰接在机械手指 6 下端，机械手指 6 下端还设置有调整块 9，调整块 9 通过设有长条孔安装在第二"∏"形安装座 7 下方的机械手指 6 上；使用时，先将三爪环盘 11 的三个爪指对准套入工件外围，接着通过控制气缸 2 的电磁阀开关将气缸 2 的输出轴往上提拉，进而气缸 2 的输出轴经导向柱 10 带动连杆 5 往上运动，再由连杆 5 带动机械手指 6 下端绕第一销轴 17 转动，实现机械手指 6 收紧抓取工件；反之，当需要松开工件时，气缸 2 的输出轴往下推送，导向柱 10 带动连杆 5 往下运动，进而由连杆 5 带动机械手指 6 下端绕第一销轴 17 转动，实现机械手指 6 张开或松开工件，如图 7-7 所示。

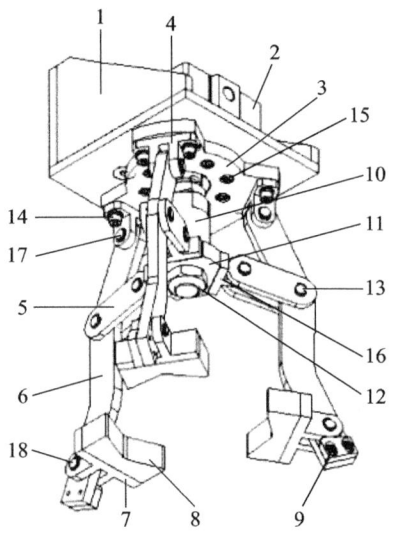

图 7-7 机械手爪示意图

该机械手爪通过在机械手指和导向柱之间连接有连杆，使得气缸在进气或出气时，气缸的输出轴经导向柱带动连杆往下或往上运动，再由连杆带动机械手指下端绕机械手指上端的铰接部位转动，实现机械手指张开/松开工件或收紧抓取工件，结构简单、加工方便且抓取力较大。

2. 技术引证分析

该专利（CN203557396U）公告后被后续专利引用 23 次，后续专利以该专利为基础，对机械手爪的传动机构、手爪部件等进行改进，并作了相应的专利布局。其中，关于机械手爪的传动机构的专利主要有：专利 CN104117988A，采用齿轮齿条作为传动机构，在简化结构的同时保证了承载强度和传动精度，如图 7-8 所示；专利 CN106272405A，采用丝杆螺母作为传动机构，将动力传递给手爪部件，提高手爪部件工作的稳定性，如图 7-9 所示；专利 CN104400647A，采用连杆将动力传递至手爪部件，如图 7-10 所示。

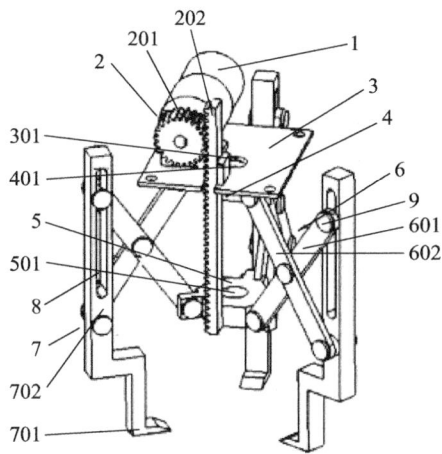

图7-8 齿轮齿条传动机械手爪

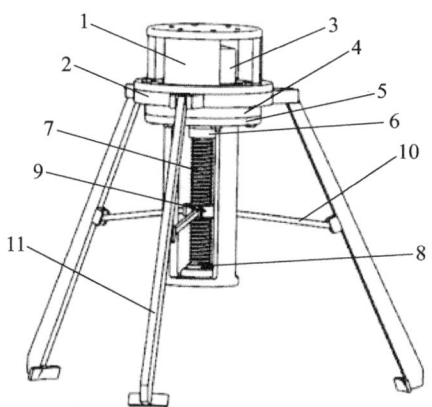

图7-9 丝杆螺母传动机械手爪

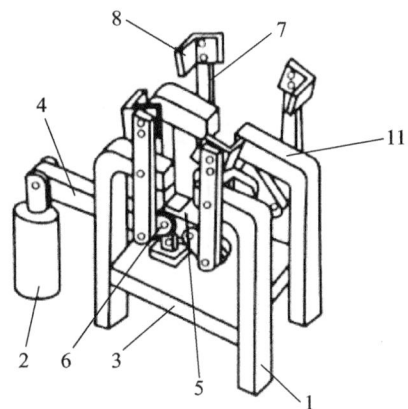

图7-10 连杆传动机械手爪

关于手爪部件改进的专利主要有：专利 CN105773645A，夹爪的爪杆头部安装有缓冲作用的夹爪头，减少夹爪抓取产品时的力度，减少在产品上留下压痕，减少对产品质量的影响，如图 7-11 所示；专利 CN107042525A，将手爪设置成弹性手爪并包括应变片，采集形变量以实现手爪的握力可控，如图 7-12 所示；专利 CN108068133A，在手爪上设置有调平机构，在调平机构的作用下三个爪末端始终在同一水平面内，使得物体抓取具有高度稳定性，如图 7-13 所示。

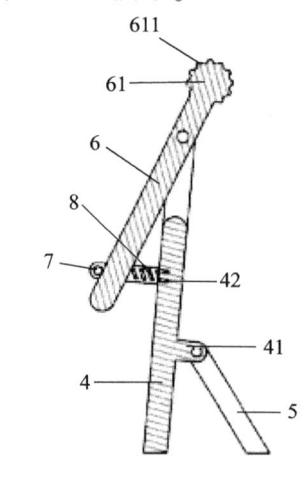

图 7-11　缓冲夹爪

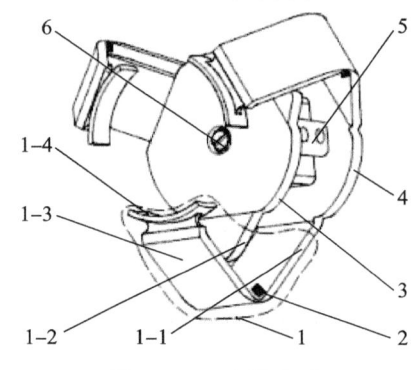

图 7-12　力控夹爪

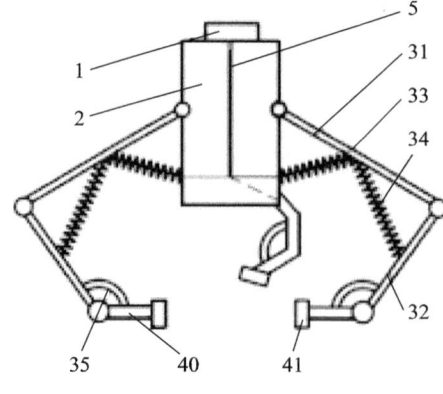

图 7-13　调平夹爪

此外，专利CN103978493A对气缸活塞杆形状的结构设置，使均布的机械手指同步摆动，实现了零件的自动定心与夹紧工作；专利CN104626186A涉及多指复合式夹持机械爪，通过设置多个驱动气缸、推杆和层状抓取指，优化了结构，可以一次性抓取或释放多个抓取物，抓取物可以叠加为层状，提高了机械爪空间利用率，实现快速抓取和释放，且抓取、释放可实现同步性，效率较高，操作方便。

3. 典型专利分析的意义

典型专利的分析，对申请人在申请专利时规避竞争对手的专利保护具有重要意义，对研发人员进行下一步的技术研发具有导向作用，对企业进行专利布局具有一定的指导意义。

通过对中国电器科学研究院有限公司的专利CN203557396U进行分析可以发现，后续的申请主体在该专利基础上，在机械手爪的传动机构、手爪部件方面进行了改进。机械手爪的传动机构改进为采用齿轮齿条传动、丝杆螺母传动、连杆结构传动，那么在上述改进的基础上，后续申请人或研发人员还可以考虑其他传动机构，基于本领域的常规知识，比如是否可以考虑蜗轮蜗杆传动、带传动、链传动等研发方向，并进行相应的研发工作和专利布局。手爪部件方面进行的改进涉及具有缓冲作用的夹爪头、手爪设置成弹性手爪并包括应变片、手爪上设置有调平机构，以减少在产品上留下压痕，控制手爪的握力，使得爪末端始终在同一水平面内，提高物体抓取稳定性等。在此基础上，本领域技术人员是否可以考虑在手爪上设置其他结构，以实现整个机械手爪的其他技术效果。

第四节　技术发展路线分析

为了清楚地了解工业机器人末端执行器的发展脉络和技术演进的情况，本节在前文对广州市专利申请数据样本的分析以及挑选出的重点专利文献分析（被引用频次不小于5次）的基础上，对于末端执行器进行技术分支（平行夹爪、非平行夹爪、特殊夹爪、吸盘）确定，找准其所要解决的技术问题（适应性、简化结构、稳定性），归纳其解决路径，同时确定关键节点，探寻技术的演进路线，最后初步绘制了2013—2022年广州市工业机器人末端技术发展路线，如图7-14所示。

一、末端技术各分支发展路线

（1）平行夹爪，结构以及控制都较为简单，申请时间主要集中在2013—2017年。平行夹爪有一动一定、夹爪同步运动、夹爪单独驱动三种形式来实现平行夹持，其中同步运动的专利占比约为77.8%。随着对夹持精度的要求越来越高，越来越多的专利通过设置缓冲装置来减小对被夹持对象的损坏。

（2）非平行夹爪，在末端执行器的专利申请中一直保持较高的占比，其主要体现在夹爪驱动结构的改进上。另外，抓取的稳定性成为非平行夹爪技术关注的问题之一。为了解决该问题，通常通过改进从驱动源到夹爪的运动传递结构或者配合上压/下托等手段实现稳定夹取。另外，非平行夹爪的部分专利也关注夹持时对被夹持对象的损坏问题。

（3）特殊夹爪。一种是其材料特殊，即软体夹持器；另一种是结构特殊，即用于夹持某一特定结构的夹持对象的专用夹持器。其中，软体夹持器是随着材料的变化而发展起来的，其能够根据被夹持对象的形状、尺寸实现稳定的夹持。另外，专用夹持器仅限于对某种特定结构的夹持对象进行夹持，通用性较差。

（4）吸盘，包括真空吸附和电磁吸附两种，其中真空吸附的专利占比接近85%。在吸附夹持技术发展的最初阶段，吸盘夹持可以单独对工件进行夹持或配合夹爪实现更加稳定的夹持，例如专利CN204053663U和CN204471393U。而随着作业需求的多样化，提高吸持性夹爪的适应性这一技术问题逐渐凸显，越来越多的文献提出解决这一技术问题的方案，而适应性主要体现在对不同规格、尺寸对象的吸持以及对不同吸持表面的吸持。为了实现对不同规格、尺寸对象的吸持，采用的技术手段主要有调整各个吸盘的位置、将阵列设置的吸盘设置为能够单独控制；而为了实现对不同吸持表面的吸持，如平面、曲面等，采用的技术方案主要是调整各个吸盘的高度、调整各个吸盘的转动角度等。

第七章 广州市工业机器人末端执行器技术分析 | 185

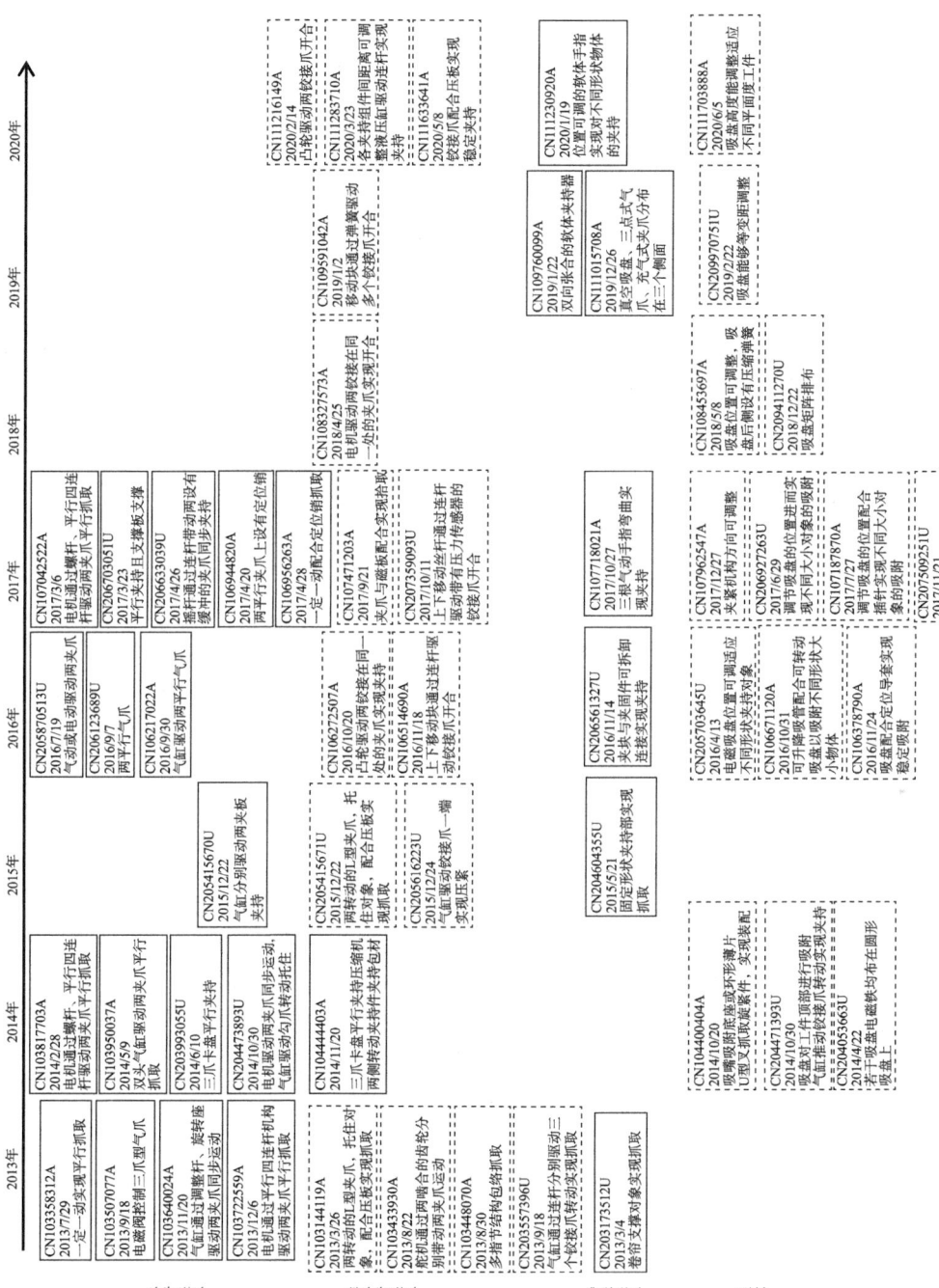

图 7-14 2013—2022 年广州市工业机器人末端技术发展路线

二、末端技术主要问题分析

现有末端执行器中普遍存在的技术问题包括如何提高适应性、简化结构、提高稳定性。现针对上述三个技术问题进行详细解析。

1. 适应性

工业机器人的末端执行器是机器人作业时与作业对象直接接触的装置，是机器人的关键部件。末端执行器技术的改进可以扩大机器人的功能、应用范围，由于作业对象的形状、尺寸、形态不尽相同，针对不同的作业对象，需要有针对性地设计不同类型的末端执行器来实现稳定夹持，而此操作势必会增加制造成本以及更换末端执行器的时间成本。因此，末端执行器的适用性是末端执行器领域亟须解决的核心技术。提高末端执行器的适应性以使其能够适应多种作业对象是首先要考虑的问题。图7-15展示了2013—2022年广州市工业机器人末端技术适应性发展情况。

（1）平行夹爪关于适应性技术的演进分析。

平行夹爪中涉及提高夹爪适应性的有5件专利，分别为CN103817703A、CN204473893U、CN203993055U、CN106514690A、CN107962547A。

其中，专利CN103817703A公开了一种用于高空作业的机器人多功能末端执行器，如图7-16所示，包括驱动部分和执行部分；驱动部分由驱动电机通过谐波减速器组件驱动蜗杆机构带动夹子，实现夹持器的两个夹子的开合动作；执行部分作为实现高压线挂物清除、缠绕预绞丝、拧防震锤螺母、拔卸四分叉间隔架上的开口销等高空作业的工具；当开口销圆环端头的方向与夹子开合方向接近时，直接用夹子夹住拔下即可；该专利结构简单、紧凑，体积小，操作灵活，能实现多种高空作业功能，能极为方便地与其他机器人组件相组合高效完成多种高危险性、高难度的高空作业任务，提高了用于高空作业的机器人多功能末端执行器的环境适应性。

专利CN204473893U公开了一种夹板可调节的、适应各种规格产品搬运的、可靠性强的柔性机器人码垛夹具，如图7-17所示，包括机架、驱动传动机构和夹抱机构，机架包括横向滑动导轨、固定机架1，其中固定机架一端安装在机器人的末端，用于固定整个码垛夹具。固定机架的另一端通过横向滑动导轨固定夹具的驱动传动机构和夹抱机构，其中横向滑动导轨由第一滑块6、第二滑块7、第一丝杆8、第二丝杆10、联轴器9组成，并通过第一丝杆、第二丝杆架设在固定机架上。夹抱机构包括第一夹板2、第二夹板3、勾爪12、气缸11、活动支架13，其中气缸、勾爪、活动支架设置在第一夹板的外侧，气缸用来驱动勾爪的开合，夹抱机构的第一夹板、第二夹板分别安装在所述的第一滑块、第二滑块上。驱动传动机构包括伺服电机4、传动轮5，伺服电机、传动轮设置在固定机架的外侧，传动轮具体设置在第一丝杆外伸出固定机架的一端。伺服电机与传动轮的连接方式为皮带连接，传动轮与第一丝杆的连接方式为键连接，由伺服电机带动传动轮转动，再由传动轮带动丝杆旋转，这样就可以通过滑块滑行来达到调节夹板之间距离的目的。

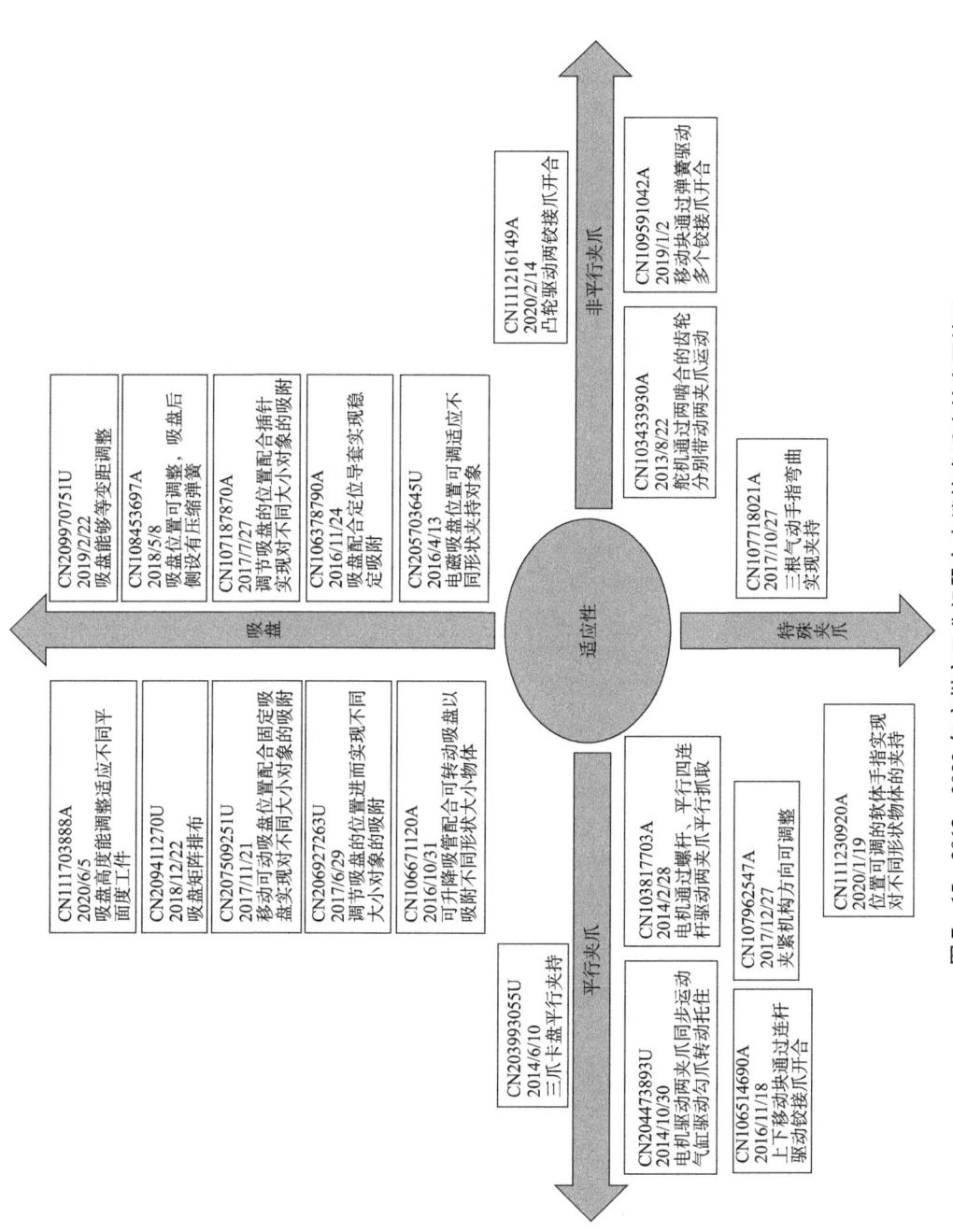

图7-15 2013—2022年广州市工业机器人末端技术适应性发展情况

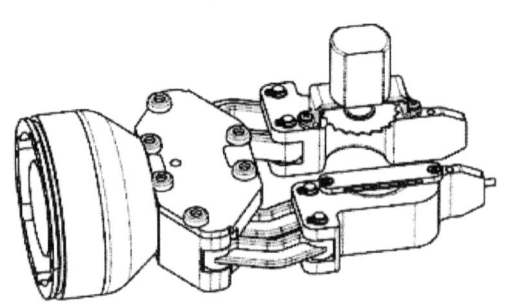

图 7-16 高空作业的机器人多功能末端执行器

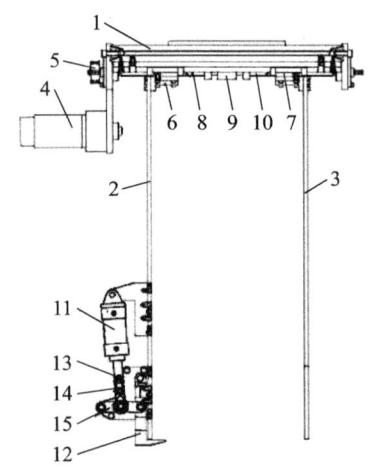

图 7-17 夹板可调节的机器人码垛夹具

专利 CN203993055U 公开了一种高速柔性双轴拧紧机,如图 7-18 所示。其中,机架上安装有用于夹紧工件的旋转夹紧机构,所述旋转夹紧机构旁设置有竖直升降机构,所述竖直升降机构的竖直端上安装有两个水平跟踪机构,每个所述水平跟踪机构均安装有一根将螺钉拧紧的大行程拧紧轴,所述大行程拧紧轴随着其所在的水平跟踪机构水平移动;旋转夹紧机构包括安装在机架上的旋转台 12 以及固定在旋转台 12 上的伺服电机 8,所述旋转台 12 的上端面依次安装有回转支承 11 和工件支撑板 13,所述回转支承 11 的内圈与旋转台 12 固定,回转支承 11 的外齿圈与伺服电机 8 输出端的小齿轮 10 啮合,回转支承 11 的外齿圈的上端面安装有至少三个能沿回转支承 11 的径向方向水平移动的气动手爪 14,所述气动手爪 14 上安装有卡爪 15,所述工件支撑板 13 固定在回转支承 11 的外齿圈上。通过竖直升降机构和水平跟踪机构,实现大行程拧紧轴在竖直方向和水平方向的移动,使得大行程拧紧轴能拧紧不同型号规格的汽车电机前后端盖的螺钉,能实现汽车电机的柔性生产。

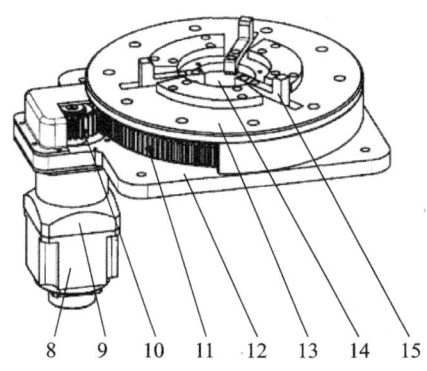

图 7-18　高速柔性双轴拧紧机

专利 CN106514690A 公开了一种机器人端拾器,如图 7-19 所示。主要由以下部分组成:夹具支架、三个抓手、驱动系统。夹具支架包括安装板 3、固定板 2、基座 1,它们都呈圆形,它们之间通过立柱 4、7 支撑由上至下分层间隔设置。安装板 3 上设有多个安装孔 6,以便通过安装板 3 将整个端拾器安装在机器人手臂末端。基座 1 外围均匀地开有三个径向的剖切口,主要用于抓手的安装。驱动系统包括驱动单元、导向柱 10 和活动块 11,导向柱 10 两端分别转动安装在固定板 2 与基座 1 的中部,以便导向柱 10 中心线与夹具支架中心线重合。活动块 11 套装在导向柱 10 上。抓手的上部通过两根平行的连杆 14 与活动块 11 相连,使活动块 11、抓手、两连杆 14 构成一平行四边形运动机构。驱动单元驱动活动块 11 沿导向杆 10 上下移动,根据平行四边形运动机构特性,随活动块 11 的上下移动,抓手在保持与导向柱 10 中心线平行的情况下,沿直线导轨径向运动靠近或远离夹具支架中心线。采用驱动电机,抓手行程控制灵活,适应性增强。

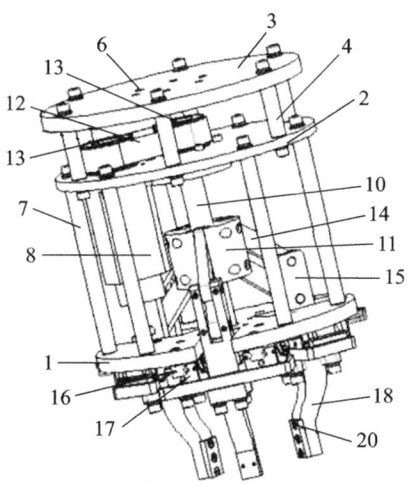

图 7-19　机器人端拾器

专利 CN107962547A 公开了一种全自动多轴上料机械手装置,如图 7-20 所示。上料机械手组件包括水平设置的滑轨 9，滑轨 9 固接在纵向线性模组的滑动座上，滑轨 9 上连接有第二连接底座 10，第二连接底座 10 滑动连接滑轨 9，且第二连接底座 10 通过压紧螺栓紧固在滑轨 9 上，可以调整上料机械手组件与工位的距离；调整距离时，只需要松开压紧螺栓，调整第二连接底座 10 到指定位置，再拧紧压紧螺栓即可。第二连接底座 10 上固接有水平放置的第二转动装置 8，第二转动装置 8 的输出轴上固接有第一连接底座 7，第一连接底座 7 底部固接有竖直放置的第一转动装置 6，第一转动装置 6 底部设有机械手夹紧机构 11，使用的时候，人工摆料至上料输送带，当瓶子以横放的姿态在上料输送带上到达全自动多轴上料机械手位置时，如果瓶口的朝向是反的，上料感应电眼感应到产品后，上料机械手组件的机械手夹紧机构 11 夹住瓶子，上料机械手组件的第一转动装置 6 旋转 180°，把瓶子调整到正确的装配姿态，然后纵向线性模组上升，横向线性模组水平运动，到达转盘上瓶工位，夹紧瓶子料机械手组件的机械手夹紧机构 11 松开返回；人工摆料至上料输送带，当瓶子以竖放的姿态在上料输送带上到达全自动多轴上料机械手位置时，上料感应电眼感应到产品后，上料机械手组件的机械手夹紧机构 11 夹住瓶子，然后第二转动装置 8 旋转 90°，纵向线性模组上升，横向线性模组水平运动，到达转盘上瓶工位，夹紧瓶子料机械手组件的机械手夹紧机构 11 松开返回。

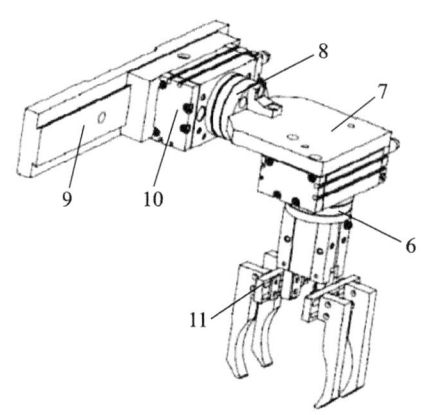

图 7-20 全自动多轴上料机械手装置

（2）非平行夹爪关于适应性技术的演进分析。

非平行夹爪中涉及提高夹爪适应性的有 3 篇专利，分别为 CN103433930A、CN111216149A、CN109591042A。

专利 CN103433930A 公开了一种可更换夹持爪的舵机齿轮式夹持器。如图 7-21 所示，舵机一端的输出盘 011 与主 U 形夹持臂 020 直接连接，另一端主齿轮 050 通过中螺钉 090 紧固在舵机上，再与主 U 形夹持臂 020 以及塑料套轴 060 通过中螺钉 040 紧固。主 U 形夹持臂 020 通过中螺钉 040 与右夹持爪 030 连接，通过拆卸中螺钉 040 使主 U 形夹持臂 020 与右夹持爪 030 的分离，实现夹持爪的更换。舵机 010 与舵机固定架 070 连接，舵机固定架 070 与夹持器外壳 080 连接，夹持器外壳 080 通过固定柱 061 与从 U 形夹持臂 021 连接，从动齿轮 051 与从 U 形夹持臂 021 连接，同时与主齿轮 050 啮合，实现传动。从 U 形夹持臂 021 与左夹持爪 031 的实现方式与主 U 形夹持臂 020 连接及右夹持爪 030 的实现方式类似。舵机 010 通过输出盘 011 输出力矩，带动主 U 形夹持臂 020 旋转，在主齿轮 050 与从动齿轮 051 的传动下，从 U 形夹持臂 021 同时旋转，再根据右夹持爪 030 与左夹持爪 031 的形状配合，实现对物件的夹持。右夹持爪 030 及左夹持爪 031 可以用于夹持圆棒状物体，也适用于沿圆杆攀爬的机器人，同时也可以根据实际不同的需要设计成不同的形状，适用不同夹持对象的需要。夹持爪可以更换，使得夹持器具有结构简单、造价便宜、维护成本低、重量轻、灵活度大、适应性强等特点。

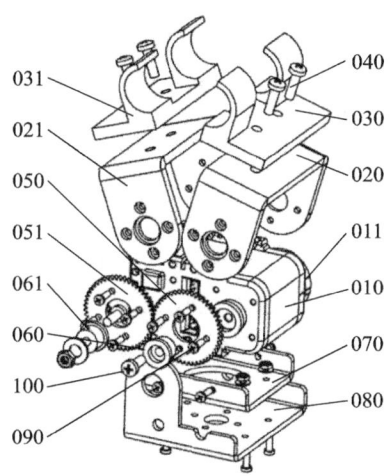

图 7-21　可更换夹持爪的舵机齿轮式夹持器

专利 CN111216149A 公开了一种工业机器人抓手，如图 7-22 所示，包括底座 1，所述底座 1 上安装有升降机构 2，所述升降机构 2 的顶端与升降板 3 相连，所述机械手机构 8 均布在安装板 7 上，所述机械手机构 8 包括气缸 801、立板 802、推拉块 803、夹柄 804、销轴 805 和弹簧 806，所述气缸 801 安装于安装板 7 的顶端，所述气缸 801 伸缩杆与推拉块 803 相连，所述推拉块 803 的外表呈三角形状，所述立板 802 安装于安装板 7 的底部，所述立板 802 的左右两侧对称安装有一个夹柄 804，所述夹柄 804 通过销轴 805 与立板 802 相连，两个所述夹柄 804 之间通过弹簧 806 相连，所述推拉块 803 的两个侧面分别与一个夹柄 804 的侧面相贴合。该工业机器人抓手抓取高度调整方便，工作效率高。

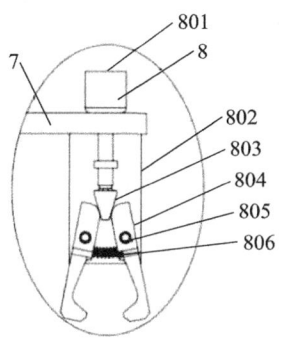

图 7-22　工业机器人抓手

专利 CN109591042A 公开了一种机械爪，如图 7-23 所示，包括固定板 1、移动块 2、推动机构、上弹簧 3、下弹簧 4 和爪件 5，推动机构安装在固定板 1 上，移动块 2 位于固定板 1 的下方，固定板 1 上设有第一通孔，推动机构通过第一通孔与移动块 2 连接且推动机构带动移动块 2 在竖直方向上移动，固定板 1 上周向设置有若干爪件 5，爪件 5 的上部铰接在固定板 1 上，爪件 5 通过上弹簧 3、下弹簧 4 连接在移动块 2 上，上弹簧 3 的一端连接在移动块 2 上，上弹簧 3 的另一端连接在爪件 5 的上部，下弹簧 4 的一端连接在移动块 2 上，下弹簧 4 的另一端连接在爪件 5 的中部，且上弹簧 3 与爪件 5 的连接处、下弹簧 4 与爪件 5 的连接处分别位于爪件 5 与固定板 1 连接处的两侧。移动块 2 在推动机构的带动下，在展开机械爪的工作过程中，移动块 2 下移，带动上弹簧 3 和下弹簧 4 下移，此时下弹簧 4 收缩，上弹簧 3 拉伸，上弹簧 3 给爪件 5 的上部提供拉力，下弹簧 4 对爪件 5 的下部提供推力，爪件 5 绕与固定板 1 的铰接处外翻，使机械爪张开，当下弹簧 3 处于水平位置时，机械爪达到张开角度的最大值；在收紧机械爪的工作过程中，移动块 2 上移，带动上弹簧 3 和下弹簧 4 上移，此时下弹簧 4 拉伸，上弹簧 3 收缩，上弹簧 3 给爪件 5 的上部提供推力，下弹簧 4 对爪件 5 的下部提供拉力，爪件 5 绕与固定板 1 的铰接处内合，使机械爪收紧。

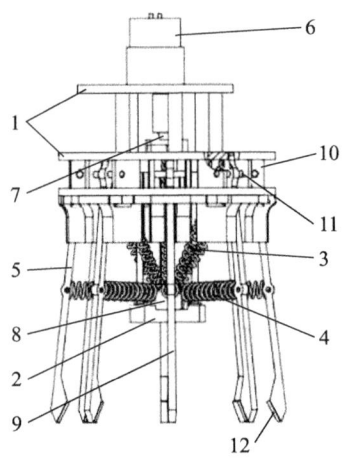

图 7-23　一种机械爪

（3）吸盘类夹持器关于适应性技术的演进分析。

末端执行器为吸盘的专利中涉及提高适应性的有 10 件，分别为 CN205703645U、CN106671120A、CN106378790A、CN206927263U、CN107187870A、CN207509251U、CN108453697A、CN209411270U、CN209970751U、CN111703888A。

专利 CN205703645U 公开了一种上下料机器人，如图 7-24 所示，包括第二底座 31、第一轴臂 32、第二轴臂 33、复合抓手 34；在复合抓手 34 上活动安装有第一电磁吸盘 35，第一电磁吸盘 35 的个数为多个，可以为 5 个、7 个、9 个，优选为 7 个；1 个第一电磁吸盘 35 安装于复合抓手 34 的中央位置，其余的第一电磁吸盘 35 对称分布在复合抓手 34 的两侧；控制系统根据工件的轮廓信息调整复合抓手 34 两侧的第一电磁吸盘 35 做小距离的相对位置移动,以拾取不同轮廓形状的工件,提高了复合抓手的适应性。

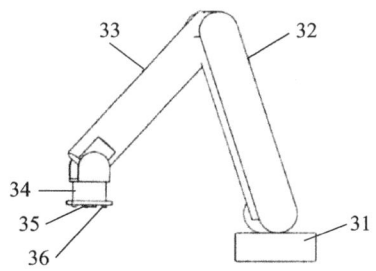

图 7-24　上下料机器人

专利 CN106671120A 公开了一种普适模块化的气吸式机器人手爪,如图 7-25 所示,包括排气管 1、连通气管 2、负压气腔 4、吸管 5,其中吸管的下端包括球关节 3 和吸盘 6;吸管具有一个自由度,每一根吸管都根据所吸附物体表面凹凸的不同,独立地自适应上下移动,以减少与表面之间的间隙,从而增大吸附力;球关节可以旋转带动下面的倒立漏斗状吸盘旋转,当吸盘与物体表面接触时,球关节做出相应的旋转角度,调整到合适的姿态,以让吸盘的下端与物体的表面尽可能地吻合,从而使得吸盘能够适应于不同平面的物体。

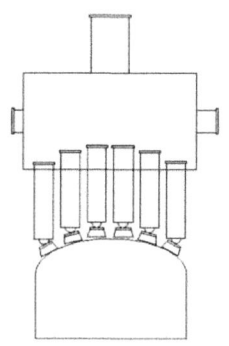

图 7-25　普适模块化的气吸式机器人手爪

专利 CN106378790A 公开了一种机器人吸盘装置,如图 7-26 所示,包括吸盘组件 1 以及内端与气路连接的吸盘 3,所述吸盘 3 的外端由刚性的定位导套 2 径向限位,所述定位导套 2 被外壳 12 径向限位。所述吸盘组件 1 包括带有通孔的气路接头 11,以及所述外壳 12。所述外壳 12 内部为柱孔,所述定位导套 2 为柱状并套接在所述外壳 12 的所述柱孔里。所述定位导套 2 的外端与所述吸盘 3 的外端相连接,内端套在外壳 12 内被径向限位。所述定位导套 2 的端面套接在所述吸盘 3 的任一凹处;所述外壳 12 与所述气路接头 11 活动连接,所述气路接头 11 螺纹连接有吸盘接头 13。吸盘接头 13 与气路接头 11 可通过螺纹连接,方便吸盘接头 13 与吸盘 3 的整体拆卸和安装,实现吸盘 3 和吸盘接头 13 的更换。所述吸盘 3 为软材料吸盘,即所述吸盘 3 为柔性真空吸盘,所述柔性真空吸盘本身可弹性缓冲,可避免机器人在高速拾取物件产生冲击和碰撞。

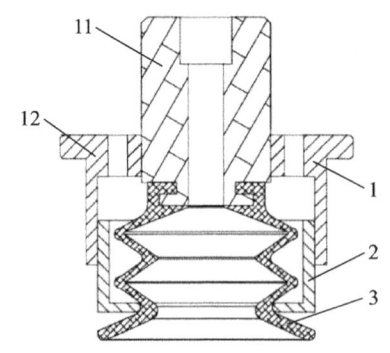

图 7-26 机器人吸盘装置

专利 CN206927263U 公开了一种吸盘夹具，如图 7-27 所示，包括吸盘 1、横梁 2、支撑架 3、两个固定梁 4 和一个滑动梁 5，支撑架 3 固定在横梁 2 上，两个固定梁 4 平行安装在横梁 2 的底部并固定在支撑架 3 上，滑动梁 5 滑动设置在横梁 2 的底部并与固定梁 4 平行，吸盘 1 安装在固定梁 4 和滑动梁 5 的底部，利用滑动梁 5 在横梁 2 的底部滑动，缩小或扩大滑动梁 5 与固定梁 4 之间的距离，用于调节整个吸盘夹具的吸附面的大小，以适应夹持移动各种规格的工件。

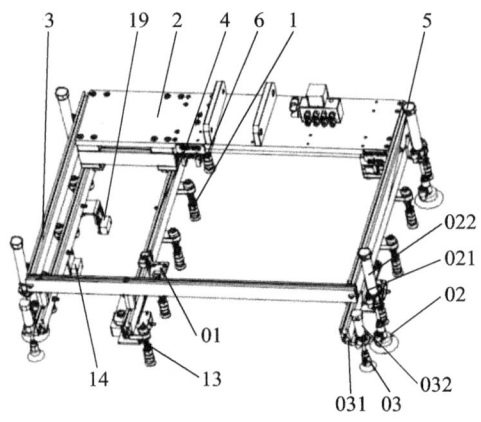

图 7-27 吸盘夹具

专利 CN107187870A 公开了一种适应不同材质汽车内饰件的上料抓手，如图 7-28 所示，包括直线导轨运动副 5、四个抓料臂、两个螺杆组件 1、旋转驱动装置 6、到位检测装置 4 和控制装置；直线导轨运动副 5 包括两个平行设置的直线导轨，用于限定抓料臂在直线导轨上的运动轨迹，同时用于承载抓料臂、旋转驱动装置和控制装置；四个抓料臂间隔设置在直线导轨运动副 5 上，按照抓料臂的排列位置不同区分为最外侧的两个抓料臂 22 和位于最外侧的两个抓料臂 22 之间的中间抓料臂 21；位于最外侧的两个抓料臂 22 各对应一螺杆组件 1，两个螺杆组件 1 还分别与旋转驱动装置 6 连接，旋转驱动装置 6 驱动螺杆组件 1 转动，然后通过螺杆组件 1 的转动实现最外侧的两个抓料臂 22 可沿靠近或远离中间抓料臂 21 的方向移动，两个螺杆组件 1 的旋向相反。抓料臂的数量不局限于图示的四个，且不局限于位于最外侧的两个抓料臂 22 移动，可根据实际需要抓取的内饰件原材料 3 的尺寸设置任一个或任意多个抓料臂移动。

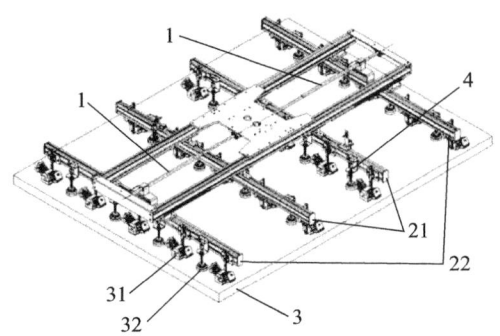

图 7-28　适应不同材质汽车内饰件的上料抓手

专利 CN207509251U 公开了一种手爪装置，如图 7-29 所示，包括一个基板 2 和设置在基板 2 上的手爪组件 1，手爪组件 1 包括一个吸盘组件、一个将吸盘组件固定在基板 2 上的安装组件以及一个缓冲组件；基板 2 上设置有通槽 22，基板 2 上设置有若干向外凸出的安装部 21，通槽 22 设置在安装部 21 上，且安装部 21 设置有 3 个，均匀分布在一个圆形件上，安装组件设置在通槽 22 中，松开锁紧件 15 后，安装组件 14 可在通槽 22 中滑动。根据工件尺寸大小，调整安装组件在通槽 22 中的位置，即调整吸盘组件在基板 2 上的位置，从而根据工件尺寸具有合理的吸力布局，并且根据工件的重量和需要的吸取力大小，灵活方便地增减基板 2 上手爪组件 1 的数量，使得该专利能够适用不同尺寸和重量的工件，大大提高了通用性。

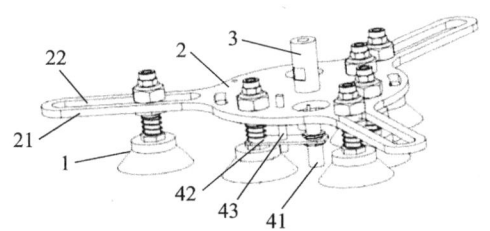

图 7-29　手爪装置

专利 CN108453697A 公开了一种玻璃多维安装机器人，如图 7-30 所示，包括多维度安装机头 100、伸缩机械臂 200 和旋转行走底盘 300；所述多维度安装机头 100 安装在所述伸缩机械臂 200 上；所述伸缩机械臂 200 安装在所述旋转行走底盘 300 上；所述多维度安装机头包括上下滑动机组、左右转动机组、翻转机组、旋转机组和平移机组。吸盘架包括主梁方管 134、副主梁杆 135、副梁杆 133 和多个吸盘 139；所述主梁方管 134、副主梁杆 135 和副梁杆 133 上分别设置有吸盘滑套方管 138；所述吸盘滑套方管 138 上设置有吸盘杆套 148、吸盘杆 136 和圆柱螺旋压缩弹簧 137；所述吸盘 139 通过吸盘杆 136 安装在吸盘杆套 148 上；所述圆柱螺旋压缩弹簧 137 设置于所述吸盘杆套 148 与吸盘杆 136 之间。所述旋转机组实现多维度安装机头带动吸盘架 360°旋转的功能。通过吸盘 139 在吸盘架上的位置调整实现对不同尺寸对象的吸附，同时多维度安装机头 100、伸缩机械臂 200 和旋转行走底盘 300 实现了机械手的多角度安装以及搬运。

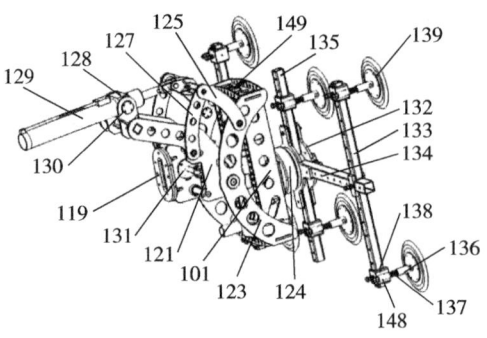

图 7-30 玻璃多维安装机器人

专利 CN209411270U 公开了一种龙门式机械手，如图 7-31 所示，包括两个平行设置的支撑横梁，左支撑横梁 3 和右支撑横梁 2，两个支撑横梁之间架设有连接横梁 4，连接横梁 4 导向横移架设在两个支撑横梁之间，即连接横梁 4 能够沿着支撑横梁的延伸方向进行横向的移动。连接横梁 4 上导向装配有第一滑块 5，第一滑块 5 能够沿着连接横梁 4 的延伸方向进行滑移。第一滑块 5 的一侧固定连接有安装架 9，安装架 9 能够相对于第一滑块 5 产生沿竖直方向的位移，安装架 9 的下方连接有用于抓取物料的吸盘组件 11；吸盘组件 11 包括四个吸盘单元 15，各吸盘单元 15 均为长方形，四个吸盘单元 15 呈网格状排布，各吸盘单元 15 上均设置有多个呈矩阵状排布的吸盘。各吸盘单元 15 既能够独立抓取物料，也能够同时工作并抓取较大的物料，这样提高了龙门式机械手的通用性。

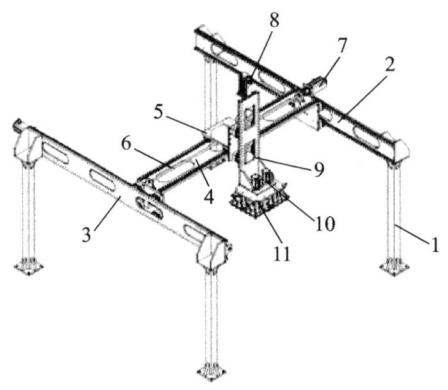

图 7-31 龙门式机械手

专利 CN209970751U 公开了一种等变距取放装置，如图 7-32 所示，包括可移动的机械手 1，机械手上装有随机械手移动的支撑板 2，支撑板上装有相对支撑板直线移动的滑动板 3 以及驱动滑动板移动的驱动机构 4；支撑板上还装有滑轨 5，滑轨的方向与滑动板的移动方向相互垂直，滑轨上间隔装有若干块可沿滑轨移动的滑块 6，各滑块上并列安装有可抓取物品的抓取头 7；滑动板上开有数量与滑块相一致的滑槽 8，各滑槽方向均与滑动板的移动方向相互倾斜且倾斜度不一,相邻滑槽沿滑轨方向的间距相等;各滑块沿滑轨方向与各滑槽一一对应并分别安装有沿滑槽移动的导向块9,且所有导向块的连线方向与滑轨的方向一致。在需要改变抓取头的间距时,驱动机构并带动滑动板垂向移动,而滑块和导向块相互固定组成的整体则在滑槽和滑轨的双重限制下横向移动,从而改变相邻滑块的间距,也就改变了相邻抓取头的间距。

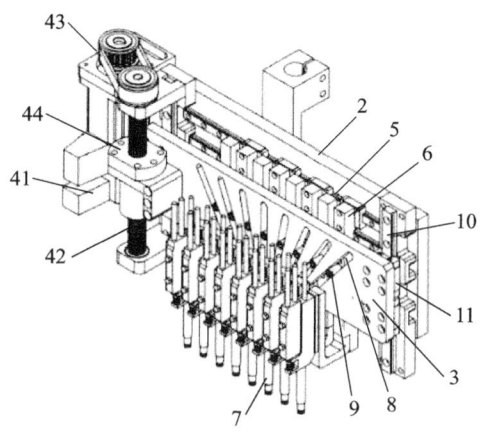

图 7-32 等变距取放装置

专利 CN111703888A 公开了一种自适应吸盘装置,如图 7-33 所示,包括与机器人1 可拆卸连接的抓取模块 2,抓取模块 2 与执行模块 3 可拆卸连接,执行模块 3 包括底座 31 和设于底座 31 上方的供电机构 32、吸取机构 33、显示机构;吸取机构 33 包括带锁气缸 331 和位于带锁气缸 331 下方可旋转的吸盘 332。采用带锁气缸 331,可以通过调节气缸的压缩量来适用不同的工件 15 的高度,从而实现高度不同时的工件 15 共用。为了更好地适应不同平面度的工件 15,吸盘 332 包括旋转吸头 8,旋转吸头 8 的旋转范围小于 90°。在其中一个实施例中,旋转吸头 8 的最大旋转范围优选为 35°。因此,带锁气缸 331 的伸缩与吸盘 332 自身的旋转相结合,可以满足高度不同、平面度不同的多个车型的抓取。

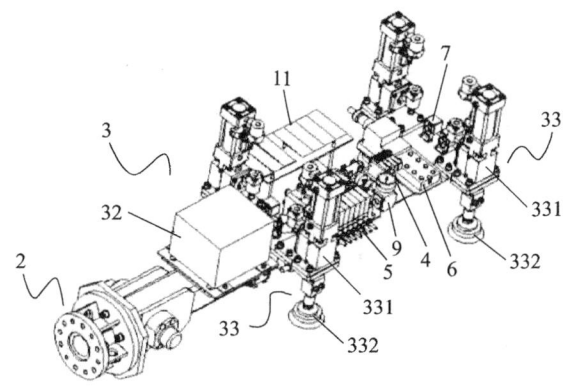

图 7-33 自适应吸盘装置

（4）特殊夹爪关于适应性效果的演进分析。

特殊夹爪的专利中涉及提高适应性的有2件，分别为CN107718021A、CN111230920A。

专利CN107718021A公开了一种气动软体抓手，如图7-34所示，包括设置有若干导气孔的中央导气块2、均匀地连通设置在所述中央导气块2上的三根柔性气动手指单元1，所述的气动手指单元1充气变形时的内凹面设置有硬质橡胶层4。气动软体抓手柔韧的特性，不仅能很好地实现对易碎、易烂物体的无损抓取，还能够适应多种抓取对象的外形结构特征，无须因抓取对象外形结构的变化而反复更替抓手。

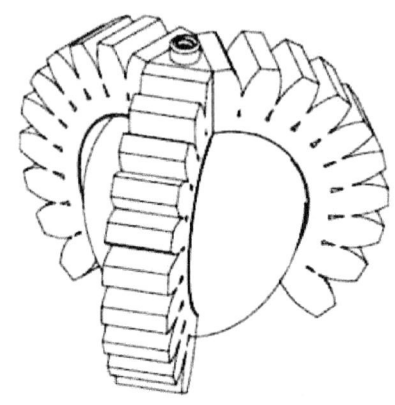

图7-34 气动软体抓手

专利CN111230920A公开了一种气动软体夹持装置，如图7-35所示，包括工作台、安装在工作台上的夹取机构、输出端与夹取机构连接的驱动机构；通过驱动机构驱动夹取机构来夹取物体。夹取机构包括固定在工作台上的导轨、滑动式安装在导轨上的软体夹取组件、安装在软体夹取组件上的连接板；工作台水平设置，导轨固定在工作台上，软体夹取组件滑动式安装在导轨上，软体夹取组件沿着导轨在水平面上做直线运动。驱动机构包括安装在工作台上的第一舵机、与第一舵机输出端固定连接的法兰盘；第一舵机的机体安装在工作台的下方，第一舵机的输出端从下往上穿过

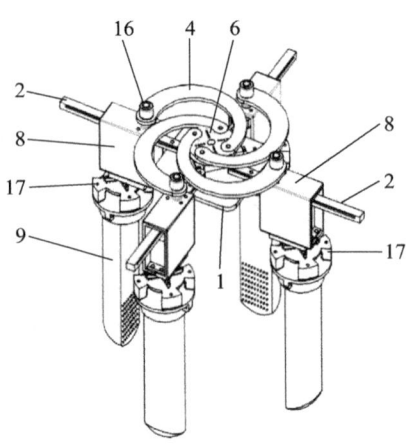

图7-35 气动软体夹持装置

工作台后与法兰盘固定连接，第一舵机带动法兰盘转动。连接板的一端与法兰盘的端面铰接，连接板的另一端与软体夹取组件铰接；法兰盘转动的时候，会带动连接板的一端绕着法兰盘的中心转动，从而使得连接板另一端连接的软体夹取组件在导轨上滑动。夹取机构至少有两个，所有夹取机构沿着法兰盘的圆周方向均匀分布。所有夹取机构上的软体夹取组件的运动是同步的，所有夹取机构上的软体夹取组件同时靠近法兰盘或同时远离法兰盘。壳体内设有第二舵机；第二舵机的输出端设有固定件，气动软体手指通过固定件安装在壳体上。通过第二舵机可以控制气动软体手指转动。

2. 简化结构

在设计末端执行器时，结构的简化设计关乎各零部件的加工、装配以及维修的难易程度、成本的高低以及夹持对象时的稳定性和有效性。因此，简化结构设计原则常常是需要考虑的基础因素。下文将对平行夹爪、非平行夹爪以及特殊夹爪三个分支从简化结构设计的角度进行分析。图7-36展示了2013—2022年广州市工业机器人末端技术简化结构技术发展情况。

（1）平行夹爪关于简化结构技术的演进分析。

由于平行夹爪具有结构简单、易于控制的优点，早在2013年9月18日，中国电器科学研究院有限公司就提出了一种用于家电压缩机上下料的机器人手爪的专利申请（CN103507077A），如图7-37所示。该机器人手爪包括用于抓取压缩机的机械手指6、用于控制机械手指6张开或闭合的三爪型气爪4和固定座1。每个活动气爪上均安装有所述机械手指，在搬运压缩机的过程中，将机械手指固定安装在三爪型气爪的活动气爪上，通过三爪型气爪控制机械手指6的张开或闭合，进而实现机械手爪抓取或放开压缩机。由于该机械手指只在X轴方向上张开或闭合，大大减小了抓取压缩机过程中机械手指张开与夹紧时所占的空间，解决了压缩机供料系统里两个压缩机之间空间小导致的难以夹持的问题。该专利性能可靠、结构简单，抓取力较大且张开闭合所占用空间小，能够代替人工操作，能够完成压缩机的拾取、装配，劳动强度低、效率高。

2015年12月22日，广州常人工业科技有限公司申请了一种抓纸箱夹手的专利（CN205415670U），如图7-38所示，该夹手包括机架1、夹紧机构以及驱动所述夹紧机构夹紧纸箱的夹紧控制机构，夹紧机构包括左夹板2、右夹板25、左滑块3以及右滑块4，左夹板和右夹板分别连接到左滑块和右滑块上，所述机架具有滑轨5，左滑块和右滑块分别连接在滑轨上，夹紧控制机构的动力输出端分别连接到左滑块和右滑块上。

所述夹紧控制机构通过螺杆和夹紧驱动装置的螺接关系实现夹板的开合，这样设置的好处在于：当螺杆驱动装置驱动第一螺杆转动时，第二螺杆也同时被带动，从而实现左夹板和右夹板同步向中间移动，可见该专利能准确和快速地进行调节，同时还具有结构简单、易于维护和维修的优点。

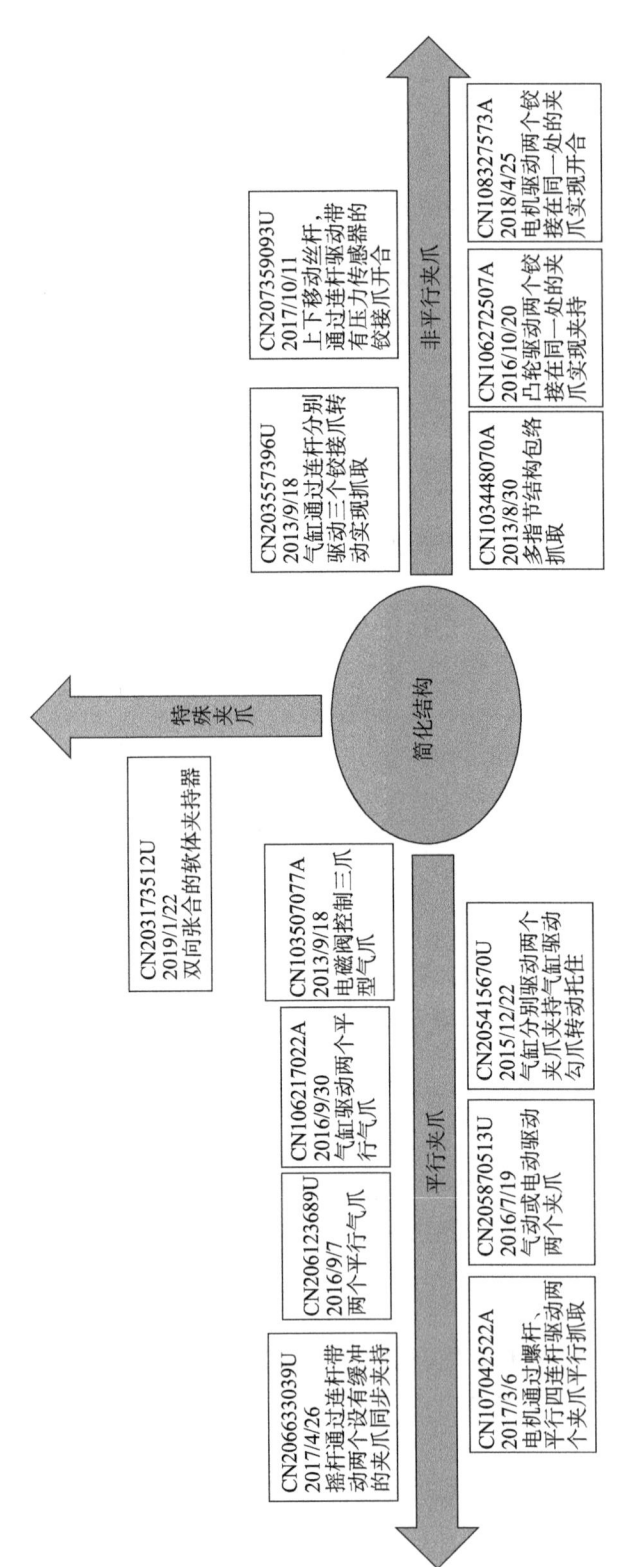

图 7-36 2013—2022 年广州市工业机器人末端技术简化结构技术发展情况

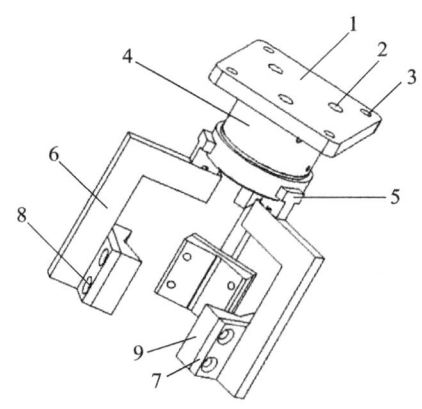

图 7-37 上下料的机器人手爪

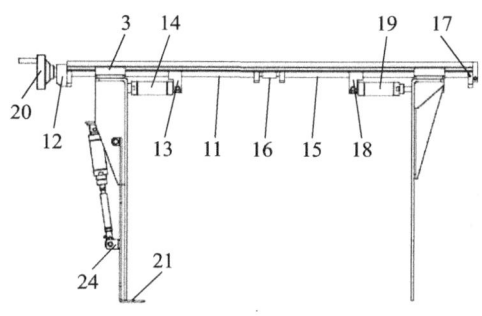

图 7-38 抓纸箱夹手

2016年9月30日，广州协鸿工业机器人技术有限公司发明了一种自动送钉机构，该送钉机构具有夹紧机构，夹紧机构包括夹爪302、平行夹爪气缸303、连接板304和对射传感器305。其中，对射传感器305设置于所述送钉孔3011处，用于检测送钉孔3011处是否有螺钉。连接板304设置于所述支撑座301下方，夹爪302位于所述送钉孔3011的正下方，并由设置在所述连接板304上的平行夹爪气缸303驱动其夹持螺钉。当对射传感器305检测到送钉孔3011处有螺钉送来时，平行夹爪气缸303启动，驱动夹爪302夹住所述螺钉。整个过程无需人工参与，自动化程度高，大大节省了人力物力。

随着研究的逐步推进，广州明珞汽车装备有限公司于2016年7月19日申请了一种智能移动机械手的专利（CN205870513U），如图7-39所示，该机械手包括抓手3，所述抓手3包括执行器31和设在执行器31上的夹爪32，抓手3中各元器件的排布要依据待夹产品的尺寸形状、拿取位置和路径以及机床中夹具特性等进行排布，并做工艺仿真验证可达性和效率。执行器31包括气动执行器，如气缸、气动手指等，或者电动执行器，如电缸、电机等，或者由驱动系统带动的凸轮机构、连杆机构等，执行器31可驱动夹爪32夹持产品。

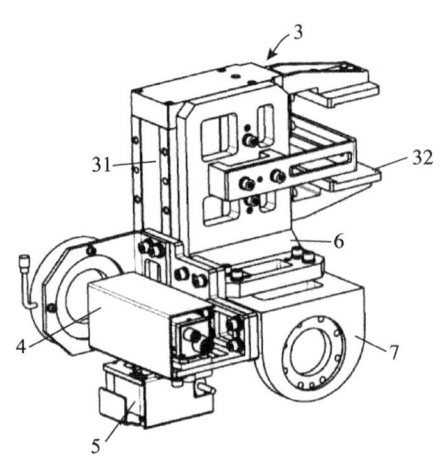

图 7-39　智能移动机械手

2016 年 9 月 7 日，广州瑞松智能科技股份有限公司也提出了一种多功能抓手，该抓手具有夹取部，所述夹取部 2 包括气爪，气爪安装在连接体 5 的一面，气爪包括滑轨 20、两个第一滑块，第一滑块安装于滑轨 20 上且相对滑轨 20 移动，每个第一滑块上设置有夹臂 21，夹臂 21 螺纹连接固定在第一滑块上，并随着第一滑块的移动而移动，夹臂 21 包括平板部 210 与弯折部 211，平板部 210 与滑块连接，弯折部 211 为平板部 210 朝向连接体 5 弯折延伸形成，弯折部 211 朝向连接体 5 弯折设置使得多功能抓手结构更加简单，防止向外延伸占用多余空间，两个夹臂 21 的平板部 210 相对设置，两个夹臂 21 的平板部 210 之间设置有垫片 22 和限位块 23，垫片 22 和限位块 23 用于调整夹臂 21 的夹紧行程，每个夹臂 21 上安装有夹杆 212，夹杆 212 安装于弯折部 211 的下方，随着夹臂 21 的移动或调整垫片 22 和限位块 23，使得两个夹杆 212 之间的距离发生变化，进而调整夹臂 21 的夹紧行程，夹取部 2 用于在叠装过程中搬运芯片物料盘、换空物料盘和满物料盘，抓取治具压块和拆卸治具。

关于平行夹爪的结构设计，一些高校申请人也积极投入研究。例如，广东工业大学在 2017 年 3 月 6 日提出了一种机器人末端夹持模块的专利申请（CN107042522A），如图 7-40 所示。该末端夹持模块设有一对关于蜗杆 4 中心轴左右对称的从动臂 7，每个从动臂 7 均位于主动夹持臂 6 外侧，并且从动臂 7 的一端与上基座 3 内部铰接相连，而主动夹持臂 6 的另一端以及从动臂 7 的另一端同时与可用于夹持工件的夹子 8 铰接相连。同时，从动臂 7 分别与夹子 8 以及上基座 3 铰接相连的位置和主动夹持臂 6 与夹子 8 以及上基座 3 铰接相连的位置相互平齐，并且从动臂 7 和主动夹持臂 6 在结构上相互平行。这样可以使得夹子 8、主动夹持臂 6、上基座 3 以及从动臂 7 在结构上组成一个可以摆动的平面平行四边形。当蜗杆 4 旋转并推动主动夹持臂 6 进行摆动时，主动夹持臂 6 可带动由夹子 8、主动夹持臂 6、上基座 3 以及从动臂 7 组成的平行四边形也随之进行摆动，左右两侧对称设置的夹子 8 可实现对工件进行夹持或放松。

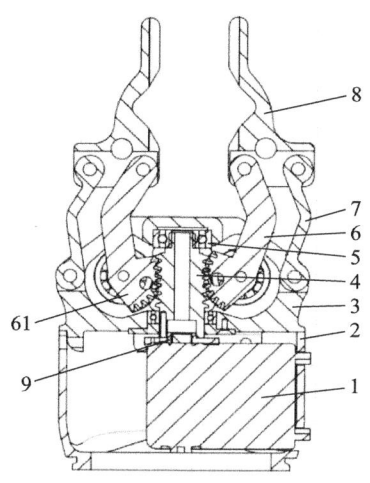

图 7-40　机器人末端夹持模块

2017年4月26日，广州番禺职业技术学院申请了一种柔性平行夹的专利，它包括支撑部件、驱动部件和夹持部件；支撑部件用于支撑驱动部件和夹持部件，驱动部件中的蜗轮蜗杆减速器和步进电机配合驱动夹持部件中的摇杆，夹持部件主要包括直线导轨、分别设在直线导轨左右两侧的导轨滑块、摇杆、左右连杆和左右夹块，摇杆、左连杆和右连杆依次可转动连接，左右连杆分别对应地连接在左右导轨滑块上；左右导轨滑块上对应地连接有左右支撑板，左右夹块分别对应地设置在左右支撑板的顶部。该柔性平行夹结构设计巧妙、合理，惯性力小，操纵控制简便，灵活性高，速度快，由于虚位小，力矩可断电保持，配合间隙小，平行夹的手部位置定位可调且精确。

（2）非平行夹爪关于简化结构技术的演进分析。

2013年8月30日，华南理工大学提出了一种多用型机械手的末端结构的专利申请，所述末端结构包括夹持型机械手基本架构43、末端指节凸台44、末端指节钩状末端45、自适应弯曲结构46、前臂47、机械手腕48和末端指节凹槽49，所述夹持型机械手基本架构43用90°沉头螺钉固定于机械手腕48，长指和短指的驱动由电机通过滚珠丝杠副控制，所述末端指节凸台44衍生于第一末端指节1、第二末端指节12，所述末端指节钩状末端45衍生于第一末端指节1、第二末端指节12，所述自适应弯曲结构46内嵌于夹持型机械手基本架构43的手指中，其中第一近端活动指节4、第二近端活动指节9、第三近端活动指节26、第四近端活动指节31和第一末端活动指节20、第二末端活动指节23、第三末端活动指节24、第四末端活动指节33通过轮齿啮合以实施耦合运动，所述前臂47和机械手腕48通过前臂47内相对放置的第一圆锥滚子轴承36、第二圆锥滚子轴承38连接，所述末端指节凹槽49设置于第一末端指节1、第二末端指节12。通过第一电机的转动，将转矩通过滚珠丝杠副转变成为推杆的来回运动，然后通过第一连杆和第二连杆，带动机械手的两个手指中的平行四边形连杆机构变形，于是机械手的手指得以张开、合拢，这种结构的优点是结构简单、紧凑且可实现多种具体的操作。

2013年9月18日，中国电器科学研究院有限公司申请了一种机械手爪的专利

（CN203557396U），如图 7-41 所示，该机械手抓包括固定板、安装在固定板顶部的气缸和安装在固定板底部用于抓取工件的机械手指，气缸固定在固定板顶面，机械手指上端铰接在固定板的底部，所述气缸的输出轴穿过固定板后连接有导向柱，所述机械手指和导向柱之间连接有能使机械手指张开/松开工件或收紧抓取工件的连杆。在机械手指和导向柱之间连接有连杆，使得当气缸在进气或出气时，气缸的输出轴经导向柱带动连杆往下或往上运动，再由连杆带动机械手指下端绕机械手指上端的铰接部位转动，实现机械手指张开/松开工件或收紧抓取工件，结构简单和加工方便且抓取力较大。

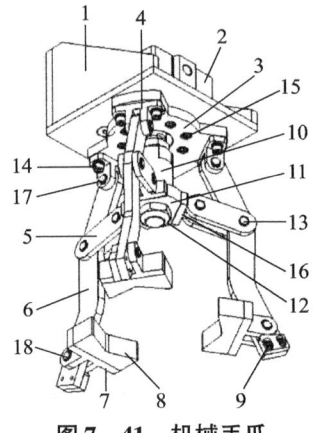

图 7-41 机械手爪

广东工业大学在 2016 年 10 月 20 日提出一种机器人专用的机械夹具的专利申请（CN106272507A），如图 7-42 所示，其利用机器人的末端旋转轴为动力源，通过将第一阶梯轴与机器人末端运动轴连接，实现机器人末端轴的动力传递到第一阶梯轴上，并通过半齿锥齿轮、第二阶梯轴、第三阶梯轴将动力传递到凸轮上，然后凸轮交替 180°旋转实现抓板的张开与闭合，从而实现夹取工件的动作需求，解决了带有附加动力源的工业机器人夹具结构复杂、安装困难、使用不稳定的技术问题。

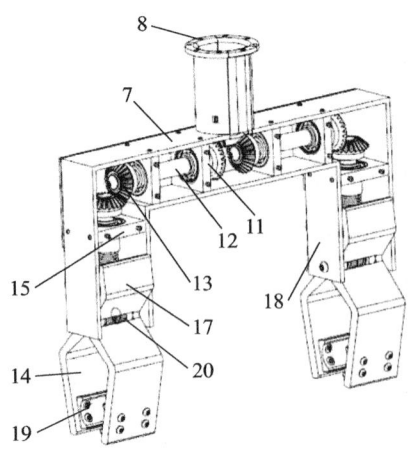

图 7-42 机器人专用的机械夹具

2017年,广东工业大学的另一个团队提出了一种可识别压力的自动伸缩夹具的专利申请(CN207359093U)。由图7-43可知,所述夹具包括连接座41、螺母42、一对夹爪43和一对连杆44,所述连接座41的一端与所述安装座31固定连接,所述一对连杆44的一端铰接于所述连接座41的另一端上,所述一对连杆44的另一端分别铰接于所述一对夹爪43上,所述一对夹爪43铰接于螺母42上,通过驱动装置上的丝杆驱动螺母移动,进而实现了一对夹爪的相对运动或背向运动,该结构的夹持装置4能将水平运动输入转变成摆动输出,通过两个夹爪43的相向可背向运动,结构简单,设计巧妙,通过控制第二电机32的正转、反转即可快速地对物品进行夹持或释放。

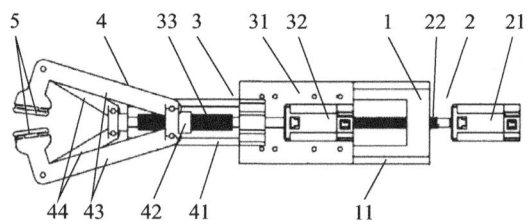

图7-43 可识别压力的自动伸缩夹具

2018年4月25日,广州市君望机器人自动化有限公司申请了一种移动自充电装置的专利,该装置具有电动抓取部,所述电动抓取部包括夹持部110与第二驱动电机106,夹持部110与手臂段活动连接,第二驱动电机106设置于夹持部110与手臂段的活动连接处,夹持部110包括第一夹持臂与第二夹持臂,第一夹持臂的一端与第二夹持臂的一端转动连接。该电动抓取部仅需要通过第二驱动电机106的驱动便可使第一夹持臂与第二夹持臂转动,以控制夹持部110开合。

(3)特殊夹爪关于简化结构技术的演进分析。

广东工业大学在2019年1月22日申请了一种特殊夹爪的专利(CN203173512U),如图7-44所示。该夹持器既不具有平行夹爪,也不具备非平行夹爪,而是一种软硬混合约束纯二维双向张合的气动软体夹持器,该夹持器包括4个纯双向弯曲指形模块(以下简称指形模块)以及用于固定指形模块的压盖与压座;指形模块为上下堆叠的层状结构,包括两个内部设有密封空间且弹性膨胀变形的膨胀层以及一个只可两个方向弹性弯曲变形的限制层,限制层上下两面分别与两个膨胀层底面相连,限制层的弹性

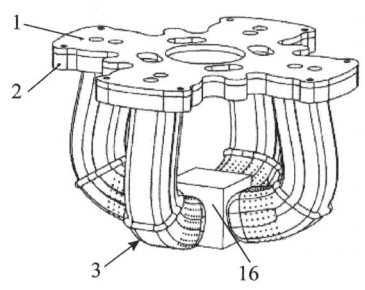

图7-44 一种特殊夹爪

模量小于膨胀层的弹性模量，膨胀层末端的充气孔与外部气体驱动装置相连；四个指形模块的八边形末端与压盖、压座安装定位装置相匹配，实现安装固定。这种夹持器结构简单、易于控制、容易实施。

3. 稳定性

在设计末端执行器时，要考虑末端执行器适用场景的广泛性和复杂性，受到不确定性因素影响较多。如果末端执行器在具体的执行作业过程中，稳定性较差，将难以准确、高效地完成相关的作业。因此，稳定性是保证末端执行器可靠作业的关键，研究末端执行器的稳定性十分必要。下面将从平行夹爪、非平行夹爪以及特殊夹爪三个分支对稳定性进行分析。图7-45展示了2013—2022年广州市工业机器人末端技术稳定性技术发展情况。

（1）平行夹爪关于稳定性技术的演进分析。

平行夹爪中涉及提高夹爪稳定性的专利有5件，分别为CN103358312A、CN103640024A、CN103722559A、CN103950037A、CN206703051U。

2013年7月29日，华南农业大学提出了一种末端执行器的专利申请（CN103358312A），如图7-46所示。该末端执行器包括静夹持块、动夹持块以及驱动所述动夹持块向所述静夹持块夹紧的且设置在所述执行器外壳内的动力机构，所述动力机构为液压缸或气缸，静夹持块一端固定连接于执行器外壳内，另一端伸出执行器外壳，动夹持块一端固定于液压缸或气缸的活塞杆上，另一端伸出执行器外壳。由于在动夹持块42与静夹持块41之间设置有一个引导动夹持块42向静夹持块41准确抓紧的导向杆44，这使得夹爪的夹持动作更加地稳定。

在广州市的机器人产业中，广州数控设备有限公司属于本领域中非常重要的申请人。该公司在2013年11月20日提出了一种用于机器人末端的平行夹持装置的专利申请（CN103640024A），如图7-47所示，平行夹紧机构包括压紧法兰2、中心轴3、旋转座4、调整杆5和调整基板6，压紧法兰与中心轴顶部固定连接，中心轴底部与调整基板固定连接，旋转座通过中心轴承7与中心轴外周连接，压紧法兰底部压紧中心轴承内圈，旋转座顶面通过调整杆与末端夹持机构连接。其中，中心轴承可采用深沟球滚珠轴承。末端夹持机构还包括手指基板9、滑块10、直线导轨11和夹持手指12，直线导轨固定于调整基板上，手指基板底部通过滑块与直线导轨连接，手指基板顶部与调整杆连接，手指基板两侧分别设置夹持手指。通过旋转座4和调整杆5的配合，实现两组末端夹持机构同步运行，夹持稳定，对中性和同步性较高，夹持的准确率也较高，可有效提高生产线的生产效率和自动化程度。

2013年12月6日，广东技术师范大学提出了一种图书抓取装置，通过抓书器电机的驱动，使抓书器的两片平行设置的机械爪进行张开或闭合，进而实现稳定地抓书或放书的动作。

第七章 广州市工业机器人末端执行器技术分析 | 207

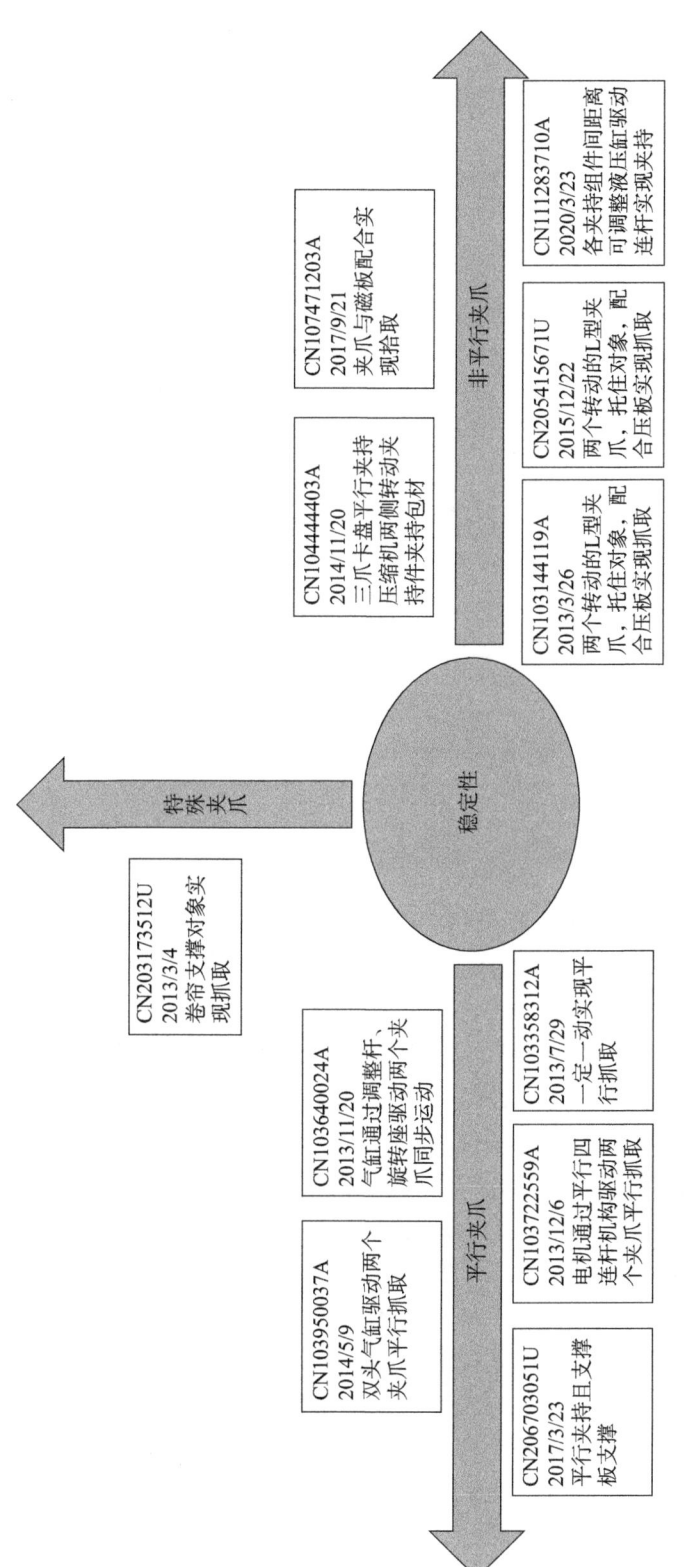

图 7-45 2013—2022 年广州市工业机器人末端技术稳定性技术发展情况

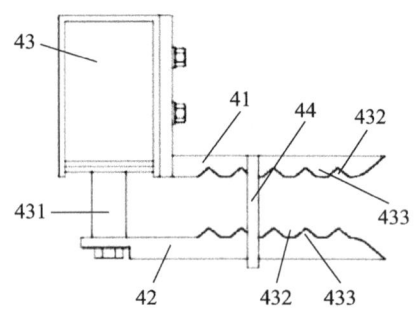

图 7-46 末端执行器

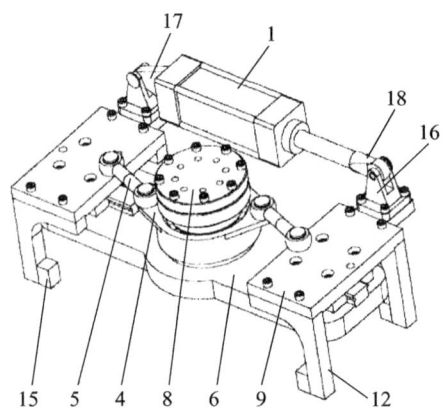

图 7-47 机器人末端的平行夹持装置

广州市番禺科腾工业有限公司在 2014 年 5 月 9 日申请了一种机械手夹具的专利（CN103950037A），如图 7-48 所示。该机械手夹具包括夹持机构 2，所述夹持机构包括两个相对设置在底板 12 底侧的夹持块 21 及用以驱动夹持块 21 相向或相反方向移动的驱动机构 22。驱动机构 22 包括驱动缸以及与驱动缸伸缩端连接的滑块 22，驱动缸安装在底板 12 上的两个侧壁 111 之间，如可安装在所述侧壁 112 之间的连接主体内；滑块 22 安装在两个外侧承载壁 121 上，驱动缸的伸缩端穿出侧壁与滑块 22 连接，可驱动滑块 22 在外侧承载壁 121 上滑动。在外侧承载壁 121 上可设置滑轨配合滑块 22。两个夹持块 21 安装在底板 12 的两侧，分别与安装在外侧承载壁 121 上的滑块 22 固接，连同滑块 22 一起滑动。两个驱动缸分别驱动两个滑块 22 移动，从而带动夹持块 21 相对或相背移动从而夹持工件或释放工件；所述夹持块 21 内侧通过螺钉等可拆卸的安装有夹块 23，由于夹块 23 上可以根据工件的形状设置有抵块 231，用于卡入工件对应的凹陷部位，进而提高移动待夹工件时夹持的稳定性。

2017 年 3 月 23 日，广东省智能制造研究所申请了一种码垛机器人的专利（CN206703051U），如图 7-49 所示。该机器人的抓取装置由左右对称的两个夹持机构组成，每个夹持机构分别包括夹持板 2、推动丝杠 3、支撑板 4，夹持板 2 的中间部位固定连接的内螺纹套筒 5 贯穿架体 6 并套在推动丝杠 3 上，推动丝杠 3 贯穿在架体 6

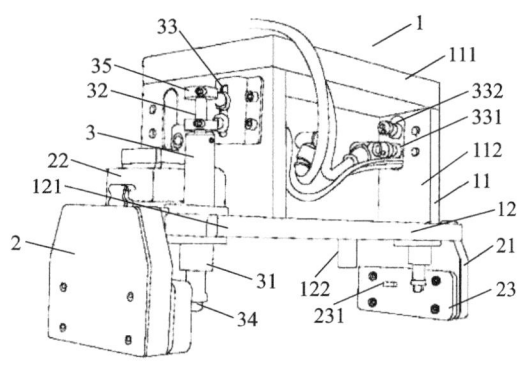

图 7-48 机械手夹具

上，且其一端的传动带轮 7 通过传动带与架体 6 上的丝杠驱动电机 8 传动连接，每个夹持板 2 上的两条导向杆 9 分别贯穿架体 6，这样在推动丝杠 3 转动时，即可相对内螺纹套筒 5 转动，由于两条导向杆 9 将夹持板 2、内螺纹套筒 5 固定住，内螺纹套筒 5 无法转动，因此内螺纹套筒 5 只能推动夹持板 2 相对推动丝杠 3 做水平方向的移动，即实现了夹持板 2 在架体 6 内的左右移动，当夹持板 2 同时向内移动时，即可起到夹持作用，用于夹持箱子。

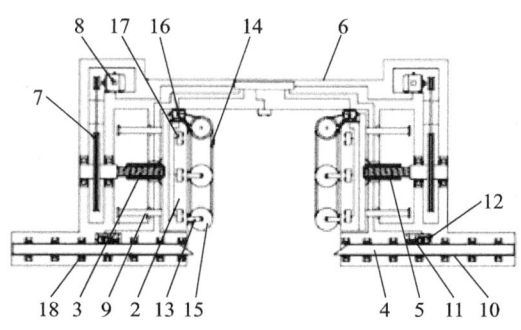

图 7-49 码垛机器人

（2）非平行夹爪关于稳定性技术的演进分析。

2013 年 3 月 26 日，广州创研自动化设备有限公司提出一种机器人搬运夹手机构的专利申请（CN103144119A），如图 7-50 所示。该机器人搬运夹手机构包括固定座 1、连接座 2、两个带座轴承 3、两个机械手 4 和驱动机构 5，连接座 2 固定连接在固定座 1 的顶端，连接座 2 用于连接机器人法兰，在两个机械手 4 抓取好堆垛类工件后，利用机器人的控制实现堆垛类工件的搬运，两个带座轴承 3 分别固定连接在固定座 1 的两侧，两个带座轴承 3 之间呈平行设置，每个带座轴承 3 上分别固定连接有一个机械手 4，两个机械手 4 之间可相互配合实现堆垛类工件的抓取和释放，驱动机构 5 固定连接在固定座 1 的对应于带座轴承 3 的位置，利用驱动机构 5 驱动两个带座轴承 3 旋转，从而实现两个机械手 4 在抓取状态与释放状态之间切换。

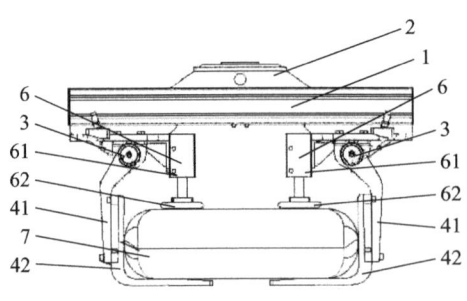

图 7-50　机器人搬运夹手机构

2014 年 11 月 20 日，广州达意隆包装机械股份有限公司设计了一款压缩机码垛夹具（CN104444403A），如图 7-51 所示，包括安装板、至少两个压缩机夹持组件、两个包材夹持件，其中一个压缩机夹持组件固定安装在安装板的底面中部，其他压缩机夹持组件滑动安装在安装板的底面中部，两个包材夹持件相对设置在安装板的底面侧部。通过在安装板的底面中部设置一个固定的压缩机夹持组件，设置至少一个可相对安装板滑动的压缩机夹持组件，通过调节滑动的压缩机夹持组件与固定的压缩机夹持组件的相对位置，能同时实现对多个压缩机进行抓取与码垛，安装板的底面侧部相对设置有两个包材夹持件，能同时实现对包材的夹取，且不会干涉对压缩机码垛，大大降低了劳动强度，有效提高了压缩机的码垛效率。

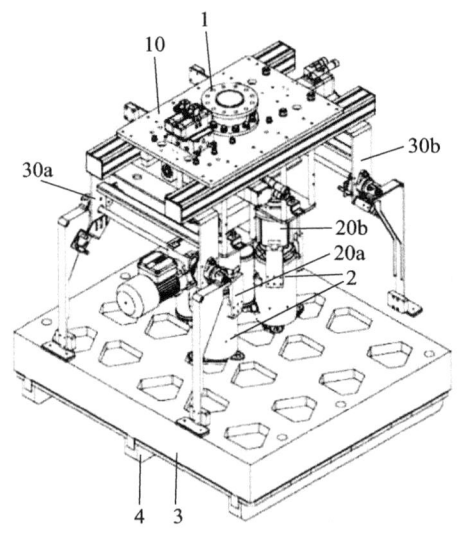

图 7-51　压缩机码垛夹具

2015 年 12 月 22 日，广州长仁工业科技有限公司提出了一种抓包夹手的专利申请（CN205415671U），如图 7-52 所示，包括夹手机架 1、抓手 2 以及抓手调节机构 3，夹手机架上具有调节滑槽 4，抓手调节机构包括调节架 5、轴承 6、轴承连接轴 7 以及连接在所述调节架上并可连接到调节滑槽中的锁紧螺杆 8，轴承连接轴连接到调节架上，轴承安装到轴承连接轴上并安装到调节滑槽中，所述抓手安装于调节架上。为使调整过程能稳定进行，所述调节滑槽为两条，两个调节滑槽上下水平设置，所述轴承和轴承连接轴均为多个，分别一一对应连接起来形成多个轮组，多个轮组对应两个调节滑槽分成上下两行设置；另外，还包括用于将袋装物压紧在抓手上的压紧机构，压紧机构为两个，两个压紧机构分别设置在两个抓手上方，两个压紧机构均包括压紧气缸以及由所述压紧气缸驱动上下运动的压紧板，这种设置的好处在于使袋装物能被更稳定地夹持。

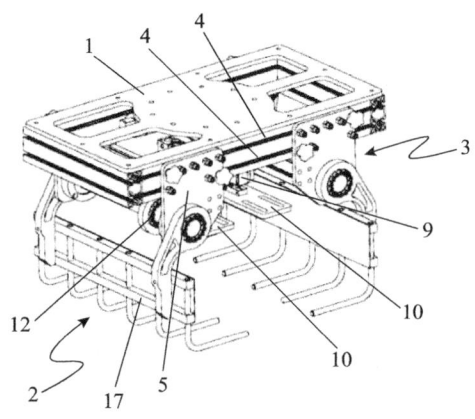

图 7-52　抓包夹手

2017 年 9 月 21 日，广州市妙伊莲科技有限公司提出了一种具有收料和堆叠功能的机械手的专利申请（CN107471203A），如图 7-53 所示，其结构包括金属底板、多功能手爪、支架、执行舵机、手关节、转轴、机械臂、传输线、控制主板、旋转云台、锂电池，所述锂电池为两边长度相等的长方形，所述多功能手爪由爪子、磁板、传感器、连接杆、轮轴、伸缩臂组成。该发明通过连接杆将多功能手爪连接固定在支架底部中央，由执行舵机通电触动传感器使爪子工作，通过多功能手爪上的三个爪子黏合在一起形成矩形模板，前后推动进行收料或者将爪子张开配合磁板来拾取物品，还可通过轮轴带动伸缩臂将爪子拉长来堆叠物品，以此实现稳定的抓取。

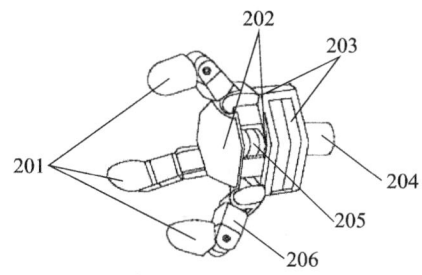

图 7-53　具有收料和堆叠功能的机械手

2020 年 3 月 23 日，广东技术师范大学提出了一种多功能工业机器人机械手爪的专利申请（CN111283710A），如图 7-54 所示，包括手爪安装座、轴承和转轴，手爪安装座的中部开设有轴承安装座，轴承安装座内安装有轴承，轴承上部通过螺栓固定连接有转轴，手爪安装座上周向均布有多个夹持组件，夹持组件的上部连接有用于调节夹持组件间距的间距调节组件，轴承和轴承安装座转动连接。该发明专利设置了间距调节组件，间距调节组件的设置实现了对夹持组件间距的调节，实现了对不同体积货物的夹持，扩大了夹持范围。该机械手爪操作简单，夹持稳定，利于推广使用。

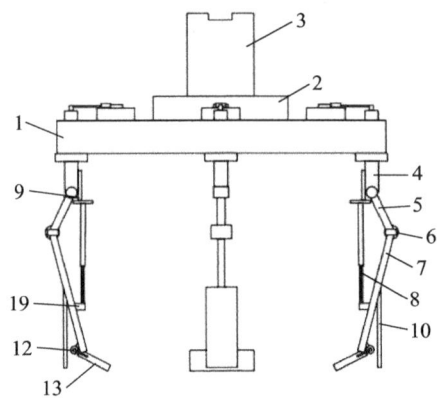

图 7-54 多功能工业机器人机械手爪

（3）特殊夹爪关于稳定性技术的演进分析。

2013 年 3 月 4 日，广州达意隆包装机械股份有限公司提出了一种码垛机器人的发明专利申请（CN203173512U），如图 7-55 所示。所述的码垛机器人包括抓取装置，抓取装置 3 包括可放入产品的箱体 4，沿箱体 4 两侧和底部移动从而打开或闭合箱体底部的卷帘 5，接收伺服系统的信号并控制卷帘 5 运动的卷帘电机 6；所述的卷帘电机 6 是伺服电机。卷帘在卷帘电机的驱动下可沿箱体的两侧和底部移动，当卷帘移至箱体底部时将底部封闭，产品通过上位机输送至箱体内部并随箱体移动，从而实现抓取动作。

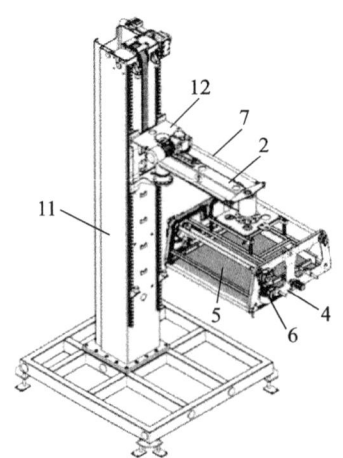

图 7-55 码垛机器人

第五节 小 结

工业机器人末端技术是广州市在工业机器人领域专利申请量最大的技术分支，主要涉及末端夹持机构，企业在主要申请人中的占比也远高于企业在工业机器人整体排名中的占比。在排名前20位的申请人中，仅有5家是高校/研究院。对比广州市工业机器人排名前20位的申请人，排名前10位的就有7家为高校/研究院，可见企业在工业机器人末端技术方面的研发与需求较高。

工业机器人末端技术目前主要集中在解决末端的适应性、简化结构和稳定性问题。关于适用性，主要涉及在末端上集成多种功能模块、柔性结构或者结构的可调整方面；关于简化结构，则主要涉及末端传动与驱动机构的布置方面；关于稳定性，主要涉及增设辅助定位结构、检测结构或者安全装置。

第八章

广州市工业机器人臂技术分析

第一节 专利申请态势分析

一、专利申请趋势

图8-1展示了2013—2022年广州市工业机器人臂技术专利申请趋势。2013—2014年的专利申请量相对较低,尚处于技术探索阶段,市场及科研界对该技术的开发和应用尚未广泛展开。从2015年开始,该项技术专利申请量开始迅速增长,并于2017年达到申请量峰值112件,表明在此期间,随着工业机器人市场的兴起以及技术研发的深入,越来越多的企业和科研机构开始投入资源进行技术创新。2018年以后申请量整体上呈现逐渐下降的趋势,2022年仅17件,主要原因是部分专利申请尚未公开。广州市工业机器人臂技术研发态势虽然整体趋缓,但技术成熟度已相对稳定在较高水平,该种趋势可能意味着市场对该技术的接受度逐渐提高,同时技术竞争也趋于激烈,企业和科研机构需更加注重技术创新和专利布局。

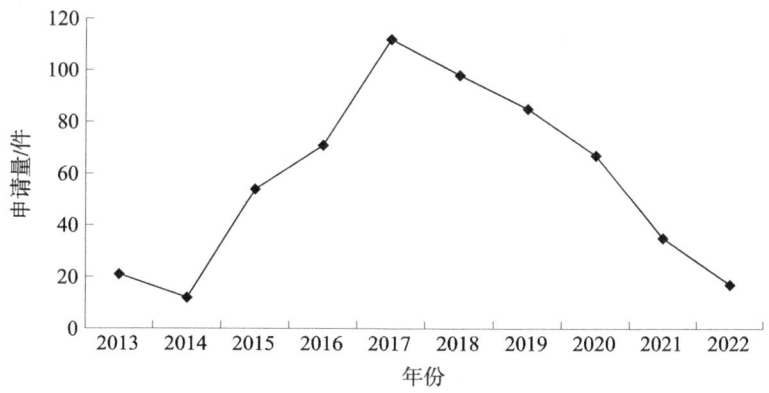

图8-1 2013—2022年广州市工业机器人臂技术专利申请趋势

图8-2展示了2013—2022年广州市工业机器人臂技术专利申请类型变化趋势。从中可以看出,2013—2017年,该项技术专利申请数量整体上呈现明显增长趋势。2013—2019年,实用新型专利申请量多于发明专利申请量,创新主体更倾向于通过实用新型专利申请快速获得相应专利权保护。2020—2022年发明专利申请数量开始多于实用新型专利申请数量,尤其是2020年,发明专利申请数量达到49件,约为实用新型专利申请数量18件的3倍,这一变化反映了创新主体对专利权稳定性的重视,以及对重要核心专利保护策略的相应调整。实际上,发明专利的审查更为严格,授权后的专

利权更为稳定，有利于企业在技术竞争中占据优势地位。

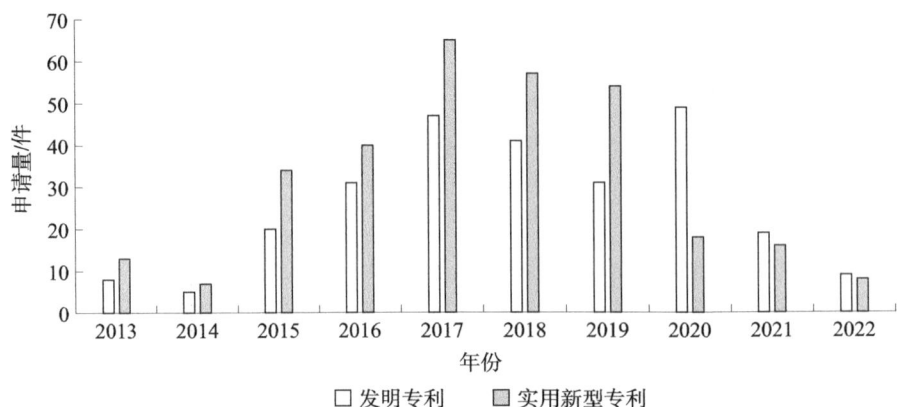

图 8-2　2013—2022 年广州市工业机器人臂技术专利申请类型变化趋势

图 8-3 展示了 2013—2022 年广州市各区工业机器人臂技术专利申请趋势，可以看到，广州市工业机器人产业主要集中在天河区（151 件）、黄埔区（90 件）、番禺区（85 件）、越秀区（64 件）、花都区（53 件）和南沙区（45 件）。其中，天河区、黄埔区和番禺区工业重镇，在工业机器人臂技术研发上处于相对领先地位，目前已形成从上游关键零部件、中游机器人本体到下游自动化集成应用的全产业链，拥有一批细分领域优势企业。这种全产业链的布局有利于企业之间协同创新和资源共享，进一步推动工业机器人技术发展。

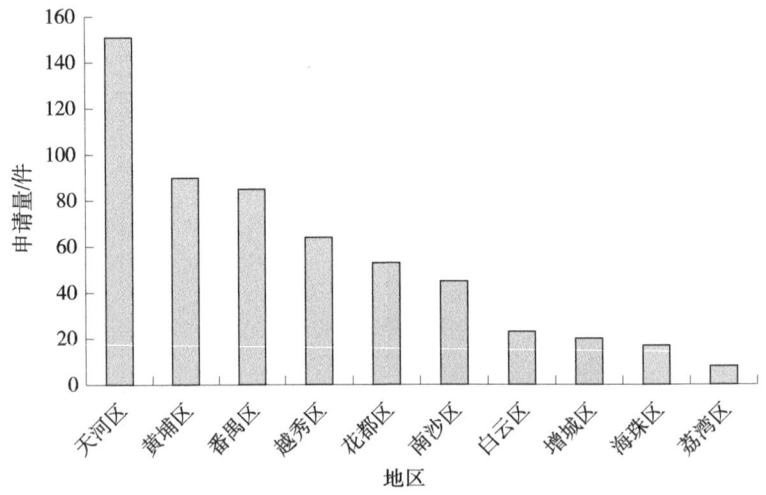

图 8-3　2013—2022 年广州市各区工业机器人臂技术专利申请趋势

二、主要申请人分析

专利申请人的申请量排名可以反映某一领域内专利申请人的技术掌握情况及其专利布局策略。一般来说，专利申请数量可以反映某申请人的研发投入情况、专利申请积极性和市场重视程度。

图 8-4 展示了 2013—2022 年广州市工业机器人臂技术主要申请人专利申请情况。由图中可知，华南理工大学排名第一，专利申请量为 106 件；广东工业大学排名第二，专利申请量为 50 件；广州城市理工学院排名第三，专利申请量为 23 件。华南理工大学和广东工业大学的申请量总量占广州市主要申请人专利申请总量的一半以上，说明工业机器人臂技术在华南理工大学和广东工业大学具有较高的集中度，专利申请人分布相对较为集中。除此之外，广东技术师范大学、广州大学、广州先进技术研究所、中山大学的申请量排名也比较靠前。由图 8-4 可以看出，在机器人臂技术上，高校或科研机构的申请量较大，而企业的申请量相对较少，申请量较多的企业主要有以下三家：广东电网有限责任公司、广州启帆工业机器人有限公司和广州数控设备有限公司。

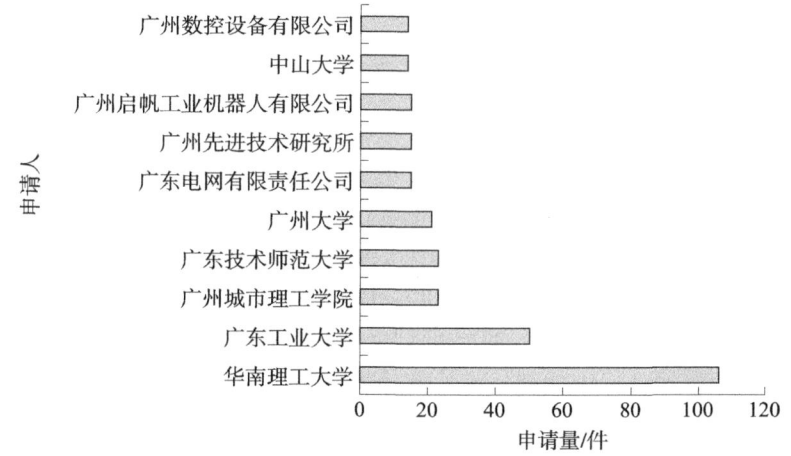

图 8-4 2013—2022 年广州市工业机器人臂技术主要申请人专利申请情况

三、申请人类型分析

对广州市工业机器人臂领域的申请人类型进行分析，可以了解广州市工业机器人臂技术的申请人构成情况，为相关政策提供参考。

图 8-5 展示了广州市 2013—2022 年工业机器人臂技术的专利申请人类型。由图可知，大专院校的申请量高达 261 件，科研单位的申请量为 37 件，大专院校和科研单位的申请量占比约为 52%，企业申请量为 260 件，约占申请总量的 45%，由此可见，在广州市的工业机器人技术的研究和应用中，大专院校、科研单位、企业均是非常重要的创新主体，这些臂技术相关的申请人均是广州市工业机器人技术发展中的中坚力量。由图 8-5 可知，虽然企业在机器人臂技术上的申请量与大专院校的申请量基本相同，但是结合图 8-4 可以推断出，臂技术专利相关的龙头企业相对较少，专利密集型企业较少，专利技术分散在众多的企业之中。相关企业在技术发展储备中可以积极寻求与大专院校和科研单位的联合科研，采用产学研合作的方式，实现优势互补，提高研发效率。

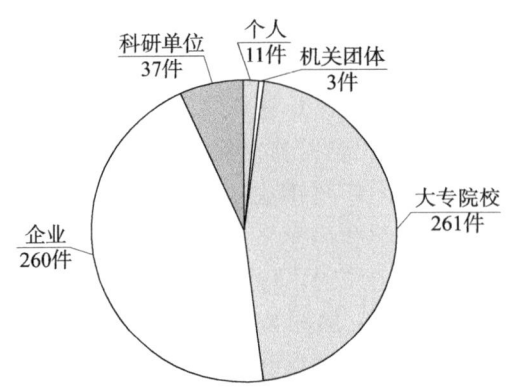

图 8-5 2013—2022 年广州市工业机器人臂技术专利申请人类型

四、联合申请分析

广州市 2013—2022 年工业机器人臂技术的专利申请中，独立申请的专利数量为 294 件。图 8-6 展示了 2013—2022 年广州市工业机器人臂技术专利联合申请情况，联合申请数量为 47 件，占比约为 14%。其中，大专院校（科研单位）与企业联合申请为 27 件，企业间联合申请为 16 件。由此可见，广州市工业机器人臂技术的研究形式还倾向于单独研究，合作研究较少，企业与大专院校（科研单位）、企业和企业的联合研究处于较低的水平。鉴于此，可通过大专院校之间的合作，或者采用产学研合作的形式，充分挖掘高价值专利，打通专利技术转移转化关键堵点，加强大专院校及科研单位的专利转让转化奖励激励政策，不断优化资源配置，实现优势互补，提高研发效率。

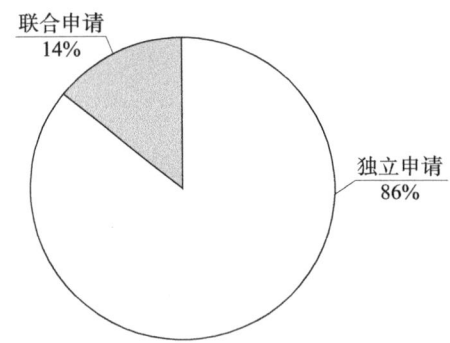

图 8-6 2013—2022 年广州市工业机器人臂技术专利联合申请情况

五、技术引证情况分析

专利被引用的次数在一定程度上代表该专利的重要程度，尤其是该专利被行业内的重要申请人、龙头企业所引用的情况，侧面反映了该专利技术的重要性以及价值。

表 8-1 所示为 2013—2022 年广州市工业机器人臂技术部分引证情况。分析可知，作为广州市此方面专利申请量最多的申请人——华南理工大学，有 26 件专利被其他申请人多次引用。除华南理工大学，引证其专利较多的其他申请人是清华大学、北京航空航天大学、天津大学、中国矿业大学。可以看出，华南理工大学的专利主要被大专院校申请人所引用。广东工业大学有 10 件专利被其他申请人多次引用，主要的引文申请人是华南理工大学、三菱电机、上海交通大学和华南农业大学。广州城市理工学院有 6 件专利被其他申请人多次引用，广东技术师范大学有 8 件专利被其他申请人多次引用，广州大学有 4 件专利被其他申请人多次引用，引文申请人涉及高校、知名企业等。纵观广州市工业机器人臂技术专利被引用的情况，一些重要的专利技术已被行业内重要的申请人、知名企业（如佳能公司、ABB 公司、三菱电机和深圳市大疆创新科技有限公司等）所关注，这些专利技术可能会成为技术研发的起点，为创新主体的研发、布局、决策提供数据支撑。

表 8-1 2013—2022 年广州市工业机器人臂技术引证情况

原始专利申请人	引文专利申请人	引用次数
华南理工大学	华南理工大学	49
	清华大学	8
	北京航空航天大学	7
	天津大学	6
	中国矿业大学	5
广东工业大学	广东工业大学	11
	华南理工大学	6
	三菱电机	2
	上海交通大学	2
	华南农业大学	2
广州城市理工学院	广州城市理工学院	4
	中国矿业大学	2
	华南理工大学	2
	深圳市大疆创新科技有限公司	2
广东技术师范大学	广东技术师范大学	3
	佳能公司	2
	布鲁克斯自动化股份有限公司	2
	昆明理工大学	2
	西北农林科技大学	2
广州大学	广州大学	5
	华南理工大学	2
	村田机械株式会社	2
	ABB 公司	1

第二节 重点专利分析

一、重点专利

通过对广州市工业机器人本体的专利文件的引证和被引证情况，结合申请人和相关技术情况，梳理出了 2013—2022 年广州市工业机器人本体技术重点专利列表，如表 8-2 所示。

二、典型专利引证分析

在对工业机器人臂技术重点专利的技术分析中发现，一些基础性重要专利的引证频率非常高，对后续专利申请及技术发展具有重要影响，如下选取一件具有代表性的专利进行重点分析。

1. 案例分析

申请人：华南理工大学；申请日：2014 年 11 月 21 日；申请号：CN201410671752.0；公开日：2015 年 3 月 4 日；公告日：2016 年 4 月 13 日；公开号：CN104385260A；授权公告号：CN104385260B；发明名称：一种新型四自由度平面关节机器人结构。该专利附图参见图 8-7。

关节机器人，也称关节手臂机器人或关节机械手臂，适合用于诸多工业领域的机械自动化作业，如自动装配、喷漆、搬运、焊接等工作。一般来说，企业期望平面关节型机器人的制造成本低，同时也期望该平面关节型机器人可动范围较大、定位精度较高、结构简单、能够适应空间狭小的使用环境。而现有技术的四自由度关节型机器人，结构复杂，制造成本较高，价格仍是制约其在社会中广泛应用的要素。

针对上述存在的技术问题，该申请提供一种新型四自由度平面关节机器人结构，能够使平面关节机器人可动范围较大、定位精度较高、结构简单、能够适应空间狭小的环境。该四自由度平面关节机器人结构包括：具有支承和减震作用的底座 3；在丝杆 6 及丝杆螺帽 1 和导轨副的限位作用下沿 Z 轴方向上向下运动地升降座 9；第一机械臂 14，其以与 Z 轴平行的 X 轴为转动中心能够转动地安装在所述升降座 9 上；Y 轴盖子 37，被安装在第一机械臂 14 上，支承 Y 轴减速装置一轴 38 和 Y 轴减速装置二轴 36，且具有供 Y 轴伺服电机轴、Y 轴减速装置一轴 38 和 Y 轴减速装置二轴 36 贯穿的通孔；第二机械臂 23，其以与 X 轴平行的 Y 轴为转动中心能够转动地安装在所述第一机械臂

第八章 广州市工业机器人臂技术分析 | 223

表8-2 2013—2022年广州市工业机器人本体技术重点专利

公开（公告）号	标题	附图	摘要
CN108422417A	一种多用途气动机械臂装置及气压传动控制系统		该发明涉及一种多用途气动机械臂装置，包括摆动机构、承载机构、竖向放置的立柱气缸、水平放置的横臂气缸、竖向放置的副臂气缸，转台套装在摆动气缸的输出轴上，立柱气缸安装在转台上，横臂气缸安装在立柱气缸的输出端上，副臂气缸安装在横臂气缸的输出端上，转台的输出的外轮廓压着承载机构；安装在副臂的输出端上；该发明还涉及一种用于控制气动机械臂装置的气压传动控制系统。该发明可以用于抓取物体，属于工业机械臂的技术领域。
CN110977954A	一种长臂机器人		该申请实施例公开了一种长臂机器人，包括：基座、基座的上端设置有运动机构，基座的下端设置有活动臂，运动机构包括用于驱动活动臂在竖直方向旋转的第一驱动装置、第二驱动装置和用于驱动活动臂水平方向旋转的第一驱动装置、联动组件位于基座与活动臂之间，联动组件为可伸缩结构，联动组件上设置有用于驱动联动组件伸缩移动的第四驱动装置。该发明使得机器人各部件的布局结构更加的合理，整体结构变得更加的紧凑，减少了机器人整体质的占用空间，是一种优质的长臂机器人

续表

公开（公告）号	附图	标题	摘要
CN110802584A		一种绳驱多关节柔性机械臂及机器人	该发明公开了一种绳驱多关节柔性机械臂，包括若干沿轴线方向串联的关节杆单元，在任一相邻两个关节杆单元中，一个关节杆单元的底端部分套设于另一个关节杆单元的顶端，且一个关节杆单元的顶端与另一个关节杆单元的底端通过弹簧组件进行柔性连接，一个关节杆单元的顶端与另一个关节杆单元的底端通过弹簧组件进行柔性连接，关节杆单元上设有若干穿绳孔。该机械臂发生接触碰撞或受到撞击时可由各关节杆单元和弹簧组件组成的外部分力经分散迅速从而避免机械臂与目标产生刚性碰撞冲击，适应于非合作目标捕获；通过使弹簧组件发生弹性形变，驱动关节杆单元间的相对转动，从而控制该机械臂的弯曲变形
CN105291100B		多角度工作的机械臂	多角度工作的机械臂，该机械臂的杆I下端通过转动副I连接在工作平台上，杆I上端通过转动副II与杆II一端连接，杆II另一端通过转动副III连接在执行器上，伸缩杆下端通过转动副IV连接在工作平台上，伸缩杆上端通过转动副V连接在杆II上，杆II上，杆III下端通过转动副VI连接在滑块上，滑块安装在工作平台的滑槽中，杆III上端，工作平台通过转动副VIII安装在小车上。该发明具有传统液压机构工作空间机构工作空间大，挖掘力大，受力好等优点，同时还降低了主动杆和可控电机的数量，降低了机架传动系统的复杂性

续表

公开（公告）号	附图	标题	摘要
CN105945940A		一种仓库用货物搬运机器人	该发明涉及一种机器人，尤其涉及一种仓库用货物搬运机器人。该发明要解决的技术问题是提供一种省时省力、搬运速度快、搬运成本低的仓库用货物搬运机器人。为了解决上述技术问题，该发明提供了这样一种仓库用货物搬运机器人，包括有夹紧装置、底板、支撑杆、旋转电机Ⅰ、转轴、环形滑轨、滑块、支座、转板、气缸Ⅰ、连杆Ⅰ、连杆Ⅱ、气缸Ⅱ、连杆Ⅲ、旋转电机Ⅱ和气缸Ⅲ、底板对称顶部设有支撑杆，支撑杆上端设有环形滑轨，环形滑轨上设有滑块，滑块顶部设有转板，底板顶部中间设有旋转电机Ⅰ，旋转电机Ⅰ位于支撑杆之间，旋转电机Ⅰ顶部设有转轴。该发明达到了省时省力、搬运速度快、搬运成本低的效果
CN103640028A		一种新型平面关节型机器人结构	该发明提供一种新型平面关节型机器人结构，包括：起支承和减震作用的底座；在丝杆和光轴的限位作用下沿Z轴方向上下运动的升降座；第一机械臂，其以与上述Z轴平行的X轴为转动中心能够转动地安装在上述升降座上；第二机械臂，其以与上述X轴平行的Y轴为转动中心能够转动地安装在上述第一机械臂上；作业主轴，其以与上述Y轴平行的R轴为转动中心能够转动地安装在上述第二机械臂上。该发明将四自由度平面关节型机器人的底座部分、上下移动的Z轴移动到机器人的底座部分，这样的设计可以减少该工业机器人机械臂的惯量，改善机械臂作为悬臂梁时的受力情况，有效地提高机器人的运行速度和控制的稳定性，同时也增大了该工业机器人的工作空间

续表

公开（公告）号	标题	附图	摘要
CN105173760A	一种码垛机器人		该发明公开了一种码垛机器人，包括底座、回转组件、摆臂组件和机架，所述回转组件包括底座、回转组件和机架，所述回转组件的输出轴通过所述第一电机和回转支承，所述回转支承连接，所述机架上固定有竖直设置的第一摆臂减速机与所述回转支承连接，所述机架上固定有竖直设置的第一导轨和水平设置的第二导轨，所述第一导轨上设有第一滑块，所述第二导轨上设有第二滑块，所述第一滑块上设有第二摆臂，所述摆臂组件包括第一摆臂、第二摆臂、第三摆臂和连接，所述机架上设有第一驱动组件、第二驱动组件和第三驱动组件，所述第一驱动组件用于驱动所述第一滑块竖直移动，所述第二驱动组件用于驱动所述第二滑块水平移动，所述第三驱动组件用于驱动所述抓手架上设有第三驱动组件，用于提高码垛效率和精度，并减少抓手盘旋转，该发明码垛机器人可提高码垛效率和精度，并减少人力成本
CN103624775A	一种同步带减速平面关节机器人		该发明公开了一种同步带减速平面关节机器人，包括：底座、Z轴电机架、丝杆、丝杠、升降架、Z轴伺服电机、Z轴伺服减速器、Y轴谐波减速器、X轴机械臂、第二机械臂、X轴谐波减速器、Y轴盖子、关节轴、R轴盖子和作业主轴，丝杆盖安装在底座上的角接触球轴承和丝杆架上的角接触球轴承之间，即Z轴，以Z轴为转动中心在Z轴伺服电机和Z轴主从带轮的作用下带动升降座及升降座上的部件沿Z轴轴向运动；Z轴谐波减速器安装在升降座的后端部，以X轴谐波减速器的心部为转动中心带动第一机械臂及第一机械臂上的部件沿X轴转动。与一般平面关节机器人相比，该发明不仅可以确保平面关节型机器人的精度和较大的运动空间，而且大大减少了该平面关节型机器人的制造成本

续表

公开（公告）号	附图	标题	摘要
CN105196104A		数控机床用上下料工业机器人及其柔性自动化加工单元	该发明公开了一种数控机床用上下料工业机器人及其柔性自动化加工单元，上下料工业机器人包括第一转动单元、第二转动单元、平移单元，平移单元在纵向和末端执行器，第一转动单元带动末端执行器在纵向平面内来回转动，第二转动单元带动末端执行器在横向平面内来回转动，平移单元带动末端执行器在纵向上进行上下移动；柔性自动化加工单元包括数控机床、料仓和上下料工业机器人，料仓设于数控机床一侧，上下料工业机器人设于料仓一侧，通过上下料工业机器人的末端执行器将料仓回运送于料仓和数控机床之间，实现循环供料以及将加工好的物料取出，自动完成相应零件的加工，可减少人工操作，加工效率较高
CN103231362A		一种并联机器人	该发明公开了一种并联机器人，属于工业机器人领域。并联机器人包括静平台、动平台、并联安装于静平台和动平台之间的三个支链；三个支链由结构相同的第一支链、第二支链和第三支链构成；第一支链、第二支链和第三支链分别具有第一主动杆、第二主动杆和第三主动杆；第一支链、第二支链、第三支链所在平面；第一主动杆、第二主动杆和第三主动杆两两互成相同角度等分布设于所在平面；第一主动孔、第二主动孔和第三减重孔，第二主动孔和第三减重孔等分布设置有第一减重孔、第二减重孔和第三减重孔。该发明通过空间布置的三个支链来实现末端动平台的二维移动，有效提高机构整体刚度，有效地减少了支链的重量，同时设置减重孔

续表

公开（公告）号	附图	标题	摘要
CN105922255A		一种仓库箱子搬运机器人	该发明涉及一种机器人，尤其涉及一种仓库箱子搬运机器人。该发明要解决的技术问题是提供一种结构简单、操作方便的仓库箱子搬运机器人。为了解决上述技术问题，该发明提供了这样一种仓库箱子搬运机器人，包括底板、轴承座Ⅰ、转轴Ⅰ、旋转电机Ⅰ、大皮带轮、平皮带、轴承座Ⅱ、固定板Ⅰ、伺服电机、轴承座Ⅱ、导柱、小皮带轮、轴承座Ⅲ、支架、电动推杆、丝杆、螺母、轴承座Ⅳ、导套、螺杆Ⅰ、夹紧装置、固定板Ⅱ、滑块、滑轨、转轴Ⅱ、旋转电机Ⅱ、螺杆Ⅱ、活动夹块和固定夹块，底板顶部从左至右依次设有轴承座Ⅰ和旋转电机Ⅰ。该发明达到了结构简单，操作方便的效果，能极大地提高仓库工作的工作效率
CN106395400A		一种码垛机器人连杆挤压载荷过载保护装置	该发明涉及一种码垛机器人连杆挤压载荷过载保护装置，包括摇臂座、摇臂以及缓冲构件，所述摇臂构件分别与摇臂座、摇臂相连，所述摇臂座上设有固定的芯轴，所述摇臂转动连接在芯轴上，缓冲构件位于摇臂逆向转动的路径上。通过将摇臂座与摇臂逆向相对转动的分离体，并在摇臂逆向转动的路径上安装缓冲机器人在误操作或者是摇臂受到反向的载荷的情况下，避免由于摇臂是刚性连接而发生弯曲变形甚至破坏。该发明应用于物流装置技术领域

第八章 广州市工业机器人臂技术分析 | 229

续表

公开（公告）号	附图	标题	摘要
CN107139003A	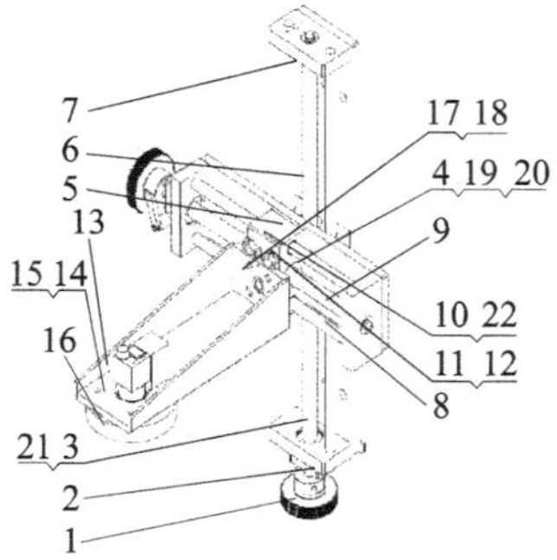	模块化视觉系统制作方法	该发明公开了一种视觉系统，用于各类五金件、电子元件、塑料及橡胶制品等的定位和检测，实现模块化设计，不同应用可以快速组合系统。所述视觉系统包含相机安装装置、系统标定、模板创建及匹配算法、系统测量工具包以及系统与机器人和机床的通信接口，并将各个功能模块标准化
CN114700979A	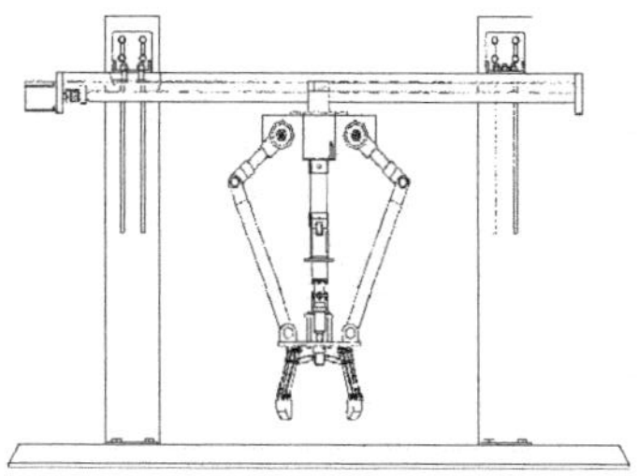	一种谐波减速器拆卸装置	该发明涉及谐波减速器技术领域，尤其是涉及一种谐波减速器拆卸装置，包括电动滑台机构、机械爪机构，并联并联运动机构，自动拧螺栓零件的抓取。其中，所述并联运动机构、自动拧螺栓机构设置在所述电动滑台机构上，并可沿所述电动滑台机构的长边方向往复运动；所述自动拧螺栓机构固设在所述并联运动机构上，用于螺栓的拧紧和拧松；所述机械爪机构固设在所述并联运动机构远离所述电动滑台机构的一端，用于拆卸零件的抓取。该谐波减速器拆卸装置，可以减少该谐波减速器装卸过程中使用的劳动力，提高拆卸的高效性及准确性，使谐波减速器装配一定程度上满足自动化生产需求，实现常规精度谐波减速器装卸的半自动化和自动化装卸

续表

公开（公告）号	附图	标题	摘要
CN109352629A		工业机器人	该发明公开了工业机器人，包括一二轴组件，主臂，三四轴组件，五六轴组件以及管线组件，主臂的端部通过若干个异型孔与三四轴组件安装，副臂的端部通过若干个异型孔与五六轴组件安装。该发明结构中，和副臂的端部结构设计异型孔，用于快速装拆，在主臂合理，将机器人的结构设计为便于装拆的多个模块，可广泛应用于机器人技术领域
CN108638047A		具有精密传动装置的机械手	该发明公开了具有精密传动装置的机械手，涉及机器人技术领域，包括手腕以及驱动该手腕运动的手腕运动部，所述手腕运动部包括驱动所述手腕运动的四轴驱动部以及驱动所述手腕作上下摆运动的五轴驱动部。该发明通过设计五轴驱动部驱动手腕上下摆运动，具体是五轴减速轮组可径向调节中心位置，消除一级大齿轮和输入齿轮的装配间隙，同时消除二级齿轮传动的啮合状态，使调整后的五轴驱动部具有良好的传动刚度以及传动的平稳性，另外可优化四轴驱动部，提高手腕旋转运动的平稳性，实现手腕的精准定位

续表

公开（公告）号	附图	标题	摘要
CN104385260A		一种新型四自由度平面关节机器人结构	该发明公开了一种新型四自由度平面关节机器人结构，包括底座，在丝杆及丝杆螺帽和导轨副的限位作用下沿Z轴方向上上下运动的升降座；第一机械臂，其以与Z轴平行的X轴为转动中心能够转动地安装在所述升降座上；Y轴盖子，被安装在第一机械臂上，具有供Y轴伺服电机轴、一轴和Y轴减速装置二轴，且Y轴贯穿的通孔、Y轴减速装置，其以与X轴减速装置的Y轴平行的Y轴为转动中心能够转动地安装在所述第一机械臂上；作业主轴，其以与Y轴平行的R轴为转动中心能够转动地安装在上述第二机械臂上。该发明所提供的新型四自由度平面关节机器人结构简单、成本低，具有较大的作业空间及较高的作业精度
CN105269958A		一种并联机器人	该发明公开了一种并联机器人，其转盘直接或者间接安装有第三驱动装置，抓手直接或者间接安装在第三驱动装置的水平转轴上。第三驱动装置动作时，可驱动抓手绕X轴或Y轴旋转，从而使该发明可在实现抓手在X轴、Y轴、Z轴的移动以及绕Z轴转动的同时，还能实现抓手在X轴或Y轴的旋转，从而进一步满足物料或者产品的搬运、整理或者组装等工作需求

续表

公开（公告）号	附图	标题	摘要
CN105108748A		一种双段折臂式半自动上料机械手	该发明提出了一种双段折臂式半自动上料机械手，包括一立柱，所述立柱上设有滑轨，所述立柱上套设有滚轮滑套与所述立柱滑动连接，所述滚轮滑套与所述升降电机连接，所述滚轮滑套与折臂立柱铰接，所述折臂立柱连接第一段折臂的一端，所述第一段折臂的另一端与第二段折臂的一端铰接，所述第二段折臂的另一端通过吸盘旋转机构与吸盘架连接，所述吸盘架连接真空泵连接，所述吸盘与吸盘架上连接若干吸盘，所述吸盘与真空泵连接，所述吸盘架与吸盘架连接管与控制手柄铰接。该发明的双段折臂式半自动上料机械手无震动，无摇摆，占地小，安全，使用方便，空间利用高，不会产生对物流或人流的影响
CN106003009A		一种隔轴同步驱动机械手	该发明公开了一种隔轴同步驱动机械手，用于机械手技术领域，包括机架、转轴、转臂架、大臂、转动关节、小臂、操纵轴、转动驱动机构、小臂驱动机构以及操纵轴驱动机构，转动关节包括小臂转轴、小臂上设有主动轮套部，小臂驱动机构包括小臂电机、第一主动带轮、第一从动带轮和第一同步带，操纵轴驱动机构包括操纵轴电机、第二主动带轮、第二从动带轮、第二同步带、第三主动带轮、第三从动带轮以及第三同步带。该发明采用了同步带传动的方式，让驱动关节的电机安装于机械手中心轴附近，减少机械手对中心轴的转动的线路布置，有效减少电机附加的功率，简化电机的线路布置，可有效增大机械手的工作空间，并且具有通用性好、高刚度、高运动精度、寿命长的特点

续表

公开（公告）号	标题	附图	摘要
CN105945933A	一种工厂用货物搬运机器人		该发明涉及一种搬运机器人，尤其涉及一种工厂用货物搬运机器人。该发明要解决的技术问题是提供一种结构合理、操作简单、搬运速度快的工厂用货物搬运机器人。为了解决上述技术问题，该发明提供了这样一种工厂用货物搬运机器人，包括底板、电机I、齿轮I、连杆I、转轴、齿轮II、放置板I、滑轨、电动推杆I、连杆II、滑块、安装箱I、连杆III、电动推杆II、放置板II和夹紧装置，底板顶部设有电机I，电机I顶部设有转轴，转轴上端设有轴承，转轴上部设有齿轮I，轴承上部设有放置板I，放置板I底部右侧设有连杆I，连杆I下端设有齿轮II，齿轮I和齿轮II啮合。该发明达到了结构合理、操作简单、搬运速度快的效果
CN105057631A	一种具有梯度网状结构的铝合金压铸机械臂及其制造方法		该发明公开了一种具有梯度网状结构的铝合金压铸机械臂及其制造方法，机械臂由上壳体和下壳体上均开设有梯度网孔结构。其制备过程为机械臂和下壳合而成，上壳体和下壳体上均开设有梯度网孔结构。其制备过程均为机械臂的受力分析步骤、机械臂压铸强度校核步骤、机械臂脱模步骤。该发明铝合金压铸件在保证其强度的同时大地降低产品生产成本，降低产品生产成本；同时通过梯度网状结构减少造成缩孔等问题，在保证机械臂所需强度的前提下，减轻了机械臂的重量，提高了机械臂的动性能。该发明铸造工艺技术手段简便，另外，为了进一步改善机械臂的噪音和震动问题，可在其内部空余位置加入高分子吸音减震材料

续表

公开（公告）号	标题	附图	摘要
CN104552247A	一种三自由度混联机器人机构		该发明公开了一种三自由度混联机器人机构，包括机架、旋转平台、末端动平台及连接旋转平台与末端动平台的支撑，所述旋转平台通过第一转动副与机架相连，所述支撑包括两个驱动和两个约束支链，驱动支链中两个从动动平台通过一个公用转动副与末端动平台相连。该发明的末端动平台可实现空间内三维动平台相连。该不变，其工作空间大，动态性能好，属轻型机器人，机构的制造成本低，运动学正逆解简单，放操作等工业任务。
CN105082177A	一种多节位置自检机械臂		该发明涉及一种多节位置自检机械臂，包括传动结构、伸缩结构与终端，所述伸缩结构连接所述传动结构与终端，并在所述传动结构的带动下牵引所述终端动作，其特征在于，所述伸缩结构包括若干个相互套接、口径逐渐缩小的一个上位套筒，所述中间套筒与所述下位套筒能够沿其相邻套筒的套筒进行滑动。设计简单，结构合理，能够使用最简单的套筒结构实现机械手的负重伸缩，分级套筒的套筒可实现维修，无需把所有的机械手全部拆卸，只要拆除出故障的套筒即可实现维修，独特的上缘、下缘结构，节省了动力，安全可靠，减少了阻力，节省了动力；设置自检机构，能够精确定位套筒位置。

续表

公开（公告）号	附图	标题	摘要
CN106564049A		一种由舵机驱动的小型Delta机器人	该发明公开了一种由舵机驱动的小型Delta机器人，包括固定安装的静平台，在三个方向上平行移动的动平台，连接静平台与动平台的运动支链组，以及用于控制动平台移动的控制单元。该发明采用四个舵机简单、重量轻的舵机进行驱动，其中三个运动支链舵机安装在静平台上，通过三个运动支链控制动平台在X、Y和Z方向上的移动，第四个旋转舵机安装在动平台上，其输出轴可以安装其他部件，旋转舵机用于带着机械手或其他部件旋转，实现机器人的四自由度运动。该机器人的结构优化，既可以确保杆件的力学性能，又能减轻机器人的整体重量，节省材料。该发明的结构简单、重量轻、操作便捷，直观明了，十分适合教学演示
CN110774313A		机械臂及其末端推拉杆机构、机器人	该申请涉及机械臂及其末端推拉杆机构、机器人，其中，机械臂末端推拉杆机构包括：基体框架、推拉杆结构及按压操作结构；基体框架设在机械臂末端；推拉杆结构固定于基体框架上，推拉杆结构开有凹槽区用于接纳入设备杆件目以物理接触方式驱动设备杆件；按压操作结构固定于基体框架上，按钮按压操作结构具有凸出部用于对目标位置进行按压操作。既能实现对杆件的推拉操作或者操作，又能实现对按钮的按压操作，适宜安装于机械臂或机器人上，配合不同形状的基体框架、推拉杆结构的结构设计，适用于各种工业机器人，尤其适用于绝缘油颗粒度测试试验操作的推拉操作及按钮对颗粒度仪上杆件的按压操作

续表

公开（公告）号	附图	标题	摘要
CN113894524A		联动杆与托木丝自动化装配装置	该发明公开了一种联动杆与托木丝自动化装配装置，包括底座、联动杆上料机构、装配座、进给机构、托木丝上料机构、托木丝捕装机构和出料机构；联动杆上料机构、装配座和出料机构安装在底座上且沿联动杆的送料方向依次设置，装配座设有用于限位联动杆的联动槽；进给机构包括第一抓手和第二抓手，第一抓手用以将联动杆上料机构的联动杆转移至装配座，第二抓手用以将装配座中的联动杆转移至出料机构；托木丝上料机构装在底座上，以向托木丝捕装机构提供托木丝；托木丝捕装机构安装在底座上且位于装配座的一侧，以抓将托木丝捕入装配座中的联动杆。该机构可实现联动杆与托木丝的自动化装配，利于提高效率和减轻劳动强度
CN109968343A		一种轮毂压铸件搬运六轴工业机器人	该发明公开了一种轮毂压铸件搬运六轴工业机器人，包括依次连接的底座、转座、第一机械臂、第二机械臂、第三机械臂、第四机械臂、第五机械臂和法兰，搬运机构和视觉定位系统；搬运机构包括安装架、第一固定爪和第二固定爪，安装架通过一法兰连接在所述第五机械臂上，活动爪由一个固定在安装架上的电动液压推杆驱动移动；所述视觉定位系统包括两套定位组件，视觉定位组件包括固定在安装板上的工业相机和法兰和第五支撑架，固定在安装板上的工业相机和机相连接在支撑架上工业相机上镜头。该发明操作方便，适用范围广，通过视觉高效率高尺寸对轮毂压铸件进行搬运，能对不同尺寸的轮毂压铸件进行定位系统对轮毂压铸件进行定位抓取，作业精度高目效率高

续表

公开（公告）号	附图	标题	摘要
CN108313747A		一种直线电机驱动的码垛机器人	该发明为一种直线电机驱动的码垛机器人，包括底座、单轴力矩电机、双轴直线电机以及连杆组件；双轴直线电机包括单轴力矩电机的定子固定在底座上；双轴直线电机包括第一直线电机和相对第一直线电机设置的第二直线电机，且第一直线电机固定连接第二直线电机；单轴力矩电机的转子固定在第一直线电机上；臂组件连接在双轴直线电机上，连杆组件包括连杆腕以及四轴力矩电机；连杆组件包括摆杆、中杆、臂腕以及四轴力矩电机、角板以及长杆。该发明有效地减少了构件件数目，降低了制造成本，方便进行光栅环电机、力矩电机内置编码器制造或者光栅尺控制，从而实现机器人高精度运行
CN108217183A		横移铲底座装置、可垂直升降的回旋堆叠机器人及搬运方法	该发明公开了一种横移铲底座装置、可垂直升降的回旋堆叠机器人及搬运方法。所述机器人包括控制装置、横移铲底座装置、爪子装置及底盘行走装置，回旋摆臂装置，所述横移铲底座装置设在底盘行走装置的中部，所述垂直升降装置设在垂直升降装置的底盘行走装置靠近后部的位置，所述回旋装置设在垂直升降装置的前部，所述回旋装置与回旋摆臂装置连接，所述爪子装置、回旋摆臂装置、回旋装置、垂直升降装置、底盘行走装置和横移铲底座装置分别与控制装置连接。该发明投放的功能，快速回旋堆叠，快速投放装置使机器人具有稳定夹取、快速投放、快速搬运任务的功能，适用于各类不规则中小型物体的搬运任务

续表

公开（公告）号	附图	标题	摘要
CN109176456A		一种多功能巡检机器人	该发明涉及机器人技术领域，更具体地，涉及一种多功能巡检机器人，包括车体和机械臂，机械臂设有与车体连接的一端设有连接件，连接件与车体连接轴转动连接；第一机械臂转动连接有第二机械臂，第二机械臂转动连接有第三机械臂，第三机械臂转动连接有固定臂和转动臂，固定臂、转动臂能够在第三机械臂转动臂的作用下相对于固定臂进行转动，转动臂设有检测仪，检测仪设有检测设备的驱动装置，能够有效地实现对被检设备的检成像装置和摄像装置，能够适应处于不同高度、不同位置中的被检设备，提高机器人在使用过程中的适应性和检测过程的精确性
CN105108746A		一种多自由度关节机器人手臂	该发明是一种多自由度关节机器人手臂，包括旋转电机及机器人基座、电机输出轴、旋转体、永磁体、永磁体支撑套、电机机座、线圈组、电机机座及电机机罩都设有中空腔体，电机输出轴固定在旋转体上，旋转体上装设有若干线圈组，永磁体装设在永磁体支撑套内，旋转体能在永磁体支撑套所设的中空腔体内旋转，永磁体支撑套与电机机座固定连接，永磁体支撑套的外表面与电机机罩所设的内表面直接接触，电机机座、永磁体支撑套、电机机罩连接，导电极，一端与电机罩所设的电源正负电极，另一端与旋转体所设的线圈连接。该发明结构简单，机器人手臂的制造成本低，惯量小，灵活度大，且机器人手臂响应快，机器人手臂响应快，控制可靠

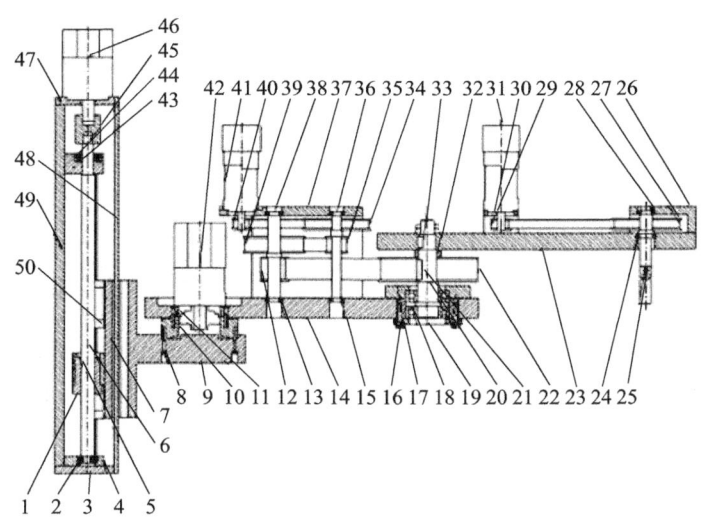

图 8-7 四自由度平面关节机器人结构

14 上；作业主轴 25，其以与 Y 轴平行的 R 轴为转动中心能够转动地安装在上述第二机械臂 23 上；R 轴盖子 26，被安装在第二机械臂 23 上，支承作业主轴 25，且具有供所述作业主轴 25 贯穿的通孔；所述底座 3 包括竖直平行设置的前竖直板 48、后竖直板 49，以及分别连接设置于前竖直板 48 和后竖直板 49 顶部和底部的顶板 47 和底板 54，所述丝杆 6 的下端与安装在底座轴承固定板 4 中的第一角接触球轴承 2 配合，所述底座轴承固定板 4 固定在底板 54 上，所述丝杆 6 的上端通过联轴器 44 与安装在顶板 47 上的 Z 轴伺服电机 46 相连接，所述丝杆 6 上段还设置有通过轴承固定板 43 固定在后竖直板 49 内侧上段的第三角接触球轴承 45，所述升降座 9 与升降座连接板 7 相连接，所述丝杆螺帽 1 通过螺帽固定板 5 与升降座连接板 7 固定连接；所述导轨副包括两竖直固定在轴承固定板 43 和底座轴承固定板 4 之间的导轨 51 以及固定在升降座连接板 7 上且与导轨 51 滑动配合的滑块 50。

X 轴伺服电机 42 与 X 轴谐波减速器 10 的输入端相连接，且通过第二螺钉 11 固定在第一机械臂 14 上，所述 X 轴谐波减速器 10 的输出端通过第一螺钉 8 与升降座 13 相连接，从而带动第一机械臂 14 以及第一机械臂 14 上的部件绕 X 轴转动；Y 轴伺服电机 41 固定在 Y 轴盖子 37 上，所述 Y 轴盖子 37 安装在第一机械臂 14 上，Y 轴伺服电机 41 与 Y 轴一级主动带轮 40 相连接，Y 轴一级主动带轮 40 与设置在 Y 轴减速装置二轴 36 上的 Y 轴一级从动带轮 34 通过同步带驱动连接，设置在 Y 轴减速装置二轴 36 上的 Y 轴二级主动带轮 35 与设置在 Y 轴减速装置一轴 38 上 Y 轴二级从动带轮 39 通过同步带驱动连接，设置在 Y 轴减速装置一轴 38 上的 Y 轴三级主动带轮 12 与设置在关节轴 20 上的三级从动带轮 22 通过同步带驱动连接，从而带动第二机械臂 23 和第二机械臂 23 上的部件绕 Y 轴转动，所述 Y 轴减速装置一轴 38 及 Y 轴减速装置二轴 36 分别通过第一深沟球轴承 13 和第二深沟球轴承 15 平行设置在第一机械臂 14 和 Y 轴盖子 37 之间。

该申请采用谐波减速器作为其减速装置，同时，又能作为支撑元件，传动链结构紧凑简单，采用同步带轮减速的形式，有利于零部件的安排，电机能安放在靠近关节处，减少机械臂的惯量；并且将上下运动的升降环节设计在底座部分，大大减小了升降座、第一机械臂和第二机械臂的转动惯量，提高了平面关节机器人的稳定性和定位精度。

2. 技术引证分析

专利 CN104385260A 公开后被后续专利引用 20 次，后续专利以该专利为基础，对平面关节机器人的连杆机构、升降机构、旋转机构以及减速器设置等进行改进，并作了相应的专利布局。

关于平面关节机器人的连杆机构改进的专利主要有：专利 CN107042509A 提供了一种连杆与同步带联合传动的平面关节型四自由度机器人，四套驱动装置均采用后置形式，一是大大地减小了机械臂的转动惯量，为机器人完成快速定位、取放产品提供了保证；二是提高了机器人刚性，可以适应大负载和较大的操作空间，参见图 8-8；专利 CN114454186A 公开了一种高负载多关节机器人，包括至少五个旋转臂和五个关节轴，五个关节轴包括三个竖直关节轴和两个水平关节轴；通过电机及减速器、多级传动机构、转向减速器、滚珠丝杠和连杆机构控制水平关节轴的旋转，每个关节轴带动一个旋转臂运动，各旋转臂既能独立运动，又可协同运动，可使机器人在较大的工作空间内完成任意轨迹和角度的工作，参见图 8-9。

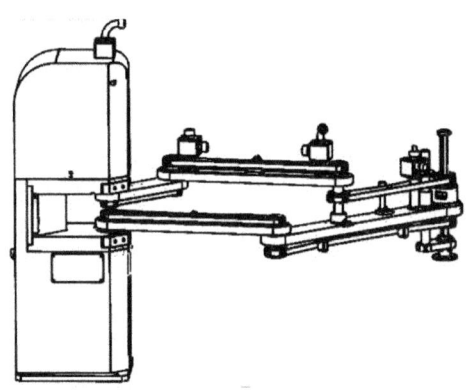

图 8-8　连杆平面关节型四自由度机器人

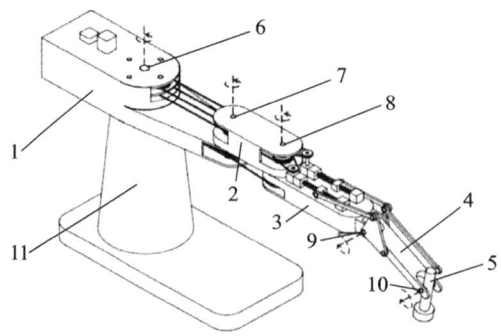

图 8-9　高负载多关节机器人

关于平面关节机器人的升降机构改进的专利主要有：专利 CN106113093A 将连接杆通过螺纹传动固定在移动滑块上，一方面安装拆卸方便，另一方面可以通过转动连接杆来调节第一连杆和第二连杆的转动方向，参见图 8-10；专利 CN107097252A 通过升降座的结构设计，即升降座开设有供支撑导向柱穿过的穿孔，穿孔具有两个相对设置的止转孔壁，两个止转孔壁分别与一翼板的外侧板面平行并贴合，在将升降座配合到支撑导向柱后，确保支撑导向柱将紧密地与升降座配合，参见图 8-11；专利 CN107327552A 通过电机旋转带动螺母运动，螺母带动升降组件完成升降运动，升降机构有导轨滑块，与固连在基座上的导轨成对使用，最终实现一级升降的大行程竖直丝杠进给系统，高静音传动，参见图 8-12；专利 CN110355745A 采用气缸部件动作时，缸杆的伸缩运动驱动上下滑动架部件，以及与之连接的第一臂节部件和第二臂节部件一起沿着导轨移动，参见图 8-13。

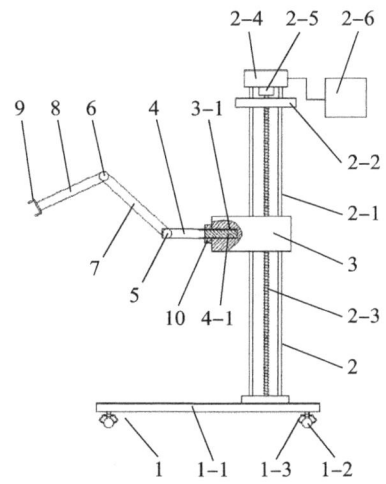

图 8-10 平面关节机器人的升降机构一

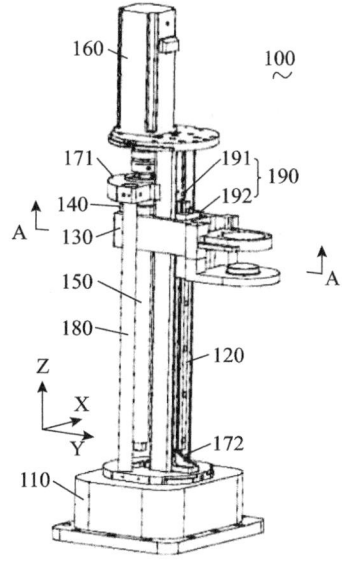

图 8-11 平面关节机器人的升降机构二

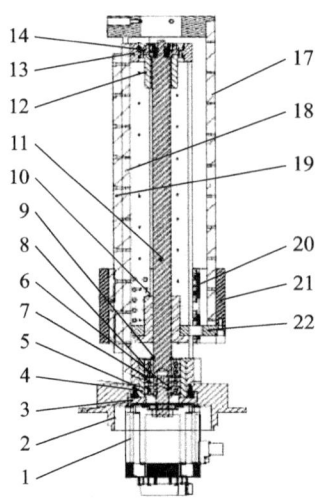

图 8-12 平面关节机器人的升降机构三

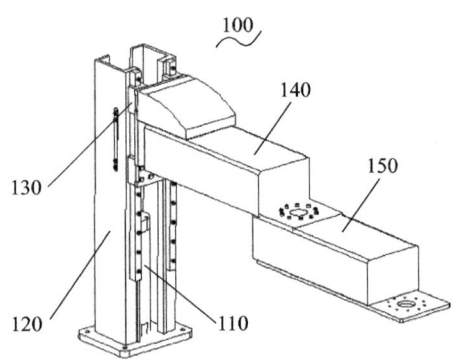

图 8-13 平面关节机器人的升降机构四

关于平面关节机器人的旋转机构改进的专利主要有：专利 CN105150244A 通过设置卡合于支撑架体的工作台面的联轴器壳体、置于联轴器壳体上部的固定架、置于固定架顶部的连接轴以及置于联轴器壳体下部的电机架，电机架的下部依次设置旋转机构减速机和旋转机构伺服电机，旋转机构联轴器与固定架内的第一轴承以及连接轴连接，连接轴与升降机构的安装架连接，旋转机构伺服电机工作驱使升降机构的安装架转动，参见图 8-14；专利 CN106379730A 公开了采用母旋转式滚珠花键的双臂晶圆传输机器人旋转机构，采用螺母旋转式滚珠花键可实现 T 轴电机与升降台分离，减少 Z 轴电机负载，采用厚壁筒来传递转矩，其质量与转动惯量都很大时会增加电机负载，且具有减小 R 轴电机安装空间的缺点，参见图 8-15。

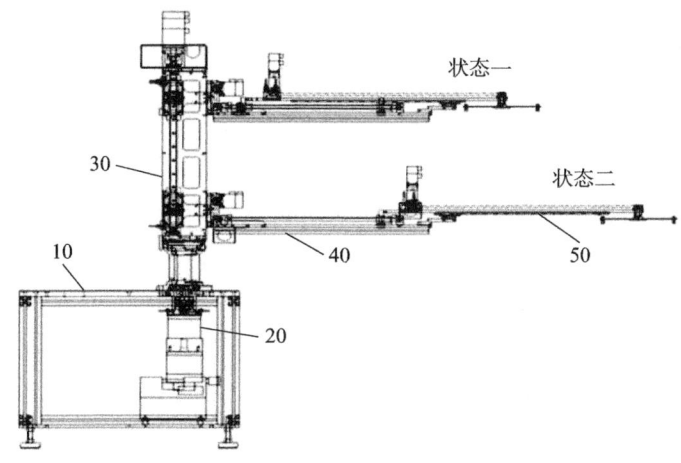

图 8-14 平面关节机器人的旋转机构一

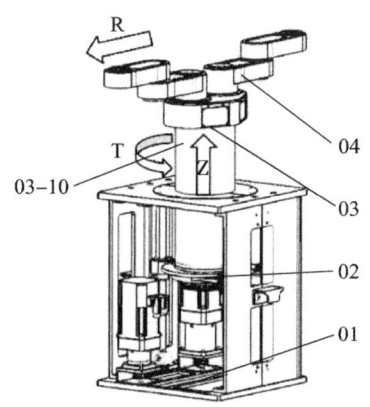

图 8-15 平面关节机器人的旋转机构二

此外,专利 CN107378927A 将连杆同步带联合传动设置,以使把关节的转动和同步带的传动分开进行,使得整体结构紧凑;专利 CN107877503A 涉及可变减速装置和平面多关节机器人,其中,可变减速装置安装于平面多关节机器人的任一关节臂上,关节臂上设有电机,电机具有转轴,可变减速装置能够在不改变输出轴位置的前提下输出多种转速,避免增加控制程序复杂程度和额外产生的误差。

3. 典型专利分析的意义

典型专利的分析,对申请人在申请专利时规避竞争对手的已有专利保护具有重要意义,对创新主体研发人员进行下一步技术研发具有导向作用,对创新主体进行专利布局具有一定指导意义。通过对重点专利的引证分析,可以了解竞争对手的技术布局、专利保护范围及可能的弱点。在此基础上,企业可以有针对性地制定专利申请策略,规避已有专利的保护范围,同时加强自身核心技术的专利保护。此外,通过对典型专利的跟踪研究,企业还能及时发现技术趋势的变化,提前布局新兴技术领域,确保在市场竞争中处于领先地位。

通过对华南理工大学的专利 CN104385260B 进行分析可以发现，后续的申请主体在该专利基础上，在平面关节机器人的连杆机构、升降机构、旋转机构以及减速器设计等方面进行改进。针对连杆机构，后续研发人员还可以考虑其他自由度的传动机构，基于本领域的常规知识，比如可以考虑蜗轮蜗杆传动、带传动、链传动等方向，并进行相应的技术研发和专利布局。关于平面关节机器人的升降机构方面进行的改进涉及气缸、丝杆螺母传动以及相应的升降导向机构设置，以达到增强升降驱动机构的防偏转性能、实现稳定升降等技术效果。在此基础上，本领域技术人员可以考虑将升降机构与母旋转式滚珠花键旋转机构进行结合设置，以达到实现机械臂输出端平稳运动的技术效果。针对变速减速器设计和安置，后续研发人员可考虑将减速器安装于平面多关节机器人的某一关节臂上，且关节臂上设置电机，进而达到在不改变输出轴位置的前提下输出多种转速，实现独立精准化控制。上述技术亮点为后续研发人员提供了宝贵的灵感来源，促使他们能够在工业机器人臂技术方面继续探索，助力推动机器人行业技术的持续进步。

第九章
广州市工业机器人轨迹规划技术分析

第一节 专利申请态势分析

一、专利申请趋势

图 9-1 展示了 2013—2022 年广州市工业机器人轨迹规划技术专利申请趋势，从 2013 年的 1 件专利申请开始迅速增长，于 2017 年达到申请量峰值 120 件，显示出该领域技术研发活动的显著增强。这一时期技术创新活跃，市场前景广阔，吸引了大量企业和科研机构投入资源进行研发。2018—2022 年为稳定与调整阶段。可以看到，广州市工业机器人轨迹规划技术研发在经过 2017 年的高峰后，专利申请量开始整体放缓，这一变化可能反映了多个因素的综合作用，包括部分专利申请尚未公开、技术创新难度增加、市场需求趋于饱和以及技术成熟度的稳步提升。专利申请量的相对稳定也表明该项技术已经具备了一定的技术积累和市场基础。

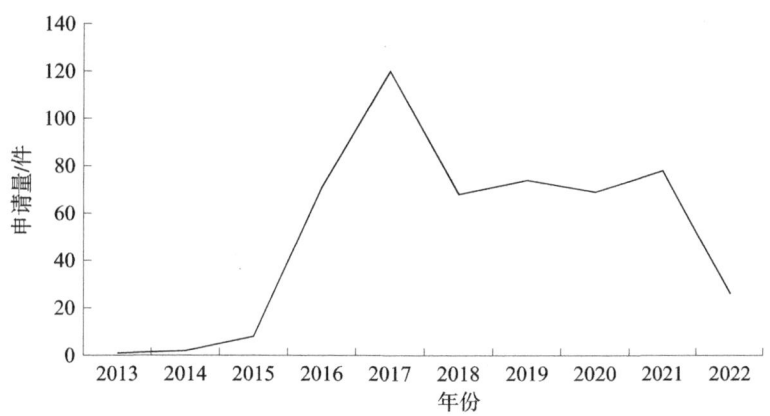

图 9-1　2013—2022 年广州市工业机器人轨迹规划技术专利申请趋势

图 9-2 展示了 2013—2022 年广州市工业机器人轨迹规划技术专利申请类型变化趋势。可以看出，2013—2017 年，该项技术专利申请数量整体上呈现明显增长趋势，且每年发明专利申请量都多于实用新型专利申请量，2017 年发明专利申请量达 97 件。由于轨迹规划技术更多涉及的是方法类权利要求的保护，因而创新主体更倾向于通过发明专利申请获得相应专利权保护，发明专利的高申请量也反映了该技术领域在方法类权利要求保护方面的需求较高，体现了技术创新的深度和复杂性。2016—2021 年，该项技术每年的发明专利申请数量都在 50 件以上，表明该项技术的研发活跃度一直处于

较高水平。而在2022年，该项技术专利申请数量有所下降。

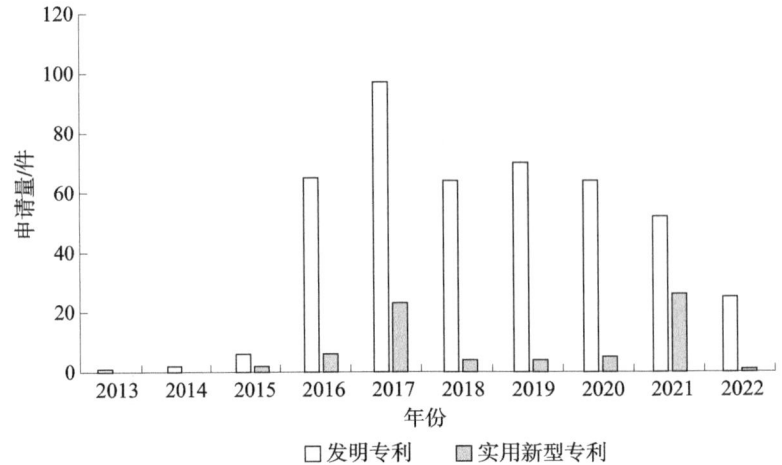

图9-2　2013—2022年广州市工业机器人轨迹规划技术专利申请类型变化趋势

图9-3展示了2013—2022年广州市各区工业机器人轨迹规划技术专利申请量。可以看出，广州市工业机器人产业发展主要集中在天河区（143件）、黄埔区（128件）、越秀区（81件）。其中，天河区、黄埔区在工业机器人技术研发上处于相对领先地位，拥有较为完善的工业基础和产业链配套，还吸引了大量高科技企业和科研机构入驻，因此在工业机器人轨迹规划技术的研发上表现出色。除了上述三个主要集中区域，番禺区（44件）、南沙区（37件）和海珠区（36件）等区域也有一定数量的专利申请。这些区域虽然在技术研发实力上稍逊一筹，但也在积极推动工业机器人轨迹规划技术的研发和应用，为广州市在该技术领域的多元化发展贡献力量。

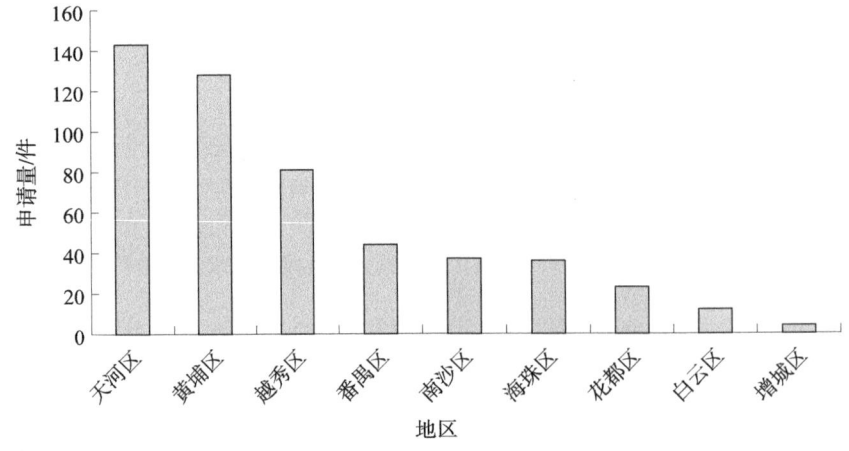

图9-3　2013—2022年广州市各区工业机器人轨迹规划技术专利申请量

二、主要申请人分析

图 9-4 展示了 2013—2022 年广州市工业机器人轨迹规划技术主要申请人专利申请情况。由图可知,华南理工大学排名第一,专利申请量为 113 件;广东工业大学排名第二,专利申请量为 75 件;中山大学排名第三,专利申请量为 36 件;华南理工大学、广东工业大学和中山大学的申请量之和占广州市主要申请人专利申请总量的比例约为 67%。可以说明,工业机器人轨迹规划技术在高校具有较高的集中度,专利申请人分布相对较为集中。除此之外,广州视源电子科技股份有限公司、广州励丰文化科技股份有限公司、广州映博智能科技有限公司、广州泰行智能科技有限公司和广州瑞松北斗汽车装备有限公司的申请量排名靠前。在机器人轨迹规划技术上,高校的专利申请量较大,高校是工业机器人轨迹规划技术的主要创新主体;企业的申请量相对较少,且申请量较多的企业集中在机器人产业的知名企业。

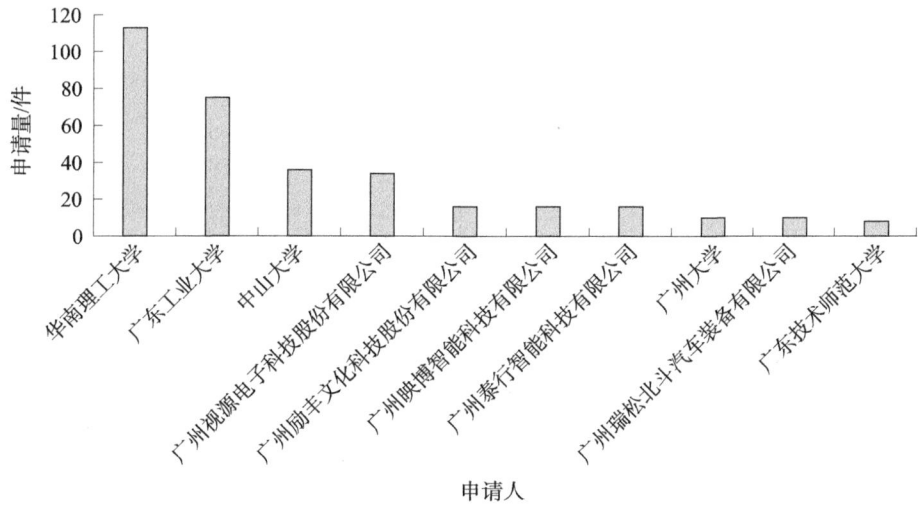

图 9-4　2013—2022 年广州市工业机器人轨迹规划技术主要申请人专利申请情况

三、申请人类型分析

图 9-5 展示了 2013—2022 年广州市工业机器人轨迹规划的专利申请人类型。从图中可以看出,大专院校的申请量高达 273 件,科研单位的申请量为 24 件,大专院校和科研单位的申请量占比约 57%,企业申请量为 217 件,约占申请总量的 42%。由此可见,在广州市工业机器人技术的研究和应用中,大专院校、科研单位、企业均是非常重要的创新主体,均是广州市工业机器人技术发展的中坚力量。由图 9-5 可知,大专院校和科研单位的申请量与企业的申请量相比,大专院校和科研单位的申请量较多。结合图 9-3 可以推断出,轨迹规划专利技术相关的龙头企业相对较少,专利密集型企

业较少,专利技术分散在众多的企业之中。相关企业在技术发展储备中可以积极寻求与大专院校和科研单位的合作,采用产学研合作的方式,实现优势互补,提高研发效率。

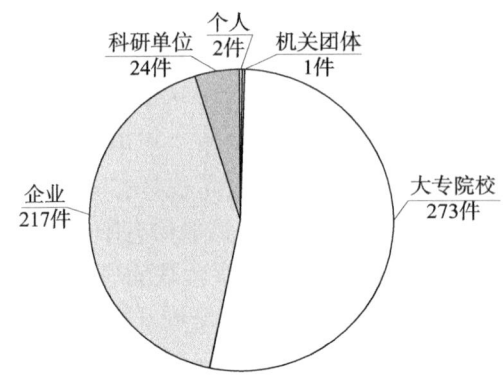

图9-5 2013—2022年广州市工业机器人轨迹规划的专利申请人类型

四、联合申请情况

2013—2022年广州市工业机器人轨迹规划的专利申请中,独立申请的专利数量为334件。图9-6展示了2013—2022年广州市工业机器人轨迹规划技术专利联合申请情况。其中,联合申请为31件,占比8%;大专院校(研究单位)与企业联合申请为20件,企业间联合申请为10件。由此可见,广州市工业机器人轨迹规划的研究形式倾向于单独研究,创新主体主要集中在高校,技术合作研究开发较少,企业与大专院校(科研单位)、企业和企业的联合研究处于较低的水平。鉴于此,可通过大专院校之间的合作,或者采用产学研合作的形式,充分挖掘高价值专利,打通专利技术转移转化关键堵点,加强大专院校及科研单位的专利转让转化激励政策,不断优化资源配置,实现优势互补,提高研发效率。

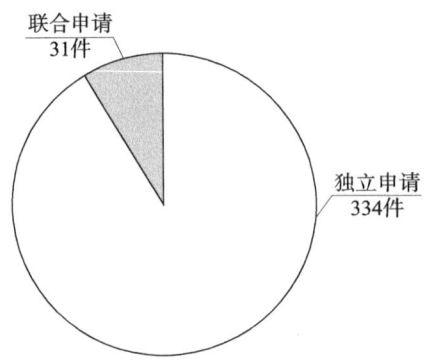

图9-6 2013—2022年广州市工业机器人轨迹规划技术专利联合申请情况

五、技术引证情况分析

表9-1为2013—2022年广州市工业机器人轨迹规划技术引证情况。分析可知，作为广州市专利申请量最多的申请人——华南理工大学，共计有13件专利被其他申请人引用。另外，华南理工大学对于企业申请的专利引用情况较好，主要引用了发那科公司和三星集团的专利技术。其次，中山大学有12件专利被其他申请人引用，广东工业大学主要是专利技术自引，且中山大学和广东工业大学对于企业的专利技术引用不多。另外两家企业，则对于其他企业的专利技术引用情况较好。纵观广州市工业机器人轨迹规划专利技术被引用的情况可知，一些重要的专利技术已被行业内重要申请人、知名企业（如发那科公司、三星集团、三菱电机和ABB公司）所关注，这些专利技术可能会成为技术研发的起点，为创新主体研发、布局、决策提供数据支撑。

表9-1 2013—2022年广州市工业机器人轨迹规划技术引证情况

原始专利申请人	引文专利申请人	引用次数
华南理工大学	华南理工大学	63
	中山大学	12
	发那科	9
	三星集团	7
	南京理工大学	7
广东工业大学	广东工业大学	19
	南京理工大学	8
	华南理工大学	6
	上海大学	5
	东南大学	5
中山大学	中山大学	18
	华南理工大学	7
	哈尔滨工程大学	6
	哈尔滨工业大学深圳研究生院	5
	浙江工业大学	5
广州视源电子科技股份有限公司	广州视源电子科技股份有限公司	7
	哈尔滨工业大学	6
	北京航空航天大学	4
	三星集团	3
	三菱电机	3

续表

原始专利申请人	引文专利申请人	引用次数
广州励丰文化科技股份有限公司	江苏北人智能制造科技股份有限公司	9
	霍尼韦尔国际有限责任公司	9
	ABB 公司	7
	深圳市易佰网络科技有限公司	7
	上海宝钢阿赛洛激光拼焊有限公司	7

第二节 重点专利分析

一、重点专利

通过对广州市工业机器人轨迹规划的专利文件的引证和被引证情况的分析，结合申请人和相关技术情况，梳理出 2013—2022 年广州市工业机器人轨迹规划技术重点专利列表，如表 9-2 所示。

二、典型专利引证分析

通过对工业机器人本体重点专利的技术分析发现，一些基础性重要专利的引证频率非常高，对后续专利申请及技术发展具有重要影响，如下选取一件具有代表性意义的专利进行重点分析。

1. 案例分析

申请人：广州视源电子科技股份有限公司；申请日：2016 年 9 月 7 日；申请号：CN201610453116.X；公开日：2016 年 9 月 7 日；公告日：2018 年 8 月 24 日；公开号：CN105922265A；授权公告号：CN105922265B；发明名称：一种机械臂的运动轨迹规划方法、装置及机器人。

2. 技术引证分析

专利 CN105922265A 公开后被后续专利引用 40 次，后续专利以该专利为基础，对轨迹规划方法进行改进，并作了相应的专利布局。

针对机器人下台阶的轨迹规划方法的改进：专利 CN112720475A 公开了划分机器人下台阶的过程为预设的多个规划阶段；根据踝踵距离调整所述机器人的摆动足的起步位置，所述踝踵距离为所述机器人的踝关节与脚跟的水平距离；根据所述起步位置确定所述机器人的摆动足在各个规划阶段的初始状态及终止状态；根据所述初始状态和所述终止状态进行曲线拟合，得到所述机器人的摆动足的规划轨迹；通过对机器人下台阶的过程进行分阶段的轨迹规划，极大提高了机器人下台阶时的稳定性。

针对机器人单步运动的轨迹规划的改进：专利 CN108333968A 公开了通过已知机器人运动的位移、最大速度、最大加速度等运动参数，计算出整个运动所需时间，按规则对运动进行分割，生成若干段。机器人沿某一段轨迹运行时，提前计算下一段轨迹并做安全检查，通过逐段拼接，合成整个运动轨迹。所述方法一方面可提前判断运动

表9-2 2013—2022年广州市工业机器人轨迹规划技术重点专利

公开（公告）号	附图	标题	摘要
CN107598918A	获取打磨目标点序列（S10）→生成最优避碰路径（S20）→执行打磨处理驱动（S30）	基于打磨机器人的表面打磨处理自动编程方法和装置	一种基于打磨机器人的表面打磨处理自动编程方法和装置，首先从待加工部件的3D点云模型之中获取所述待加工部件的需要打磨目标项序列；通过路径规划算法完成打磨机器人能够执行的避碰运动轨迹；将关节角向量运动学计算得到机器人的关节角向量，从而为指令驱动机器人执行规划的动作实现修整任务，即能实现打磨机器人自动规划避碰路径并完成打磨加工任务，使打磨机器人自动规划路径并完成打磨加工任务，大大提高加工的效率和节约成本。同时也避免了人工方式容易产生的漏判和错误，效率不高，而且避免了工作人员暴露在危险工作环境中的问题
CN105922265A	根据预置的起点坐标、终点坐标以及速度曲线算法控制机械臂进行运动预定的运动轨迹（S101）→当接收到用户发出的停止指令后，获取所述机械臂的当前运动时间，并根据所述当前运动时间及为每个运动阶段配置的当前运动阶段所处的运动阶段（S102）→根据所述运动阶段更改所述机械臂当前所处的运动阶段，生成更改后的运动轨迹，并控制所述机械臂进行运动改后的运动轨迹（S103）	一种机械臂的运动轨迹规划方法、装置及机器人	一种机械臂的运动轨迹规划方法，包括：根据预置的起点坐标、终点坐标以及速度曲线算法控制机械臂以预定的运动轨迹进行运动；当接收到用户发出的停止指令时，获取所述机械臂的当前运动时间，并根据运动时间的持续时间及为每个运动阶段配置的参数集中的预定的运动阶段；根据持续时间及初始运动阶段更改所述机械臂当前所处的运动阶段，生成更改后的运动轨迹，并控制所述机械臂以更改后的运动轨迹进行运动。在接收到用户的停止指令后，通过对运动轨迹重新规划，使得所述机械臂在保持平稳运动及速度连续的前提下尽快停止

续表

公开（公告）号	附图	标题	摘要
CN105785921A	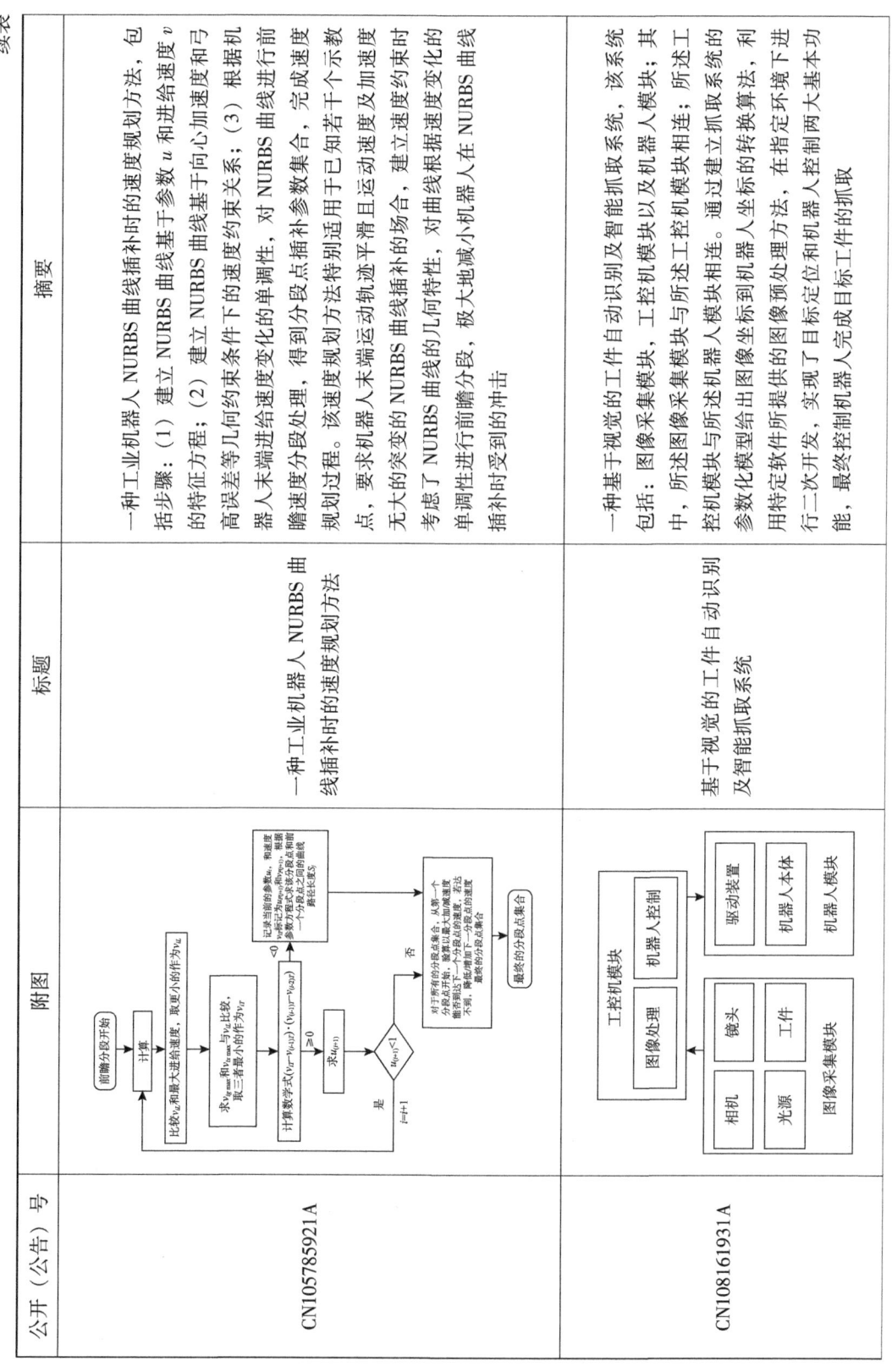	一种工业机器人NURBS曲线插补时的速度规划方法	一种工业机器人NURBS曲线插补时的速度规划方法，包括步骤：(1) 建立NURBS曲线基于参数 u 和进给速度 v 的特征方程；(2) 建立NURBS曲线基于向心加速度和弓高误差等几何约束下的速度单调性，对NURBS曲线进行前瞻速度分段处理，得到分段点插补参数集合，完成速度规划过程。该速度规划方法特别适用于已知若干个示教点，要求机器人末端运动轨迹平滑且运动角反加速度无大的突变的NURBS曲线插补的场合，建立速度约束变化的NURBS曲线插补的场合，对曲线根据速度变化考虑了NURBS曲线的几何特性，极大地减小机器人在NURBS曲线单调性进行前瞻分段，极大地减小机器人在NURBS曲线插补时受到的冲击
CN108161931A		基于视觉的工件自动识别及智能抓取系统	一种基于视觉的工件自动识别及智能抓取系统，该系统包括：图像采集模块、工控机模块以及机器人模块；所述图像采集模块与所述工控机模块相连，所述工控机模块与所述机器人模块相连。通过图像处理参数化模型给出机器人坐标到机器人的转换算法，利用特定软件所提供的图像预处理功能，进行二次开发，实现了目标定位和机器人控制环境下进行二次开发，实现了目标定位和机器人控制环境下大基本功能，最终控制机器人完成工件的抓取

续表

公开（公告）号	附图	标题	摘要
CN106990776A	S200 标定设置于机器人的图像采集组件，并获取图像采集组件的标定参数 → S400 识别图像采集组件所拍摄的标志物，提取识别所述标志物上至少3个共线关键点 → S600 根据图像采集组件的标定参数以及提取的标志物的至少3个关键点，计算标志物与图像采集组件相对位置以及姿态 → S800 根据标志物与图像采集组件相对位置以及姿态，对机器人进行归航定位	机器人归航定位方法与系统	一种机器人归航定位方法与系统，标定设置于机器人的图像采集组件，获取图像采集组件的标定参数，识别机器人归航所拍摄图像所述的标定物，提取标志物的关键点，根据标定点相对位置以及提取的标志物的关键点，计算标志物与所述标志物的关键点，最终对机器人进行归航定位。整个过程中，采用图像处理方式，基于图像采集组件标定参数以及姿态，采集图像采集组件位置以及姿态，最终实现对机器人归航的准确定位
CN109760064A	101 实时根据第一激光雷达获取到的经反光板反射的第一激光点云数据 → 102 实时根据第二激光雷达获取到的第三激光点云数据和第三激光雷达获取到的第三激光点云数据，确定移动机器人移动 → 103 根据自定位信息控制信息控制移动机器人移动	一种移动机器人自身位置的调整方法和装置	一种移动机器人自身位置的调整方法和装置，其中方法包括：实时根据第一激光雷达获取到的经反光板反射的第一激光点云数据，得到移动机器人的自定位信息；实时根据第二激光雷达获取到的第二激光点云数据和第三激光雷达获取到的第三激光点云数据，确定所述移动机器人在移动方向上的环境信息；根据自定位信息控制所述移动机器人行进判断，克服所述移动环境信息影响激光雷达获取外界环境影响的缺点，能快速、准确地获得环境信息；同时利用激光扫描机扫描范围大的特性，解决了现有视觉相机扫描范围小的技术问题

第九章 广州市工业机器人轨迹规划技术分析 | 257

续表

公开（公告）号	附图	标题	摘要
CN106041931A	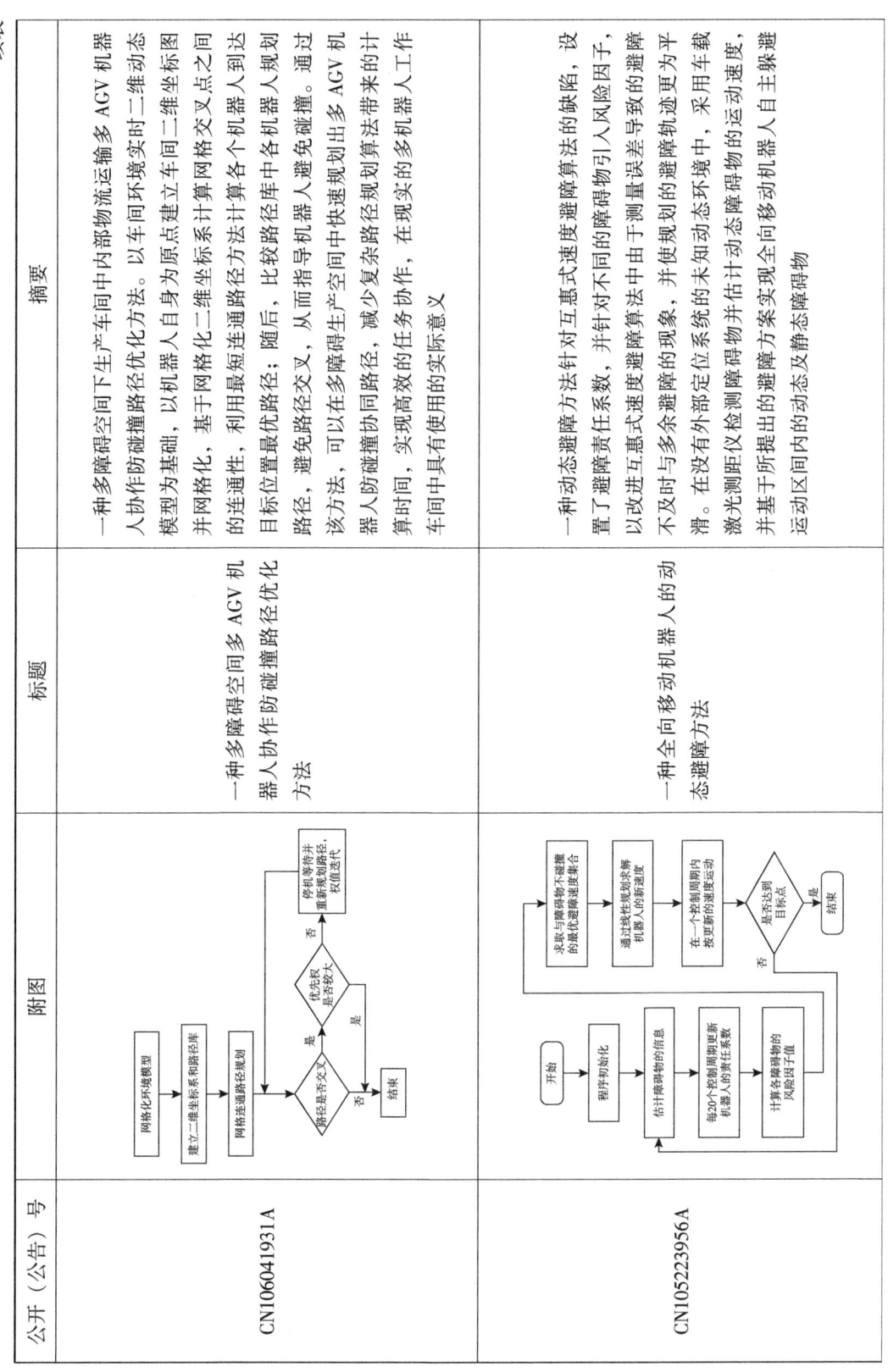	一种多障碍空间多AGV机器人协作防碰撞路径优化方法	一种多障碍空间下生产车间内内部物流运输多AGV机器人协作防碰撞路径优化方法。以车间环境实时二维动态模型为基础，以机器人自身为原点建立车间二维坐标图并网格化，基于网格化二维坐标系计算网格交叉点之间的连通性，利用最短连通路径方法计算各个机器人到达目标位置最优路径；随后，比较路径库中各机器人避免碰撞路径，避免路径交叉，从而指导空间中快速规划出多AGV机器人防碰撞路径，可以在多障碍生产空间中快速规划算法带来的计算时间，实现高效多条路径协同路径，减少多余路径规划算法带来的计算时间，实现高效任务协作，在现实任务中具有有效使用的实际意义
CN105223956A		一种全向移动机器人的动态避障方法	一种动态避障方法针对互惠式速度避障算法的缺陷，设置了避障责任系数，以改进互惠式速度避障算法中由于测量误差导致的避障不及时与速度避障算法中由于测量误差导致的避障轨迹更为平滑。在没有外部定位系统的未知动态环境中，采用车载激光测距仪检测障碍物，并基于所提出的避障方案实现全向移动机器人自主躲避并基于所提出的动态区间内动态及静态运动空间内的动态及静态障碍物

续表

公开（公告）号	标题	附图	摘要
CN107421540A	一种基于视觉的移动机器人导航方法及系统	视觉传感器→图像处理器→运动控制模块→移动机器人车体	一种基于视觉的移动机器人导航方法及系统，包括视觉传感器，图像处理器，运动控制模块和移动机器人车体，由视觉传感器负责采集场景图像，图像处理器对图像进行处理分析，再由运动控制模块发出指令控制机器人的运行。在移动机器人工作环境内预设车道线，并在特定位置设置标识符；移动机器人采集所在环境下的场景图像，并通过透视变换得到与地面呈正投影的图像；所得图像经灰化和阈值化成二值化图像，再进行分割得到仅含标识符的图像与仅含车道线的图像；所得图像上找出近似的图像与跟踪，再识别出标识符，获得位置信息，实现移动机器人精确导航
CN107127755A	一种三维点云的实时采集装置及机器人打磨轨迹规划方法	（图）	一种三维点云的实时采集装置，包括机器人、激光位移传感器，机器人实时采集传感器的读数和激光位移传感器的位姿，所述激光位移传感器通过夹具设置在所述机器人的末端，所述机器人实时控制系统通过实时工业以太网总线连接机器人和激光位移传感器，用于使激光位移传感器的读数和机器人的位姿得到同步，将一维三维测量扩展为三维测量，并以扫描物信息和法取的三维点云。基于工件三维点云打磨时的位姿，精度高，成本低，能够满足不同工件的加工性特点，具有实时性和柔

续表

公开(公告)号	附图	标题	摘要
CN111752231A	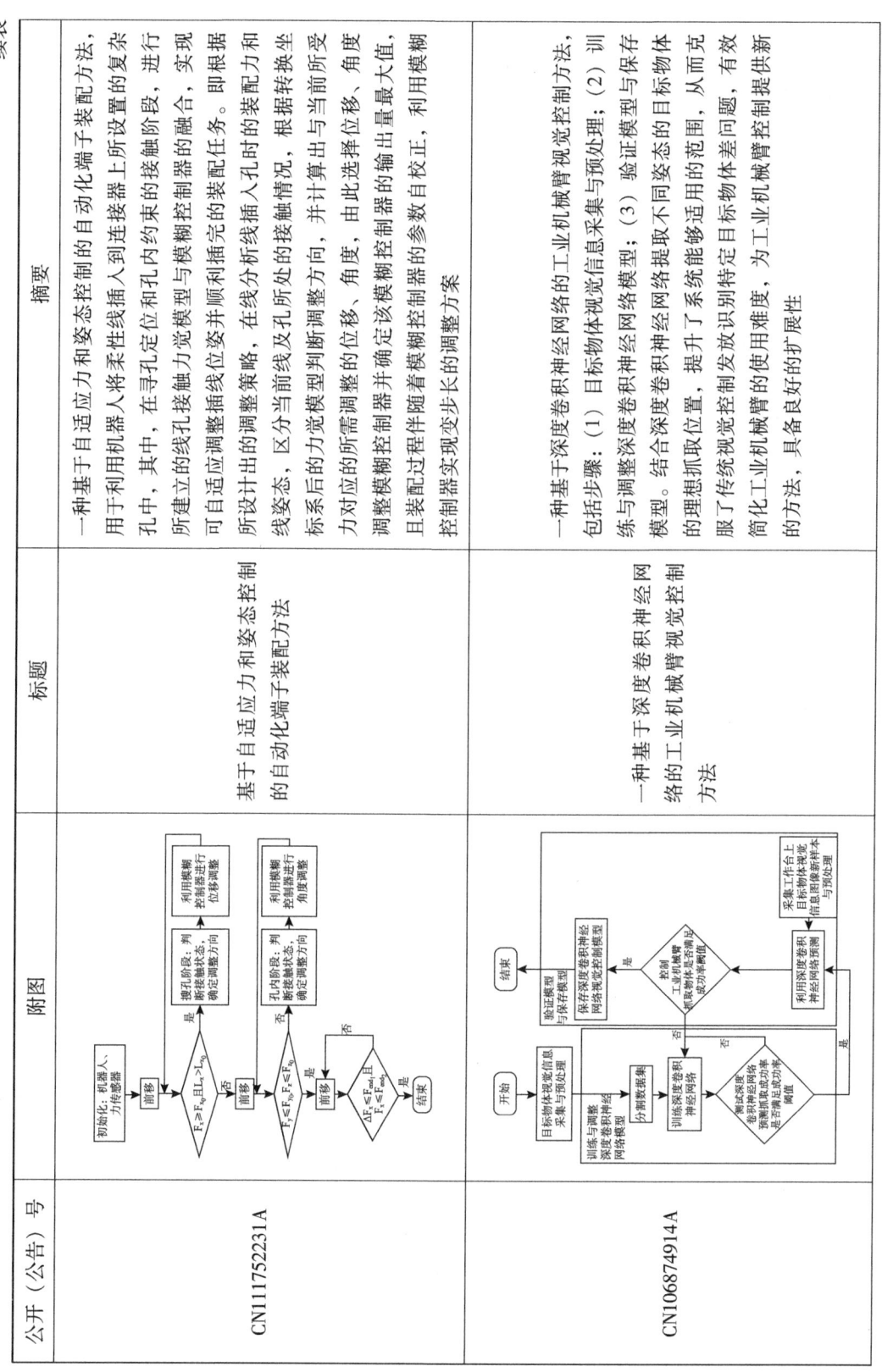	基于自适应力和姿态控制的自动化端子装配方法	一种基于自适应力和姿态控制的自动化端子装配方法,用于利用机器人将柔性插人到连接器上所设索孔中,其中,在寻孔定位和孔内约束的接触阶段,进行所建立的接触力觉模型与模糊控制器的融合,实现可自适应调整插线姿态顺利插完的装配任务。即根据所设计出的调整策略,在寻孔及插人孔时的接触情况,区分当前阶段及孔所处的接触情况,根据转换坐标系后的力觉判断调整方向、角度,并计算出与当前所受力对应的所需调整的位移、角度,由此选择调整模糊控制器并确定该模糊控制器的输出量最大值,调整模糊控制器的参数自校正,利用模糊控制器实现伴随着变步长的调整方案
CN106874914A		一种基于深度卷积神经网络的工业机械臂视觉控制方法	一种基于深度卷积神经网络的工业机械臂视觉控制方法,包括步骤:(1)目标物体深度卷积神经网络模型训练与调整深度卷积神经网络模型与预测处理;(3)验证模型与保存。结合深度视觉抓取位置,提升了系统能够适用特定目标物体的理想视觉抓取位置,提升了系统能够识别特定目标物体的范围,从而克服了传统视觉控制发放识别难度,有效简化工业机械臂的使用难度,为工业机械控制提供新的方法,具备良好的扩展性

续表

公开（公告）号	附图	标题	摘要
CN110727272A	（流程图）	一种多台机器人的路径规划调度系统及方法	一种多台机器人的路径规划调度系统，包括多台机器人以及路线环境规划单元、每台机器人上设置有主控单元和算法单元，路线环境规划单元将所有行驶路线结构碎片化，形成网络结构并实时更新，调度单元给主控单元下发行任务以及收集机器人的状态信息，主控单元下发规划机器人的最优路线，算法单元根据最优路线及相关外部环境信息控制行走及避障。路径规划路线的规划依据路径评分规则对各路线进行评分，调度系统着眼于系统内多台机器人之间的协同统一调度，通过实时更新所有机器人的状态信息，对行走环境情况提前做出预测，不断优化，避免堵塞，使机器人行走更顺畅、更灵活，达到系统自学习目的
CN106956261A	（示意图）	一种具有安全识别区的人机交互机械臂系统及方法	一种具有安全识别功能的人机交互机械臂系统及方法，该系统由视觉传感器、投影仪、计算机主机和机械臂组成。投影仪投影出随机械臂移动的安全识别区，视觉传感器采集图像信号传送到计算机主机进行处理，识别机械运动物体进入安全识别区的人的行为控制指令。当识别到机械臂使其暂停运行直至负责投影的计算机械臂主机投影和用以实现人机交互的投影控制区。当识别到投影完成相应动作。该发明提供了具有安全保障的人机协作系统，可应用于实验室、工厂、科技展览馆等领域

续表

公开（公告）号	附图	标题	摘要
CN106945041A	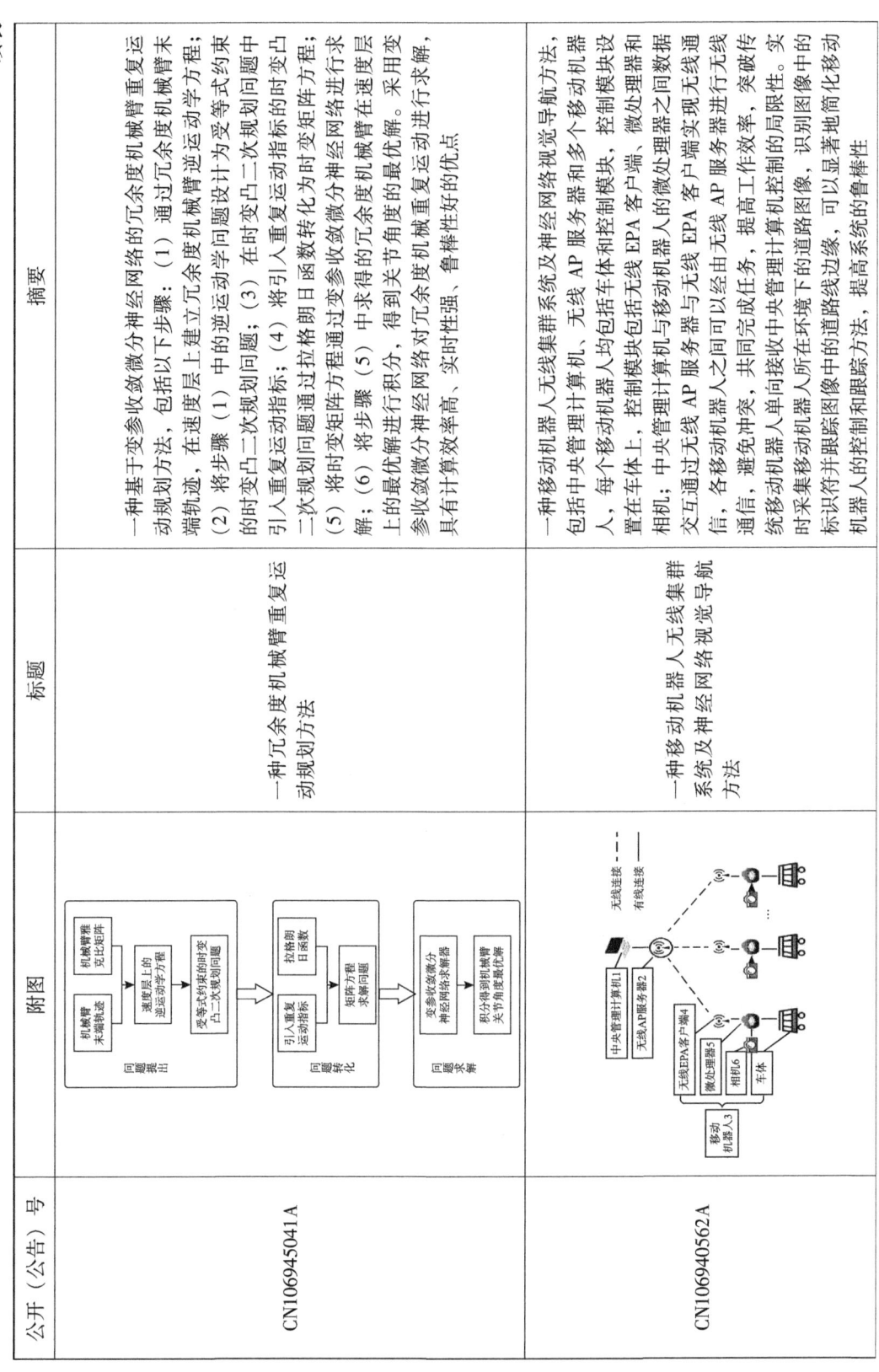	一种冗余度机械臂重复运动规划方法	一种基于变参收敛微分神经网络的冗余度机械臂重复运动规划方法，在速度层上建立以下步骤：（1）通过冗余度机械臂逆运动学方程在速度层上建立冗余度机械臂逆运动学方程等式约束端物迹；（2）将步骤（1）中的逆运动学问题设计为受式约束的时变凸二次规划问题；（3）在时变凸二次规划问题中引入重复运动指标；（4）将时变凸二次规划问题通过拉格朗日函数转化为时变矩阵方程；（5）将时变矩阵方程通过变参收敛微分神经网络进行求解；（6）将步骤（5）中求得的冗余度机械臂在速度层上的最优解进行积分，得到关节角度的最优解。采用变参收敛微分神经网络对冗余度机械臂重复运动进行求解，具有计算效率高、实时性强、鲁棒性好的优点
CN106940562A		一种移动机器人无线集群系统及神经网络视觉导航方法	一种移动机器人无线集群视觉导航方法，包括中央管理计算机，无线AP服务器和多个移动机器人，每个移动机器人均包括车体本身和装设置在车体上，控制模块包括无线EPA客户端、微处理器和相机；中央管理计算机与移动机器人的微处理器之间无线通交互通过无线AP服务器与无线EPA客户端对无线AP服务器进行无线通信，各移动机器人之间可以经由无线AP服务器进行无线通信，避免冲突，共同完成任务，提高工作效率，突破传统移动机器人单向接收中央管理控制的局限性。实时采集移动机器人所在环境下的道路图像，识别图像中的标识符并跟踪控制机器人的控制跟踪和跟踪方法，可以显著地简化移动机器人的控制，提高系统的鲁棒性

续表

公开（公告）号	附图	标题	摘要
CN106406338A	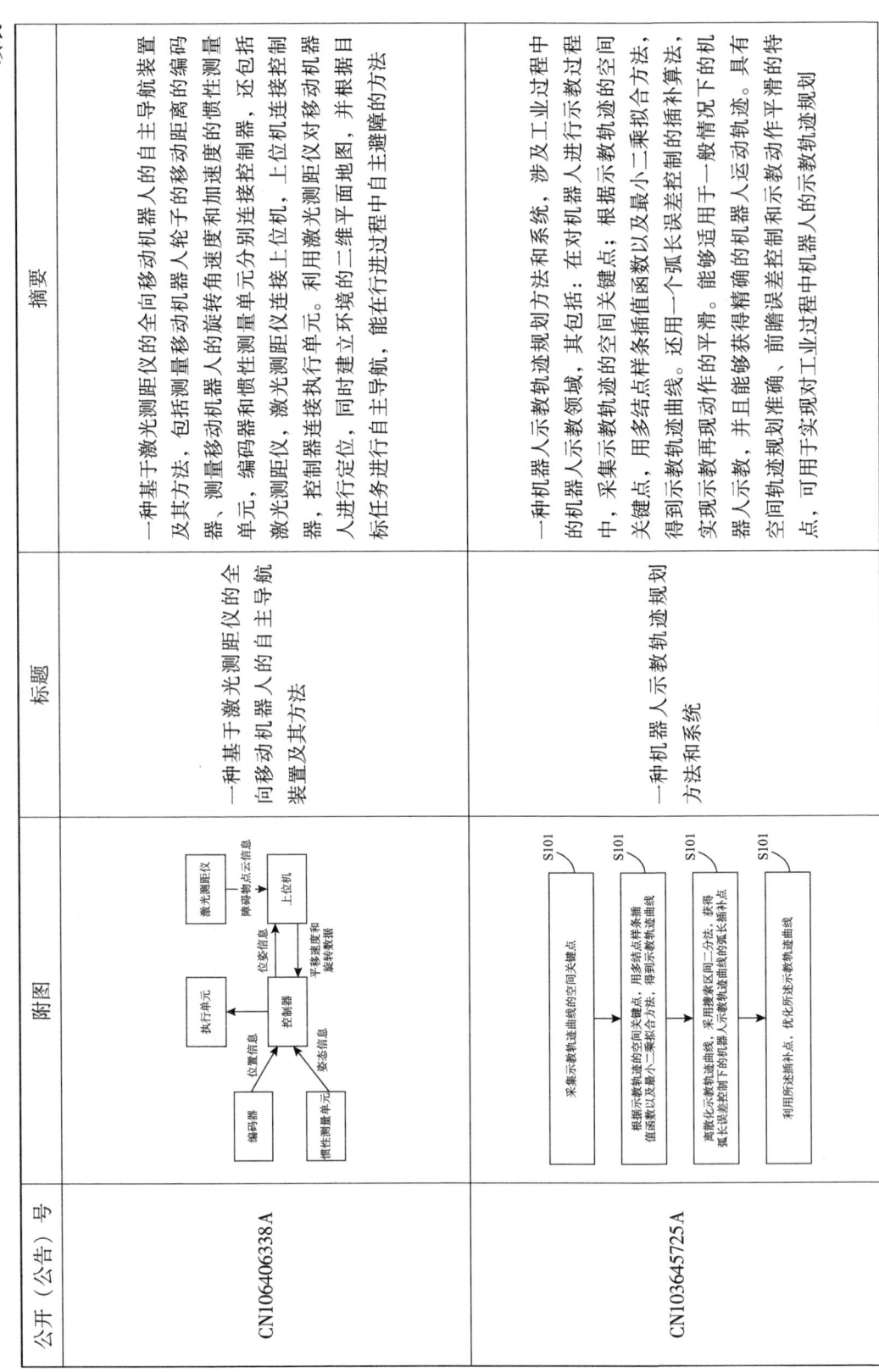	一种基于激光测距仪的全向移动机器人的自主导航装置及其方法	一种基于激光测距仪的全向移动机器人的自主导航装置及其方法，包括测量移动机器人轮子的移动距离的编码器、测量移动机器人的旋转角速度和加速度的惯性测量单元，编码器和惯性测量单元分别连接上位机，上位机连接控制器，激光测距仪连接上位机。利用激光测距仪对移动机器人进行定位，同时建立环境的二维平面地图，并根据目标任务进行自主导航，能在行进过程中自主避障的方法
CN103645725A		一种机器人示教轨迹规划方法和系统	一种机器人示教轨迹规划方法和系统，涉及工业过程中的机器人示教领域，其中包括：在对示教过程中，采集示教轨迹的空间关键点；根据示教轨迹的空间关键点，用多结点样条插值函数以及最小二乘拟合方法，得到结点条插值函数以及最小二乘拟合的插补算法，还用一个弧长误差控制的一般情况下的机器人示教。实现示教再现动作的平滑，并且能够获得精确和示教运动轨迹。具有空间轨迹规划准确，前瞻误差控制和示教动作平滑的特点，可用于实现对工业过程中机器人示教轨迹规划

续表

公开(公告)号	附图	标题	摘要
CN103909522A	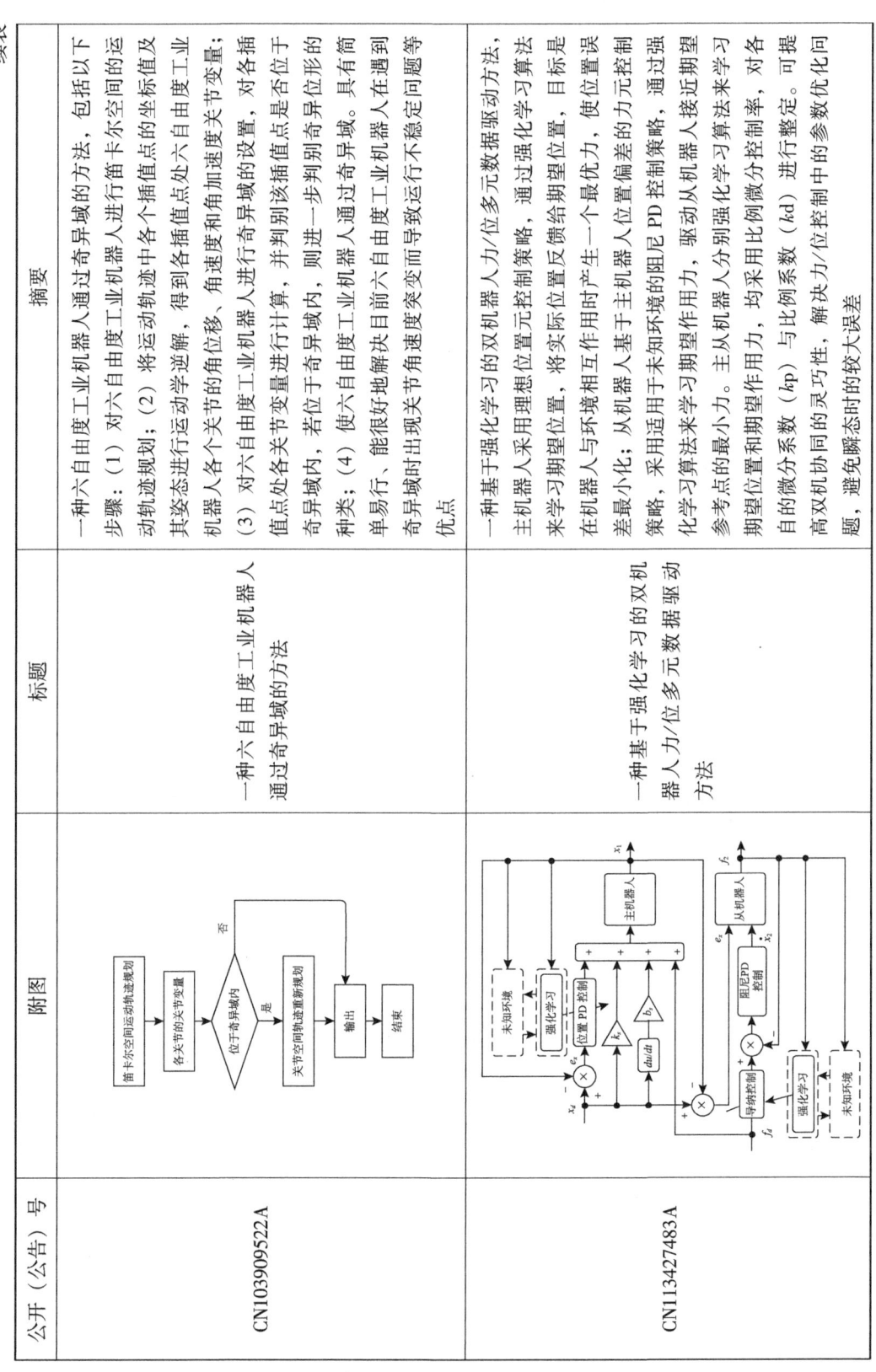	一种六自由度工业机器人通过奇异域的方法	一种六自由度工业机器人通过奇异域的方法,包括以下步骤:(1)对六自由度工业机器人进行笛卡尔空间点的运动轨迹规划;(2)将运动轨迹中各个插值点处六自由度工业机器人各个关节的角位移、角速度和角加速度关节变量;(3)对六自由度工业机器人进行奇异域的设置,对各插值点处各关节变量进行计算,并判别该插值点是否处于奇异域内,若位于奇异域内,则进一步判别奇异位置的种类;(4)使六自由度工业机器人通过奇异域。具有简单易行、能很好地解决目前六自由度工业机器人在遇到奇异域时出现关节角速度突变而导致运行不稳定问题等优点
CN113427483A		一种基于强化学习的双机器人力/位多元数据驱动方法	一种基于强化学习的双机器人力/位多元数据驱动方法,主机器人采用理想位置多元控制策略,通过强化学习算法来学习期望位置,将实际位置反馈给期望位置,目标是在机器人与环境相互作用时产生一个最优力,使位置误差最小化;从机器人基于未知环境的阻尼PD控制策略,采用适用于未知环境的力学习期望策略,强化学习算法来接近期望力,驱动从机器人接近期望力。主从机器人分别强化学习算法来学习期望位置和期望作用力,均采用比例微分控制率,对各自的微分系数(kp)与比例系数(kd)进行整定。可提高双机协同的灵巧性,解决力/位控中的参数优化问题,避免瞬态时的较大误差

轨迹安全与否，另一方面分割的每一段均含有减速段，可保证下一段出错时，本段可以安全停止，因此具有极高的安全性。

针对使机器人运行过程的节拍优化的改进：专利 CN112894822A 公开的运动轨迹规划方法使用户只需预设直线轴的最大抬起高度 Lim_z、第一移动距离 a 以及第二移动距离 b，机器人确定由该最大抬起高度 Lim_z 计算得到的时长 $T3_a$ 与时长 $T3_b$ 之和小于或等于时长 $T1$，即可按照 Lim_z 数值、a 的数值以及 b 的数值来规划运动轨迹，无需用户对机器人的运动轨迹进行示教，降低示教的复杂性，而且优化了运行过程的节拍，大大减少运动轨迹的时长。

针对 S 形速度曲线的运动轨迹规划：专利 WO2023226302A1 公开了在机器人从起点到终点的运动路径为直线路径，并且机器人在起点处的初速度小于当前最大预设速度的情况下，对于从初速度到当前最大预设速度之间的第一运动轨迹，规划加速段的时长，使得加速段结束后得到的最大规划速度小于或等于当前最大预设速度。整个方法可以根据系统参数和用户设定参数，找到尽量符合用户设置，又能完成轨迹规划的参数，从而不会出现无解，造成无法完成轨迹规划的情况，适应性更广。

针对机器人运动轨迹的速度规划的改进：专利 CN113703433A 公开了通过获取机器人速度规划的预设规划参数，根据预设规划参数计算机器人的起点速度调整比例，以及机器人的终点速度调整比例；根据起点速度调整比例和终点速度调整比例规划机器人运动轨迹的速度。通过上述方式，该专利能够对输入的预设规划参数进行调整，根据调整后的参数进行速度规划，提高速度规划的适应性。

针对机器人点到点运动的控制方法；专利 CN106985140A 公开了通过接收控制端传送的点到点运动指令，解析获取目标关节角度和点到点运动需要的时间；根据点到点运动需要的时间计算机械臂由当前关节角度运行到目标关节角度经过的第一轨迹，以及分别计算机械臂在点到点运动需要的时间内由当前关节角速度和当前关节角加速度降为 0 所经过的第二轨迹和第三轨迹；根据第一轨迹、第二轨迹和第三轨迹得到点到点的运动轨迹；计算机械臂各个关节在所述点到点运动轨迹上运行的各个位置的目标角度、目标角速度和目标角加速度转发至控制主站。该发明的技术，可以构成一个完整的机器人点到点运动控制系统，降低机器人控制系统开发成本，提高控制效果。

针对机器人多步连续运动的路径拼接方法的改进：专利 CN108415427A 通过先把前两个命令压入队列，预计算任务收到命令后执行计算步骤（1）(4) 以获取拼接参数，然后预计算任务将拼接参数发给轨迹输出任务，由轨迹输出任务输出机器人运动轨迹。接着将第 3 个命令压入队列，预计算任务接收命令并等待。机器人运动至拼接段结束时，预计算任务按照步骤（1）(4) 立即计算第 2 个命令和第 3 个命令的拼接参数，并发送给轨迹输出任务。轨迹输出任务接着前面拼接段继续向前运动。下一条命令压入队列，重复下去，实现多步连续运动。该发明实现了连续运动，并设有安全运行机制，输入命令错误或者下发时间超时均能安全停止。

针对机器人目标轨迹规划的改进：专利 CN116100561A 提供了一种自动接线轨迹控制方法及系统，通过将待接线部件控制在指定区域内，控制机械臂末端按照预设轨迹运动至预设原点，然后利用采集的接线侧图像获取目标接线端的位置，分析终点和预设原点的空间位置关系，生成第一行动轨迹，控制与机械臂末端相连的试探组件向目标接线端移动，获取试探组件反馈的目标接线端的感应位置，对目标接线端的位置进行修正，根据机械臂末端的当前位置和修正后的终点，形成第二行动轨迹，最终才控制机械臂末端从当前位置按照第二行动轨迹向目标接线端移动，使得机械臂末端与目标接线端精准对接，在不同的轨迹上设置不同的速度，提高了工作效率。

3. 典型专利分析的意义

典型专利的分析，对申请人在申请专利时如何规避竞争对手的已有的专利保护具有重要意义，对创新主体研发人员如何进行下一步的技术研发具有导向作用，对创新主体如何进行专利布局具有一定指导意义。

具体而言，以广州视源电子科技股份有限公司的公开专利CN105922265A为例，该专利不仅展示了机械臂运动轨迹规划的前沿技术，还激发了后续一系列创新与应用。通过对该专利的深入剖析，我们发现后续的专利申请主体在其基础上进行了多维度、深层次的改进，涵盖了机器人下台阶的精细轨迹规划、运行节拍的高效优化、S形速度曲线的精准控制、轨迹速度的动态调整、点到点运动的精确控制策略、多步连续运动的路径无缝拼接以及单步运动的优化轨迹规划等多个关键领域。

这些改进不仅体现了技术上的继承与创新，更为后续研发人员提供了宝贵的启示。例如，将工业机器人轨迹规划细化为多个规划阶段，不仅提升了轨迹运动的稳定性，还增强了系统的适应性和灵活性。此外，通过引入最大抬起高度Lim_z、第一移动距离a及第二移动距离b等参数来规划运动轨迹，不仅简化了示教过程，还有效优化了运行节拍，显著缩短了运动时间，提高了生产效率。对于轨迹的速度规划而言，精确规划从初速度到最大预设速度之间的加速段时长，确保了最大规划速度始终控制在安全范围内，避免了因无解而导致的轨迹规划失败，大大增强了系统的可靠性和安全性。而在多步连续运动路径拼接方面，通过设置轨迹输出任务与命令队列的协同工作，实现了路径的连续性与运动的平稳性，为复杂任务的自动化执行提供了有力支持。而对于需要高精度对接的任务，如自动接线等，通过优先生成初步行动轨迹，并结合实时反馈进行轨迹修正，形成最终行动轨迹，这一过程不仅确保对接精准性，还通过在不同轨迹段设置不同速度的策略，提高了整体工作效率。

综上所述，典型专利的分析不仅为专利申请人提供了规避专利风险的策略，更为技术创新和专利布局提供了清晰的思路和方向。后续研发人员在进行相关技术研发时，可充分借鉴此类分析成果，结合自身实际情况，制定科学合理的技术研发与专利保护策略，以推动工业机器人轨迹规划技术的持续进步与广泛应用。

第十章

广州市工业机器人产业发展路径导航

第一节　产业布局结构优化路径

产业布局是指在一定的地理空间范围内，根据资源分布、市场需求、交通条件、环境承载力等因素，对不同产业和企业进行合理分布和优化配置的过程。良好的产业布局有助于提高资源配置效率，促进区域经济协调发展，增强产业竞争力。产业布局是一个动态调整的过程，需要根据经济发展阶段、技术进步、市场需求变化等因素进行持续优化。

一、加大政策扶持，推动产业升级

产业政策扶持是指政府为了促进特定产业或整个经济的健康发展，采取的一系列政策措施。这些措施旨在通过政府的干预和支持，引导资源配置、激励技术创新、优化产业结构、增强产业竞争力，并推动经济的持续增长和社会就业的稳定。

产业政策扶持的目标是促进产业的可持续发展，提高产业的整体竞争力，实现经济的长期稳定增长。通过产业政策扶持，可以引导资源向重点产业和关键领域集中，促进产业结构的优化升级，推动产业向更高端、更智能化、更绿色可持续的方向发展。同时，产业政策扶持还可以帮助企业应对市场风险，增强企业的抗风险能力，保障经济的稳定运行。

产业政策扶持是政府促进产业发展的重要手段，对于优化产业结构、提升产业竞争力、实现经济可持续发展具有重要意义。政府应根据产业发展的实际需求和市场变化，制定科学合理的产业政策，为企业的发展提供有力的支持和保障。同时，政府还应加强政策的协调和执行，确保政策的有效实施，实现政策目标，推动产业的健康发展。

广州市作为中国重要的经济中心之一，在工业机器人产业的发展上确实拥有一定的优势和基础，但从专利数据来看，广州市工业机器人产业结构还不完善。广州市应从现有经济基础和产业结构下手，继续传统优势应用领域投入，如机器人加工和搬运领域，参见图 10-1 和图 10-2，同时瞄准弱势产业，如包装和装配领域，政府层面出台相关的政策法规，加大资金扶持力度，重点支持工业机器人在加工、搬运等主要应用领域中的技术应用和技术升级，完善上下游产业链，适应市场竞争环境，提升经济附加值水平、提高国际竞争力。

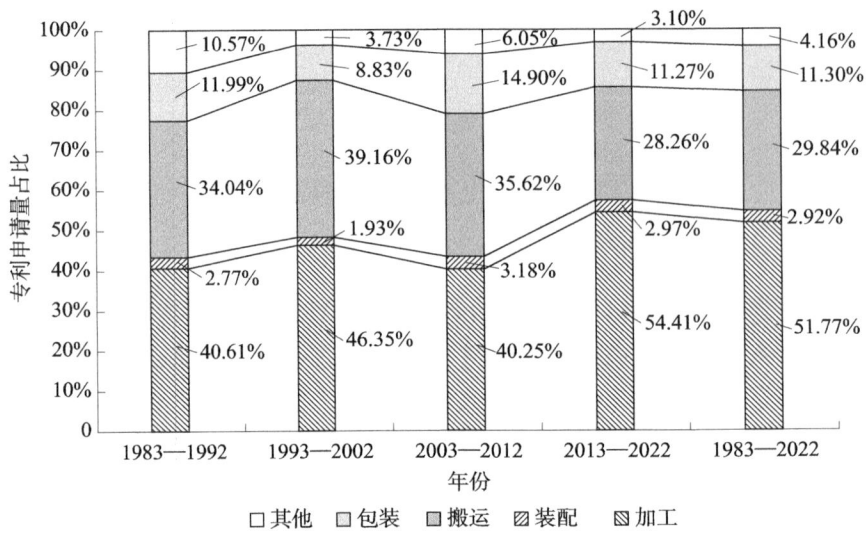

图 10-1 1983—2022 年全球工业机器人主要应用领域调整情况

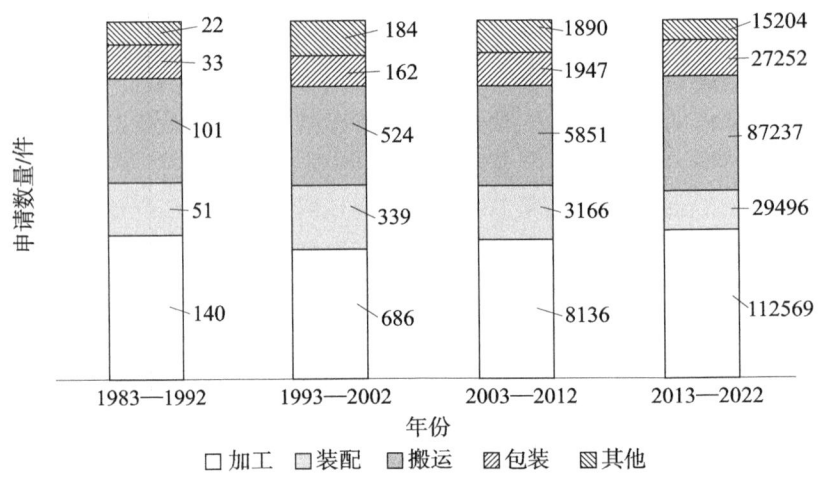

图 10-2 1983—2022 年中国工业机器人专利申请主要应用领域调整情况

二、推动产业联动发展

产业联动发展是指不同产业或同一产业内不同环节之间通过技术和经济联系，相互促进、共同发展的一种经济发展模式。这种模式有助于优化资源配置，提升产业链的竞争力，促进区域经济的协调发展。

产业联动发展的实施需要政府、企业、研究机构和社会各界的共同努力。通过产业联动，可以促进产业间的相互渗透和融合，形成新的增长点，提升整个经济体的发展质量和效益。产业联动是推动工业机器人发展的有效手段。

根据广州市工业和信息化局的信息,广州市拥有智能装备产业企业3000余家,其中规模以上企业近400家,累计产值近1400亿元。广州市的智能装备产业链较为完整,包括上游数控机床及关键基础零部件、中游工业机器人与智能专用设备、下游细分领域系统集成,以及检验检测与公共服务等。

目前广州市有以电子产品生产用工业机器人为主的广州视源电子科技股份有限公司和广州视睿电子科技有限公司;有以包装、搬运用工业机器人为主的广州达意隆包装机械股份有限公司;有以汽车生产制造用工业机器人为主的广州瑞松智能科技股份有限公司、广州明珞装备股份有限公司、广汽本田汽车有限公司;有工业机器人产品和电子软硬件系统研发制造的广州数控设备股份有限公司、广州富港万嘉智能科技有限公司、广州泰行智能科技有限公司等(见表10-1)。广州市可以依托大型企业对工业机器人大规模应用需求,联合工业机器人源头技术企业,加快国内外先进技术引入,推动广州市工业产业联动发展,辐射全国。

表10-1 2013—2022年广州市工业机器人相关企业

序号	主要企业	技术/应用方向
1	广州视源电子科技股份有限公司、广州视睿电子科技有限公司	电子产品生产线
2	广州达意隆包装机械股份有限公司	包装、搬运
3	广州瑞松智能科技股份有限公司、广州明珞装备股份有限公司、广汽本田汽车有限公司	汽车生产制造生产线
4	广州数控设备股份有限公司、广州启帆工业机器人有限公司、广州富港万嘉智能科技有限公司、广州泰行智能科技有限公司、巨轮(广州)机器人与智能制造有限公司	工业机器人零部件和电子软硬件系统研发制造

第二节　企业整合培育引进路径

一、加大培育力度，形成龙头企业

广州市培育了一批掌握自主核心技术、专注于细分领域的企业，技术水平国内领先，并成功引进了包括发那科机器人华南基地、沈阳新松南方总部、北京精雕高端数控机床研发生产基地等项目，并培育了如广州数控设备股份有限公司、巨轮（广州）机器人与智能制造有限公司等一批行业领先的机器人企业。

面对广州市没有全产业链龙头企业的问题，广州市可以加大对优势企业的整合力度，如广州数控设备股份有限公司、广州富港万嘉智能科技有限公司、广州泰行智能科技有限公司等，创造平台让这些创新主体与其具有互补作用的企业或科研机构，如华南理工大学、广东工业大学等相互合作，打造具有较强产业带动作用的龙头企业；鼓励广州瑞松智能科技股份有限公司、广州明珞装备股份有限公司、广汽本田汽车有限公司、广州视源电子科技股份有限公司等企业充分利用自身技术、渠道、服务等优势，整合工业机器人产业链上下游资源，推动创新资源共享，搭建工业机器人创新平台。

创新平台是指由政府、企业、高校、研究机构或其他组织建立的，旨在促进技术创新、知识交流、人才培养和产业升级的综合性平台。

本书在对广州市已有政策进行梳理分析时，对广州市已有的创新平台进行了调查，如表10-2所示。

表10-2　2013—2022年广州市工业机器人产业创新平台

序号	创新平台	参与创新主体	技术方向
1	广州工业机器人制造和应用产业联盟	广州数控设备股份有限公司、广州机械科学研究院、广汽集团、广州万宝集团等共计12家	工业机器人零部件研发、制造、集成应用、技术服务等
2	中国（广州）智能装备研究院	工业和信息化部电子第五研究所	物联网、机器人整机、电气检测、零部件

续表

序号	创新平台	参与创新主体	技术方向
3	广东省机器人创新中心	工业和信息化部电子第五研究所、广州瑞松智能科技股份有限公司、巨轮（广州）机器人与智能设备有限公司等10家	软件系统、物联网技术、无人机系统
4	广州智能工程研究院	华南理工大学	人工智能

二、鼓励并购，扩大规模

产业或技术并购是指企业通过收购、合并或其他方式获取其他企业的资产、技术或市场份额，以实现自身在特定产业或技术领域的快速发展和竞争力提升。

鼓励企业开展强强联合、上下游整合等多种形式的企业并购重组，提高工业机器人全产业链供应能力，加快培育具有国际竞争力的企业集团。在机器人领域，通过并购提高竞争优势的案例时有发生，如美的收购库卡公司、艾斯顿先后收购英国运动控制器厂商翠欧（TRIO）和德国艾玛意（M.A.i）公司等。

美的集团对德国库卡公司的收购是一个标志性的产业技术并购案例。库卡公司是全球领先的工业机器人生产厂商之一，同时也提供自动化设备及解决方案。美的集团的收购过程开始于2015年，当时美的集团通过公开市场收购了库卡公司约10.2%的股份，成为库卡公司的第二大股东。随后在2016年，美的集团宣布以每股115欧元要约收购库卡公司，最终将持股比例提升至94.55%。2022年，美的集团完成了对库卡公司100%股权的收购，库卡公司成为美的集团全资控制的境外子公司，并从法兰克福交易所退市。这次全面收购标志着美的集团在机器人与自动化领域的进一步深入，也预示着美的集团将在全球智能制造领域扮演更加重要的角色。

广州市工业机器人也可以通过收购等方式扩展经营范围，扩大市场优势，建议政府对兼并重组后从事工业机器人生产的企业实施税费减免政策等。

第三节 短板领域提升路径

一、加大上游零部件生产布局

工业机器人上游零部件的生产布局对于整个工业机器人产业乃至整个制造业都具有重要的意义。通过本地化生产，可以减少对外部供应商的依赖，降低供应风险，特别是在面对全球供应链波动时，本地化布局能够提供更强的抗风险能力；本地化生产可以减少物流成本、关税以及时间成本，从而降低整体生产成本，提高产品竞争力；本地化的生产布局可以更快地响应市场变化和客户需求，加速产品从设计到生产的流程，缩短产品上市时间；拥有自主的上游零部件生产能力，可以促进企业在相关领域的技术创新和研发，推动产业技术进步；上游零部件生产布局有助于形成产业集群，促进产业链上下游的协同发展，提升整个产业的竞争力；符合国家和地区的产业升级政策，如《中国制造2025》等，通过上游零部件的本地化生产，支持国家战略的实施等。

广州市乃至广东省在工业机器人上游零部件生产方面存在短板。目前，广州市工业机器人的电机、减速器和控制器多数是通过模块化采购后进行机器人本体结构位置方面的调整创新，能够生产工业机器人用的电机、减速器、运动控制器的企业较少，尤其是高精减速器和大扭矩，上游产业链对外依赖度非常高。为了促进广州市工业机器人产业发展，补齐短板，一方面可以对广州市在该领域有较好研究基础的企业进行专项培育，如广州数控设备股份有限公司、广州富港万嘉智能科技有限公司、广州泰行智能科技有限公司等；另一方面，可以有针对性地引入国内外在上游产业链的龙头企业，如上海机电股份有限公司、沈阳新松机器人自动化股份有限公司、ABB公司、川崎重工等。广州市上游零部件重点企业培育名单参见表10-3。

表10-3 广州市上游零部件重点企业培育名单

序号	企业名称	2013—2022年专利数量/件	核心技术
1	广州数控设备股份有限公司	66	伺服驱动装置、伺服电机、伺服控制器
2	广州富港万嘉智能科技有限公司	58	电子设备、智能控制系统

续表

序号	企业名称	2013—2022年专利数量/件	核心技术
3	广州泰行智能科技有限公司	55	机器人制造、控制系统
4	巨轮（广州）机器人与智能制造有限公司	45	机器人零部件、控制器

二、培育和提高技术积累

重点企业培育指政府或行业协会通过一系列扶持政策和措施，有意识地选择并培养那些在技术、市场、管理等方面具有明显优势和发展潜力的企业，使其成为行业的领头羊，带动整个产业的发展和升级。

通过培育重点企业，可以加速产业结构的优化和升级，推动从劳动密集型向技术密集型或知识密集型产业的转变，能够带动整个产业的技术创新和进步，具有更好的风险抵御能力，能够在市场波动中保持稳定发展。

广州市目前拥有一批企业规模较大或工业机器人应用比较集中的企业，参见表10-4，如广州数控设备股份有限公司、广州达意隆机械股份有限公司、广州瑞松智能科技有限公司等，可以对这批企业开展培训，增强自身技术实力。

表10-4 广州市工业机器人重点企业培育名单

序号	企业名称	2013—2022年专利数量/件	核心技术
1	广州数控设备股份有限公司	66	伺服驱动装置、伺服电机、伺服控制器
2	广州达意隆包装机械股份有限公司	131	分拣、包装、码垛
3	广州瑞松智能科技有限公司	130	分拣、搬运、点胶、焊接、汽车生产线
4	广州明珞设备股份有限公司	80	机器人汽车生产线
5	广东电网有限责任公司	76	智能机器人系统、人工智能

三、加大人才培养，激励研发

在知识经济时代，人才成为国家和社会发展的核心资源。人才培养是提升国家竞争力、推动科技进步、促进经济发展的关键。高素质的人才能够推动产业创新，提升产品和服务的附加值，促进经济结构的优化升级。在全球化竞争日益激烈的今天，人才的创新能力和创业精神对于企业乃至整个国家的经济增长具有决定性作用。

科技创新是引领发展的第一动力，而人才是科技创新的基石。优秀的科研人员和工程师能够通过研发新技术、新产品，推动科技成果转化，加速科技进步的步伐。在全球化的背景下，人才的竞争已成为国家竞争力的重要体现。拥有高素质人才的国家更有可能在国际舞台上占据有利地位，影响全球经济和政治格局。

支持具有创新实力、拥有核心专利技术的创新人才，鼓励创新人才向工业机器人上游产业扩张。一方面，可以通过设置专门奖项，如专利奖或者科技进步奖、杰出青年奖等，鼓励并引导领域人才向相关产业进行研发；另一方面，鼓励企业完善各项人才激励制度，建立内部研究平台，提升研发人员的创造能动性。

表10-5和表10-6列出了2013—2022年广东省和广州市专利申请量排名靠前的发明人信息以及涉及的技术方向。表10-5列出了广东省工业机器人方面的发明人情况，为广州市相关人才的引入，提供参考和借鉴。由表10-6可以看出，广州市的工业机器人发明人排名前15位的多数来自高校和科研机构，且技术方向比较多，从机器人硬件到机器人软件、控制器等均有涉及。同时也可以看出，关于工业机器人上游核心零部件的相关研究和人才储备不足。

表10-5 2013—2022年广东省工业机器人领域创新人才清单

序号	发明人	申请人	技术方向	2013—2022年专利数量/件
1	熊友军	优必选科技	舵机、关节、控制方法	569
2	高云峰	大族激光科技产业集团股份有限公司	抓取、机器人本体	314
3	刘培超	深圳市越疆科技有限公司	运动控制、标定、避障	253
4	周俊雄	广东利元亨智能装备股份有限公司	检测、组装	198
5	刘主福	深圳市越疆科技有限公司	抓取、桌面机器人、遥操作机器人	196
6	管贻生	广东工业大学	机器人本体、模块化关节	179
7	郎需林	深圳市越疆科技有限公司	抓取、示教、避障	178
8	徐文福	哈尔滨工业大学深圳研究生院	柔性臂、快换	160
9	杨裕才	珠海格力电器	机械臂、控制装置	149
10	丁宏钰	优必选科技	舵机、关节、机器人本体	145
11	张涛	深圳市普渡科技有限公司	移动机器人	129
12	刘益彰	优必选科技	运动规划、控制方法	128

续表

序号	发明人	申请人	技术方向	2013—2022年专利数量/件
13	王鑫	珠海格力电器	机器人本体、控制系统	118
14	庞建新	优必选科技	舵机、运动规划、机器人本体	117
15	张志波	珠海格力电器	机器人本体	112
16	吴新宇	中国科学院深圳先进技术研究院	外骨骼机器人	109
17	张宪民	华南理工大学	宏微平台，平面关节机器人、并联机器人	109

表10-6 2013—2022年广州市工业机器人创新人才清单

序号	发明人	申请人	技术方向	2013—2022年专利数量/件
1	管贻生	广东工业大学	机器人本体、模块化关节	155
2	张宪民	华南理工大学	宏微平台，平面关节机器人、并联机器人	109
3	傅峰峰	广州富港万嘉智能科技有限公司	夹爪、图像识别	72
4	邱志成	华南理工大学	控制装置及控制方法	71
5	朱海飞	广东工业大学	仿人、变刚度、机器人本体	68
6	王卫军	广州先进技术研究所	抓取控制、移动平台	68
7	王晓军	广东技术师范大学	搬运机器人	66
8	张弓	广州先进技术研究所	欠驱动、多臂协同	62
9	张铁	华南理工大学	力控、协同、轨迹规划	60
10	张东	华南理工大学	并联机器人、移动平台	59
11	张智军	华南理工大学	冗余机械臂、运动规划	58
12	邹焱飚	华南理工大学	力控、振动抑制	51
13	王念峰	华南理工大学	平面关节机器人	50
14	周健华	广州泰行智能科技有限公司	机械臂本体、坐标系构建	48
15	尹鹏	广州市海同机电/广州视源电子科技股份有限公司	外骨骼机器人	47

续表

序号	发明人	申请人	技术方向	2013—2022年专利数量/件
16	侯至丞	广州先进技术研究所	主从臂、双臂	45
17	覃争鸣	广州映博智能科技有限公司	机器人本体、机器人视觉	45
18	周雪峰	广东省科学院智能制造研究所	协同、运动控制	44
19	陈新	广东工业大学	并联机器人、运动规划	43
20	江志强	广州富港万嘉智能科技有限公司	机器人末端夹爪	41

第四节 专利协同运用提升路径

一、搭建校企研发平台

广州市作为中国南部的教育和科研聚集区，拥有丰富的高校和研究机构等技术资源。广州市拥有多所高等学府，包括中山大学、华南理工大学、暨南大学、广州大学等，这些高校聚集了大量的科研人才和先进的科研设施。此外，广州市还拥有多个国家级和省级重点实验室、工程技术研究中心以及企业技术中心，这些研究机构在各自领域内具有高水平的研究能力和技术积累。

企业与高校（科研机构）联合研发是一种多方共赢的合作模式，它结合了企业的实际需求和市场导向以及高校（科研机构）的科研实力和创新能力。高校和科研机构通常在基础研究和应用研究方面具有深厚的积累，与企业联合研发可以快速将科研成果转化为实际应用，加速技术创新。企业与高校的合作有助于将科研成果转化为具有市场价值的产品和技术，推动科技成果的商业化和产业化，通过与高校的合作，企业能够接触到前沿的科技信息和研究成果，增强自身的核心竞争力。高校在知识产权管理方面通常有较为完善的体系，与企业合作可以加强研发成果的知识产权保护，而企业的投资可以为高校的科研项目提供资金支持，帮助高校解决资金短缺的问题。

广州市在推动企业与高校合作方面采取了多项措施。例如，建立广州大学城高校实验室共享平台，促进高校资源与企业需求的有效对接；广州大学人工智能研究院等机构与国际知名高校和企业合作，培养国际化创新人才；广州大学黄埔研究院等机构实施校区合作共建，推动新工科人才培养和科技创新。

从图10-3展示的广州市工业机器人的专利申请人排名可以看出，广州市内专利申请量排名前10位的有7家是高校（研究机构），且前两位均是高校，而且他们的申请量远远多于其他申请人。排名第一位的是华南理工大学，申请量超过650件，排名第二位的是广东工业大学，申请量接近430件。不论是发明人分布还是申请量分布，高校（研究机构）均名列前茅。因此，充分利用广州市高校（研究机构）的技术资源，建设校企联动的研发中心和科研平台，是促进广东省企业创新发展的有效途径。

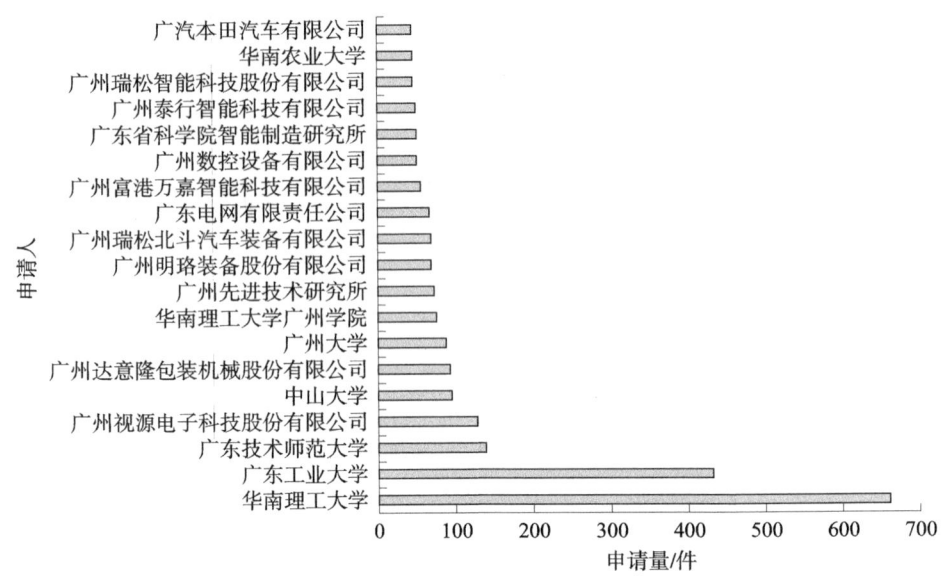

图 10-3　1985—2022 年广州市工业机器人领域主要申请人专利申请情况

二、加强合作，优势互补

企业之间的优势互补是指不同企业通过合作，利用各自的优势资源和能力，形成合力，以提高整体竞争力和市场适应能力。

技术合作是指不同组织之间为了共同的技术目标而进行的合作活动。这种合作可以是企业之间、企业与高校之间、企业与科研机构之间，甚至是跨国界的合作。技术合作的目的是集合各方的技术资源、知识和专长，以推动技术创新、产品研发和市场竞争力的提升。

通过技术合作，不同的组织可以共享知识、经验和技术，加速新产品和新技术的研发进程；技术合作可以帮助分散研发和市场的风险，减少单一实体面临的不确定性；合作可以降低研发和生产成本，通过规模经济和协同效应提高成本效益；技术合作有助于推动行业标准的制定，为技术的应用和推广提供规范。技术合作中，各方可以共同管理和保护知识产权，确保创新成果得到合法利用。跨国技术合作有助于促进国际科技交流和合作，提升国际影响力，促进不同文化和思维方式的交流，有助于创新思维的形成。技术合作是全球化时代科技创新的重要途径，它不仅有助于参与各方的发展，也对整个社会的进步和繁荣具有积极影响。

企业之间的协同创新，是企业实现技术发展、高效率创新的有效方式，国内已经有很多企业之间的合作案例。通过企业协同创新，一方面，对于企业考虑工业机器人产业链的安全性、可替代性提供保障；另一方面，为企业工业机器人生产线的优化升级，提供助力。表 10-7 梳理了国内工业机器人产业潜在合作企业清单。

表10-7 国内工业机器人产业潜在合作企业清单

序号	创新主体	技术方向
1	沈阳新松机器人自动化股份有限公司	工业机器人整机、零配件、系统
2	上海机电股份有限公司	电机、减速器、运动控制器
3	广州数控设备有限公司	工业机器人整机、伺服电机、伺服控制器
4	深圳市越疆科技有限公司	轻型机器人、控制系统、人机协作
5	南京埃斯顿自动化有限公司	伺服系统、控制系统
6	安徽埃夫特智能装备有限公司	工业机器人整机、控制系统
7	上海新时达电气股份有限公司	伺服系统、示教装置、运动控制系统
8	广州启帆工业机器人有限公司	机器人生产线解决方案

第五节　市场运营提升路径

一、建立评估体系，盘活专利资产

专利资产是指企业或个人拥有的、以专利形式表现的无形资产。专利资产可以是正在申请中的专利，也可以是已经授权的专利。专利分级评估体系是一种用于评价专利价值的方法，它可以帮助企业、高校、科研机构等组织对专利资产进行有效管理。不同的组织和国家可能会有不同的专利分级评估体系。以下是一些典型的专利分级评估体系的案例。

TRIZ 理论中的专利分级方法：这是一种根据发明创新的程度进行专利等级划分的方法。TRIZ 理论将专利分为五个等级，从参数优化类的小型发明（第 1 级）到采用全新原理完成对已有系统基本功能的创新（第 5 级）。

日立公司的专利分级管理方案：日立公司将专利申请从 A 到 E 分为五个级别，其中包括推迟申请专利（E 级）、公共专利（D 级）、一般专利（C 级）、基础专利（B 级）和战略性专利（A 级）。

中国科学院计算技术研究所的分级管理模式：该所基于专利价值分析体系，从技术、法律和经济三个维度对专利价值进行分析，并根据分析结果确定专利的级别，采取不同的管理和处置措施。

河北工业大学的分级指标体系：该体系采用层次分析法对专利的等级划分进行研究，设置的指标体系框架结构避免了使用非常主观的标准，减少了混乱。

《专利评估指引》国家标准：中国国家知识产权局会同中国人民银行、国家金融监督管理总局组织编制的推荐性国家标准《专利评估指引》（GB/T 42748—2023），提供了一套可扩展、可操作的专利价值分析评估指标体系。该体系包括法律价值、技术价值、经济价值一级指标 3 项，二级指标 14 项，三级指标 27 项及若干项扩展指标，用于指导不同场景下的指标选取和权重调整。

这些分级评估体系能够科学指导专利的市场定价和价值实现，促进创新资源的有序流动和高效配置。不同组织可以根据自身需求和具体场景选用合适的评估体系，以实现专利资产的有效管理和运用。

广州市工业机器人产业专利申请数量较多，但在全国主要城市专利运营数量对比中排名较为靠后（第六名）。细分来看，在专利质押融资方面，广州市做得比较好（排名第一），但在专利转让和许可方面排名较为靠后，专利运营整体并不活跃。因此，对该领域专利进行分级分类管理、有效盘活现有专利资产是重要的问题。建议开展专题研究，针对工业机器人产业特色，建立一套科学合理的专利分级评估体系，有助于市场主体开展专利运营活动，并进一步根据专利分级评估体系对广州市工业机器人产业专利进行梳理，挖掘高价值专利。

二、推动高价值专利培育

高价值专利培育是一个系统性工程，涉及多个方面的工作，旨在提升专利的技术含量、法律稳定性、市场应用前景和经济价值。在技术研发之初和研发过程中，要高度重视运用专利信息，找准研发的起点、重点和方向，避免低水平研究和创新资源的浪费；由高水平的专利代理人与研发人员充分沟通后撰写申请文件，保证申请质量；审查人员要按照法律规定高水平审查，严把授权关，使授予的每一项权利具有较高的稳定性；从市场和战略布局层面做好国内外的专利布局，使其价值最大化，为市场竞争力最大化奠定基础；明确政策导向，制定或调整现有政策，使所有法律法规和政策向着高质量、高价值专利共同发力；培育业务精、信誉好的专门知识产权服务机构，专门负责高质量、高价值专利的遴选和推荐，确立客观评估评价标准；面对产能过剩和产业转型升级压力，通过创新驱动释放新需求，创造新供给，提升创新的价值回报；设立能整合各方创新资源、提升创新效率的综合管理组织，建立一个贯穿专利权全生命周期的管理系统。

工业机器人领域是科技含量高、应用范围广、技术交叉性强的领域，也是国家发展战略的重点产业，高价值专利布局在支撑产业健康发展方面至关重要。建立工业机器人产业高价值专利培育中心，构建专利创新新模式、新机制，使其成为工业机器人领域的专利创造高地、产业关键技术研发基地和创新发展引领基地。